计算机科学先进技术译丛

实用机器学习

Real-World Machine Learning

［美］亨里克·布林克（Henrik Brink）
［美］约瑟夫 W. 理查兹（Joseph W. Richards） 著
［美］马克·弗特罗夫（Mark Fetherolf）

程继洪 孙玉梅 潘佩佩 译

机械工业出版社

本书介绍了实用机器学习的工作流程，主要从实用角度进行了描述，没有数学公式和推导。本书涵盖了数据收集与处理、模型构建、评价和优化、特征的识别、提取和选择技术、高级特征工程、数据可视化技术以及模型的部署和安装，结合3个真实案例全面、详细地介绍了整个机器学习流程。最后，还介绍了机器学习流程的扩展和大数据应用。

本书可以作为程序员、数据分析师、统计学家、数据科学家解决实际问题的参考书，也可以作为机器学习爱好者学习和应用的参考书，还可以作为非专业学生的机器学习入门参考书，以及专业学生的实践参考书。

北京市版权局著作权合同登记　图字 01-2016-9106

图书在版编目(CIP)数据

实用机器学习/(美)亨里克·布林克(Henrik Brink)著;程继洪,孙玉梅,潘佩佩译. —北京:机械工业出版社,2017.6（2018.1 重印）
(计算机科学先进技术译丛)
书名原文:Real - world Machine Learning
ISBN 978-7-111-56922-0

Ⅰ. ①实…　Ⅱ. ①亨…　②程…　③孙…　④潘…　Ⅲ. ①机器学习
Ⅳ. ①TP181

中国版本图书馆 CIP 数据核字(2017)第 094007 号

机械工业出版社(北京市百万庄大街22号　邮政编码　100037)
策划编辑：丁　诚　　责任编辑：丁　诚　陈瑞文
责任校对：张艳霞　　责任印制：李　昂
三河市宏达印刷有限公司印刷
2018年1月第1版·第3次印刷
184 mm×260 mm·14 印张·1 插页·339 千字
4901-7900 册
标准书号：ISBN 978-7-111-56922-0
定价：69.00 元

凡购本书,如有缺页、倒页、脱页,由本社发行部调换

电话服务	网络服务
服务咨询热线:010-88361066	机 工 官 网:www. cmpbook. com
读者购书热线:010-68326294	机 工 官 博:weibo. com/cmp1952
010-88379203	教育服务网:www. cmpedu. com
封面无防伪标均为盗版	金　书　网:www. golden - book. com

推荐序

在过去的几年里，机器学习已成为一个很大的产业：公司用它赚钱，对它的应用研究遍布工业领域和高校，好奇的开发人员到处寻找能提高他们机器学习技巧的方法。但是这种新发现的学习需求已经大大超过了市场上能够提供的学习这些技术如何在实际中应用的好方法，而本书恰好填补了这一空白。

应用机器学习包含对等的数学原理和技巧，也就是说，它是一门真正的学问。特别专注于任何一个方面都不是好办法，掌握平衡是非常必要的。

人们在相当长的时间内认为学习机器学习最好的方式，而且是唯一的方式，是在统计学和优化技术两个方面（很大程度上是相互独立的）追求更高的学位。主要是学习核心算法，包含它们的理论基础和边界以及该领域的特征域问题。相应地，同样有价值的经验积累在非官方渠道传递：会场外走廊上，研究实验室的团队智慧和数据处理手稿在成员之间传递。这种口头传递的知识往往有助于工作的完成，包括：针对情况进行算法选择，每一步数据如何打磨以及如何把各个部分组成一个有机整体。

如今我们生活在一个开源的时代，GitHub 上有大多数机器学习算法的高质量实现方法，还有综合的、结构良好的、能组合各个部分的框架可以使用。但在这繁荣的背后，这些口头传递的知识还是为大多数人所不知的。本书作者提供了这项服务，把这些知识收集在一起。这正是机器学习从深奥的学科转向工程应用技能所缺失的重要环节。

另一点需要强调的是，现在大多数广泛使用的机器学习算法并不完美，我们需要设计更完善的解决方案。这些算法对接收的数据很挑剔，如果目标不明确，则算法可能给出过分自信的预测。输入的细微改变会导致学习模型巨大的、莫名其妙的变化。它们的结果难以解释且难以做进一步处理。现代机器学习可被看作管理和减轻底层优化与统计学习方法的一个应用。

本书正是按照读者所面临的现实而组织的。首先，在深入研究这个流程应用于实际之前，描述了机器学习典型的工作流程。通过阅读你会发现一些方程（别处也可看到，主要包含在本领域的经典文档中），更重要的是如何将机器学习应用到实际项目和解决方案中。

作为宝贵的数学和形式化知识的有益补充，现在是学习这本书的时候了。它是许多老手希望在回头时看到的至关重要的另一本书。

—Beau Cronin

Head of Data，21 Inc.

Berkeley，CA

作者序

作为物理学和天文学专业的学生，我的大部分时间都用于处理测量和模拟数据，对数据进行分析、可视化和建模，以期得到具有科学价值的数据。作为程序员，我很快就把程序设计的技巧用于数据处理。第一次接触机器学习时，对我来说，它不仅是数据处理的有力的潜在工具，还是我感兴趣的两个领域的完美结合——数据科学和程序设计。

机器学习成为我在物理科学研究中的一个重要组成部分，并把我带到加州大学伯克利分校天文系，那里的统计人员、物理学家和计算机科学家们正在一起努力，把机器学习作为理解宇宙的一个越来越重要的工具。

在时域信息中心，我遇到了约瑟夫 W. 理查兹，他是一个统计学家，而且还是本书的作者之一。我们了解到，不但可以利用数据科学和机器学习技术进行科学研究，非学术界的公司和企业对此也越来越感兴趣。我们与其他 3 位同事共同创立了 Wise. io 来抓住这一机会。

在过去的 4 年里，Wise. io 已经与数不清的公司通过机器学习对他们的数据处理流程进行优化、提高和实现自动化。我们已经构建了大规模机器学习应用平台，每月为客户进行几亿次预测。我们了解到实用领域的数据仍是比较混乱的，这使得我们十分吃惊。我们希望把实用数据处理和构建下一代智能机器学习软件的知识传授给读者。

马克・弗特罗夫，本书的第 3 位作者，是多个创业公司的创始人兼 CTO（Chief Technology Officer，首席技术官），他在传统的统计和定量方法的基础上，进行系统管理和业务分析。在石油化工精炼过程的测试和优化中，他和他的团队认识到应用在生产过程中的技术可用于提高数据库、计算机系统和网络的性能。他们的分布式系统管理技术已嵌入到系统管理领先的产品中，后续将应用于电信和客户交互管理系统的管理和优化。

几年后，他沉迷于 Kaggle 比赛并完成了向机器学习领域的转换。他领导了一个有线电视推荐项目，由于工作需要，学习了许多关于大数据的技术，适用于并行计算的算法和人们对机器推荐的反应方式。最近几年，他是机器学习应用的顾问，并进行数字广告、电信、半导体制造、系统管理和客户体验优化等方面的实用预测分析。

Henrik Brink

致谢

感谢 Manning 出版社和所有参与本书编写的人员，特别是苏珊娜·克莱恩，感谢她在本书写作过程中的耐心指导。

感谢 Beau Cronin 为本书作序，也感谢 Valentin Crettaz 对所有章节进行了深入的技术校对。许多其他审核人员给我们提供了有益的反馈，具体有 Alain Couniot，Alessandrini Alfredo，Alex Iverson，Arthur Zubarev，David H. Clements，Dean Iverson，Jacob Quant，Jan Goyvaerts，Kostas Passadis，Leif Singer，Louis Luangkesorn，Massimo Ilario，Michael Lund，Moran Koren，Pablo DomínguezVaselli，Patrick Toohey，RavishankarRajagopalan，Ray Lugo，Ray Morehead，Rees Morrison，Rizwan Patel，Robert Diana 和 UrsinStauss。

马克·弗特罗夫感谢克雷格·卡迈克尔分享他对机器学习的痴迷；对妻子帕特里夏和女儿艾米多年的支持表示感谢。

亨里克·布林克对 Wise. io 团队和创立者分享他们使用机器学习解决实际问题的热情表示感谢。同时，感谢他的父母 Edith 和 Jonny，还有他的兄弟姐妹传递知识和话语的热情，更重要的是要感谢他的妻子 Ida 和儿子 Harald，感谢他们的爱与支持。

约瑟夫 W. 理查兹也要感谢 Wise. io 团队，感谢他们对机器学习分享的热情和无尽的努力，这使得他每天都过得无比充实。他特别感谢他的父母 Susan 和 Carl，教他终身学习的快乐，并灌输要努力工作和同情的价值观。最重要的是感谢他的妻子 Trishna，感谢她无尽的爱、激情与支持。

译者序

虽然机器学习已经有几十年的发展历史，但对于大多数人来说，它还是那么神秘！它是只有在顶尖的象牙塔里或者尖端企业中才会研究和使用的技术。大量的数学公式令人望而生畏，它就站在高高的云端，俯视着芸芸众生。让大家都能使用和享受这一“尖端”技术，仍然任重而道远。Brink 的这本《Real - World Machine Learning》给大家带来了曙光，这里没有令人望而生畏的数学公式和证明推导，而是将整个机器学习应用过程娓娓道来，分享他的实际工作经验和技术。只要你有一定的编程基础，就可以通过学习本书来使用“机器学习”这么“高深”的技术了。“旧时王谢堂前燕，飞入寻常百姓家”，让高精尖的“机器学习”技术来到我们中间，让我们近距离体验它的魅力吧！

作为计算机专业的教师，我喜欢尝试新的东西，兴趣驱使着我不断地学习和探索新的领域。当看到《Real - World Machine Learning》这本书时，我真正感觉到适合自己的书稿来了，我一定要完成它的翻译。经过不懈的努力，终于迎来了胜利的曙光。翻译过程痛并快乐着，一方面感受作者的博大精深，一方面惶恐于自己的才疏学浅。在整个翻译过程中，我都惴惴不安，唯恐不能准确传达作者的真实意图。对于各种专业术语，不论是统计学的、算法的，还是汽车的、广告的，都在网上搜索了很多遍，并向专家反复请教，推敲多遍方才确定。对于每一字每一句，都反复琢磨很多遍，对翻译片段反复组合，优中选优，力求忠于原文并符合中文的表达习惯，避免在阅读过程中让读者感到生硬和不连贯。

“纸上得来终觉浅，绝知此事要躬行。”这是我多年来教学过程中领悟最深的一句话。无论学习还是做事，必须落实到行动上，不要做“语言的巨人，行动的矮子”。读书更是如此，推荐大家在阅读本书时，除了逐字逐句地认真阅读以外，还必须要付诸实践。把作者描述的过程、方法和注意事项在实际中应用一遍，哪怕是做一道 Kaggle 竞赛试题或重复一遍别人已经完成的任务，都是不错的选择。记住，重要的是“做一遍”，而不仅仅是“看一遍”！有了这些“应用基础”之后，再回头学习机器学习的基本理论和数学基础就比较容易了。俗话说，“万事开头难”，只要入了门，一切都好办了。衷心希望大家都能通过本书成为机器学习的高手和巨人。

在翻译过程中得到了来自各方面的帮助，数理部的孙静波老师和商学院的王灿老师在统计学方面给予了大量帮助；公共外语教学部的蒋彩艳老师，在英美习惯用法和个别翻译中给予了一定帮助，在此表示感谢！

虽然在翻译过程中，经过反复思考，力图传达作者确切的意图，但由于译者水平有限，错误疏漏之处在所难免，望各位读者、专家和业内人士不吝提出宝贵意见。

程继洪
于烟台南山学院
2017 年 2 月

关于本书

《实用机器学习》的读者对象是针对想要把机器学习应用于实际问题的人。它详细阐述了机器学习的主要组成部分：工作流程、算法和工具。关注点是著名算法的实际应用，而不是创建一个算法。构建和使用机器学习模型的每个步骤都有详细描述，并有从简单到中等复杂的实例与之对应。

主要内容

第1部分，“机器学习工作流程”介绍基本的机器学习工作流程，并分章节对每个步骤加以介绍。

第1章，“什么是机器学习”介绍机器学习的应用领域和用途。

第2章，“实用数据处理”，详细介绍机器学习流程中的数据处理和准备工作。

第3章，“建模和预测”，介绍构建简单的机器学习模型，并利用应用广泛的算法和库进行预测。

第4章，“模型评估和优化”，深入研究机器学习模型，并对其进行评估和性能优化。

第5章，“基础特征工程”，介绍利用领域知识对原始数据进行提高的常用方法。

第2部分，“实际应用”，介绍模型规模化和从文本、图片和时间序列数据中提取特征的技术，来提高绝大多数现代机器学习的性能。本部分包括3个有完整实例的章节。

第6章，“实例：NYC 出租车数据”，这是第一个完整实例章节，会预测乘客的倾向性行为。

第7章，“高级特征工程”，包含高级特征工程过程，介绍从自然语言的文本、图片和时序序列数据中提取有价值的数据。

第8章，“NLP 高级案例：电影评论情感预测”，运用高级特征工程知识预测在线电影评论的情感。

第9章，“扩展机器学习流程”，介绍扩大机器学习系统的数据规模、预测吞吐量和降低预测间隔的技术。

第10章，“案例：数字显示广告”，构建大型数据的模型，预测数字广告点击行为。

如何使用本书

如果你是机器学习新手，第1~5章将引导你学习研究和准备数据、特征工程、建模和模型评估过程。Python 实例采用流行的数据处理、pandas 和 Scikit - Learn 机器学习库。第 6 ~ 10 章，包括 3 个实际机器学习案例、高级特征工程和优化的话题。由于学习库封装了大部分的复杂性，因此代码示例可以很容易地应用到你自己的机器学习系统中。

目标读者

本书可以使程序员、数据分析师、统计学家、数据科学家和其他专业人士将机器学习应用于实际问题，或者简单地理解它。他们将获得实用数据建模、优化和开发机器学习系统的经验，而没必要了解特定算法的理论推导。机器学习的数学基础是针对感兴趣的人的，某些算法在较高的层次上进行解释，本书提供给那些想深入学习的人，我们的焦点是获得实际结果以解决手头的问题。

代码约定，下载和软件需求

本书包含许多示例源代码，或者以编号的清单出现，或者嵌入在正文中，但无论哪种情况，都以固定宽度的这种字体显示，以区别于正常的文本。

源代码使用 Python，pandas 和 Scikit - Learn 编写。与章节相应的 iPython 笔记文件可在 GitHub 上下载，地址为 https://github. com/brinkar/real - world - machine - learning，也可以通过关注机械工业出版社计算机分社官方微信订阅号“IT 有得聊”，输入 5 位数号“56922”后获得资源下载链接，还可以登录 golden-book. com 搜索本书并进行下载。

笔记文件（扩展名为 . ipynb）与章节相对应。样本数据包含在 data 文件夹中，只要必需的库随 iPython 一起安装，那么所有的笔记文件都能执行。图形由 matplotlib 和 Seaborn 的 pyplot 模块生成。

在有些情况下，由 iPython 产生的图形被提取出来作为本书的插图（为了适应打印质量和电子书显示，有些已经做了修改）。

作者简介

Henrik Brink(亨里克 · 布林克)是一名数据科学家,对应用机器学习进行工业和学术应用开发有着丰富的经验。

Joseph Richards(约瑟夫 W. 理查兹)是一位资深的数据科学家,具有应用统计和预测分析方面的专业知识。Henrik 和 Joseph 是 Wise. io 的联合创立者,Wise. io 是一家提供工业机器学习解决方案的开发商。

Mark Fetherolf(马克 · 弗特罗夫)是数据管理和预测分析公司 Numinary Data Science 的创始人和总裁。他曾在社会科学研究、化学工程、信息系统性能、容量规划、有线电视和在线广告应用等方面担任统计师和分析数据库开发人员。

关于封面插图

《实用机器学习》封面插图标题为"中国战士(ChinoisCombattant)"或"中国武士(Chinese fighter)"。插图取自19世纪法国出版的Sylvain Maréchal编撰的《区域服饰习俗第四卷》,其中的每幅图都是精心绘制并手工着色。Maréchal丰富的收藏给我们生动地展示了200年前不同城市和地区的文化差异。由于相互隔离,人们说着不同的方言和语言。无论在城市的街道、小城镇或乡村,都可以很容易地通过他们的穿着分辨出他们在哪里生活以及他们的生活习惯。

服饰密码从那时起已经改变,那个时候的人们根据区域和阶级的不同拥有的服饰特色现在已经逐渐消失。现在人们已经很难通过服饰区分不同大洲的居民,更不用说不同的城镇或地区了。也许我们已经将文化多样性换成了一种更加多样化的个人生活——当然是为了更加多样化和快节奏的科技生活。

当计算机图书多到无法区分时,本书采用Maréchal的两世纪以前的区域生活的多样性图片作为图书封面的方式,庆祝计算机图书的创造性和主动性。

目录

第 2 部分 实际应用

第 1 部分

机器学习工作流程

在本书的第 1 部分，将介绍基本的机器学习工作流程。每章都涵盖流程中的一个工作步骤。

第 1 章，介绍机器学习的用途，以及为什么要阅读本书。

第 2 章，研究基本机器学习流程中的数据处理，读者将学习到一些通用方式，从现实世界和纷乱的数据中清理和提取有价值的信息。

第 3 章，随着一些模型算法及其应用的学习，开始构建简单的机器学习模型。

第 4 章，深入研究机器学习模型，并对它们进行评估和性能优化。

第 5 章，致力于特征工程。从数据中提取特征是构建和优化机器学习系统的重要组成部分。

第1章 什么是机器学习

本章导读

- 机器学习基础。
- 机器学习相对于传统方法的优点。
- 机器学习的基本流程概述。
- 提升模型性能的高级方法概述。

1959年，IBM公司的计算机科学家亚瑟·塞缪尔编写了一个跳棋程序，每个棋盘位置根据胜出的可能赋予一个数值。首先，该数值基于一个公式，该公式使用诸如每方的棋子数和国王的数目作为因数，这个公式起到了作用，使塞缪尔找到了提升性能的方法。他让程序和自己对弈，并用对弈结果对位置赋值进行精确化。到了20世纪70年代中期，此程序已经拥有相当于业余棋手的能力㊀。

塞缪尔写出了可以根据经验提升自己性能的程序，机器学习（Machine Learning，ML）随之诞生。

本书不打算描述机器学习算法的令人畏惧的数学细节（虽然对于常用的算法，我们也会“窥探”它的内部工作机制），而是针对非机器学习专家在实际应用中集成机器学习给出指导和所面临的挑战。在第1章中，我们通过一个真实的商业问题——借贷审核应用，来证明机器学习在替代常用方法时所具有的优势。

1.1 理解机器学习

当讨论人类学习时，我们会对死记硬背或记忆和智力进行区分。记住一个电话号码和一系列指令无疑是学习，但当我们讨论学习（learning）时，通常具有更广泛的意义。

当孩子们一起玩耍时，他们都会观察其他孩子对他的反应，这种体验形成他们将来的社会行

㊀ Jonathan Schaeffer. 领先一步：电脑跳棋之美［M］. 纽约：Springer，2009.

为。他们的过去不会重演，通常和他们交互的可认识的特征——操场，教室，妈妈，爸爸，兄妹，朋友，陌生人，成年人，小朋友，家里的人，外面的人，向他们提供一些暗示，依据过去的经验对新的情况做出判断。他们的学习不仅仅是收集知识，而是构建自己的洞察力（insight）。

想象一下使用卡片教孩子认识狗和猫的情景，你出示一张卡片，根据孩子的选择把卡片放在正确或错误的位置上。随着孩子的练习，他的表现就会得到提升。有趣的是，没必要事先教孩子认识猫和狗的技巧，因为人类的认知内建分类机制，所需要的只是样本（examples）。随着孩子对卡片的熟悉，他不仅能够区分卡片上的图像，还能够区分绝大多数猫和狗的图片，更不用说实物了。这种以经验获得知识，并推广到未知的概括（generalize）能力，无论对人类学习还是机器学习都是非常关键的。

当然，人类学习远比最先进的机器学习算法还要复杂得多，但计算机在记忆容量、查找和数据处理方面更有优越性。它们的经验来自处理的历史数据——使用本书描述的技术——通过经验创造和优化实现的算法。如果这不能算作真正的洞察力，则至少也是一种概括能力。

人类和机器学习非常相似，以至于使我们联想到人工智能（Artificial Intelligence，AI）这个术语和一个非常明显的问题——“人工智能和机器学习有什么区别?”关于这个问题还没有达成共识，但大多数人认为机器学习是人工智能的一种，而人工智能则含义更广，它包括机器人技术、语言处理和计算机视觉。机器学习更频繁地应用到人工智能相关的领域，使这两个概念的区别更加模糊。我们可以这么说，机器学习的训练指的是知识的特殊形式和相互关联的一套技术。可以很清楚地说机器学习是什么、不是什么，但对人工智能不能这么说。引用汤姆·米契尔的定义，如果计算机程序对于某个任务，它的性能能够通过可计算的值进行衡量，并能通过经验得到提高，我们就称之为学习㊀。

“对于某类任务 T 和性能度量 P，如果一个计算机程序在 T 上以 P 衡量的性能随着经验 E 而自我完善，那么我们称这个计算机程序从经验 E 学习。”

机器学习顾问凯格，进行了程序精确识别狗和猫的图片的比赛㊁。参加者使用提供的25，000 张打了标记的样本图片训练各自的算法，然后通过 12，500 张未标记的图片测试他们的程序识别能力。

当我们向人们解释凯格的比赛时，他们首先想到的是成功识别狗和猫的一套规则。猫的耳朵呈圆三角形而且是直立的；狗的耳朵是下垂的——但并不总是如此。试想一下，对于一个从来没见过狗或猫的人，在没有样本的情况下你如何教他区分。

人们对样本使用形状、颜色、质地、比例和其他特征进行学习和归纳。机器学习根据要解决的问题，使用一系列策略或策略组合进行学习。

这些策略体现在近十几年间学者和从业者开发的算法，涵盖统计学、计算科学、机器人科学和应用数学，应用于在线搜索、娱乐、数字广告和语言翻译。它们各有优缺点，有一些

㊀ 汤姆·米契尔．机器学习［M］．McGraw Hill，1997.

㊁ 见“狗和猫识别比赛”，地址为 www. kaggle. com/c/dogs－vs－cats。

是分类器，另一些对数值测量进行预测，还有一些对可比较实体（例如，人、机器、处理过程、猫和狗）辨别异同。它们的共同特性是从样本（经验）学习，并应用到新的未知情况——都具备概括归纳能力。

在猫和狗的识别比赛中，学习阶段参加者尝试了许多算法进行正确的分类。在几万次的学习中，程序执行分类算法，评测结果，然后进行细微的调整并取得一定的进步。获胜者对于未知情况分类的准确率达到98.914%。考虑到人的错误率大约7%，这个结果已经非常不错了。图 1-1 示出了这一过程。机器学习分析已标记的图片并构建模型，然后用于识别未标记的图片。在示例中只有一个猫的图片标记错误。

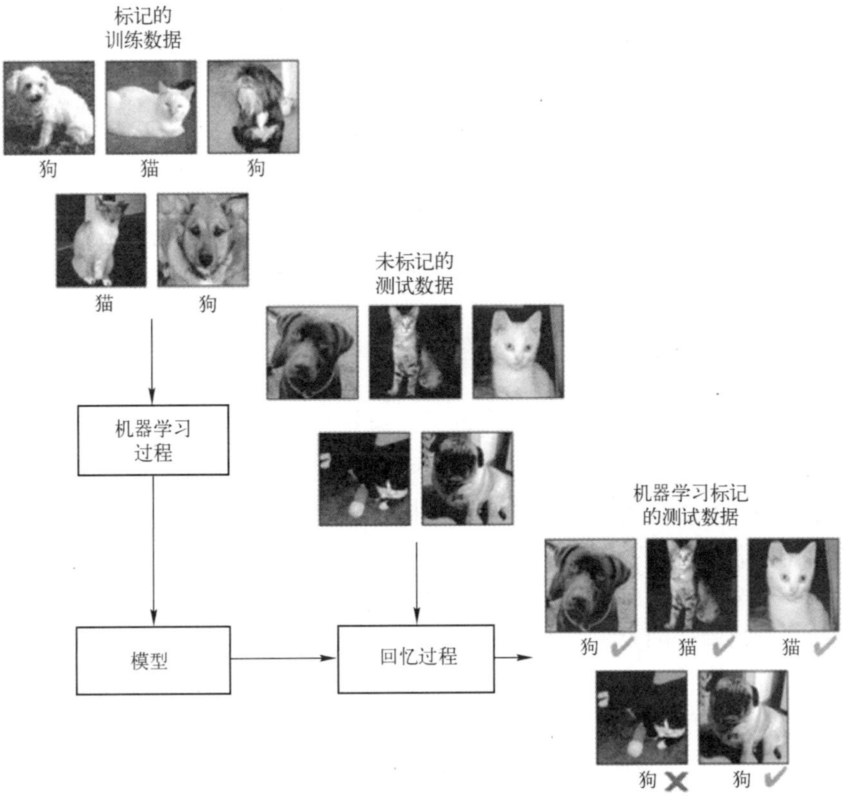

图 1-1　猫和狗识别比赛的机器学习过程

注意，我们这里描述的是带有监督机制的机器学习，这不只是机器学习特有的类型。稍后我们讨论其他类型的机器学习。

机器学习可广泛地应用于商业领域，从欺诈检测到客户定位、产品推荐、实时工业监控、情感分析和医疗诊断。可解决数据量巨大而不能手工处理的问题，对于大数据量应用，机器学习有时可发现数据之间微妙的联系，而这种联系在人工审查时很难发现。当这些“微弱”联系组合在一起时，就变成了强大的预测器。

从数据中学习，并将获得的知识用于将来决策的过程是非常强大的。事实上，机器学习正迅速成为推动现代“数据驱动经济”发展的强力引擎。

表 1-1 描述了监督机器学习技术的广泛应用和某些实际应用，这并不全面，因为潜在的应用有可能几页纸都写不完。

表 1-1　监督机制机器学习应用实例，按解决问题的类型分类

问　　题	描　　述	应 用 实 例
分类	基于输入确定每个输入所属的分类	垃圾邮件过滤、情感分析、欺诈检测、客户广告定位、流失预测、支持案例标记、内容个性化、制造缺陷检测、客户细分、事件发现、基因学、药效学
回归	基于输入预测每个输入的实际输出	股票市场预测、需求预测、价格估计、广告竞价优化、风险管理、资产管理、天气预报、优育预测
推荐	预测用户喜欢的方案	产品推荐、工作招聘、Netflix 奖金、在线约会、内容推荐
插补	对于缺失的数据推断其价值	不完整的医疗记录、客户数据缺失、人口数据普查

1.2　使用数据进行决策

在接下来的例子中，我们介绍一个从机器学习获利的真实问题。我们将介绍各种常用的可选方案，从而证明机器学习是最好的方法。

假定你掌管着一个小型借贷公司，向陷入困境的个人小型企业贷款。早期，公司每周收到为数不多的申请，你可以用几天的时间人工审核每个请求，并对每位申请人进行背景调查，以决定是否放款，这个流程的示意图如图 1-2 所示。早期的客户对你的反应时间和服务十分满意，公司的名誉也不胫而走。

随着公司的声名鹊起，申请的人越来越多，很快就达到每周收到几百份申请的水平。对于这些猛增的申请你企图加班加点完成它，但等待办理的还是越来越多。某些申请人在焦虑等待的过程中可能会转投到你的竞争对手那里。很明显企图人工处理每个申请不是一个好的办法，坦率地说，承受这样的压力不值得。

那么该怎么办呢？在这部分里，你将探索几个方法以加快申请审核来适应不断增长的业务需求。

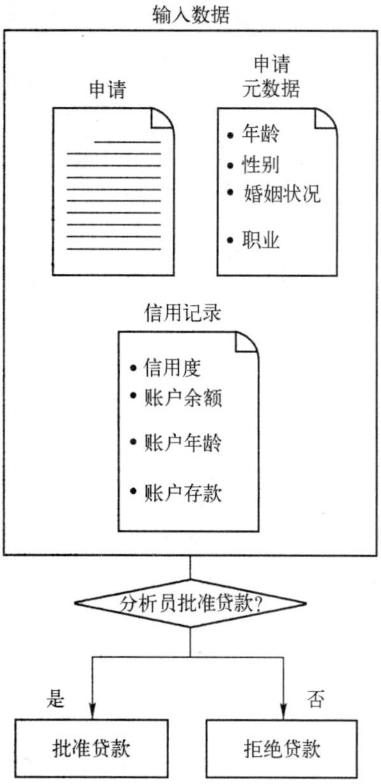

图 1-2　微型贷款的审批流程

1.2.1　传统方法

先让我们介绍用于申请审核的两种方法：人工分析和商业规则。对于每种方法，我们详细分析其实现技术并突出它不能达到你扩展业务的目的。

雇佣更多的分析员

你决定雇佣其他的分析员把你解脱出来。你对花钱雇个新人不感兴趣，而是想和另一个人共同审核贷款申请，这样你就可以在相同的时间里处理大约两倍的申请。这个新的分析员可以帮你把一周内积压的申请处理完毕。

起初的几周，你们两个加班加点，但申请数量仍然持续增长，在短短的一个月里增长到每周 1000 份申请。为了跟上申请增长的速度，你必须雇佣两个以上的分析员。随着业务的发展，这种增加雇员的方法并不能解决持续发展的问题：所有新增贷款的收益全都用于了新增的雇佣人员，而没有用于关键的微型借贷基金。按照申请的增加雇佣更多的人员，这种方式阻碍了你的业务发展。更重要的是，你发现招聘过程既耗费时间又耗费金钱，进一步削减了你的商业利益。最后，新雇佣的人在处理贷款申请时因缺乏经验而比其他人要慢，团队管理的压力也使你感到焦虑。

除了开销增加的弊端外，人工处理还带来了有意无意的主观偏见。为了确保申请处理的一致性，你对审批过程研发一套指导规则并对新员工进行培训，但这增加了开销并且可能无法消除这种偏见。

采用商业规则

想象一下，1000 份贷款已超过偿还日期，70% 按时偿还，如图 1-3 所示。

现在你必须注意贷款申请和偿还之间的关系了。特别是，你经过人工调查得到一系列过滤规则，过滤出一批“优良”信贷可以按时偿还。通过对几百个贷款申请的人工分析，得到了判断借贷信誉好坏的丰富经验[⊖]。通过反思和回溯测试还款状况，你注意到信用背景调查数据的几个趋势[⊖]：

- 大多数的贷款超过 7500 美元信贷额度的借款人拖欠。
- 大多数没有支票账户的借款人按时偿还贷款。

现在你可以通过这两条规则设计一套过滤机制，削减人工处理的贷款申请的数量。

你首先要过滤信用额度超过 7500 美元的借贷请求。通过分析历史数据，发现信用额度超过 7500 美元的 86 个信贷申请中有 44 个拖欠还款。与剩下的 28% 相比，大约 51% 的高额信贷申请拖欠。这看起来好像是排除高风险信贷的好方法，但你很快就会发现在信贷申请中只有 8.6%（1000

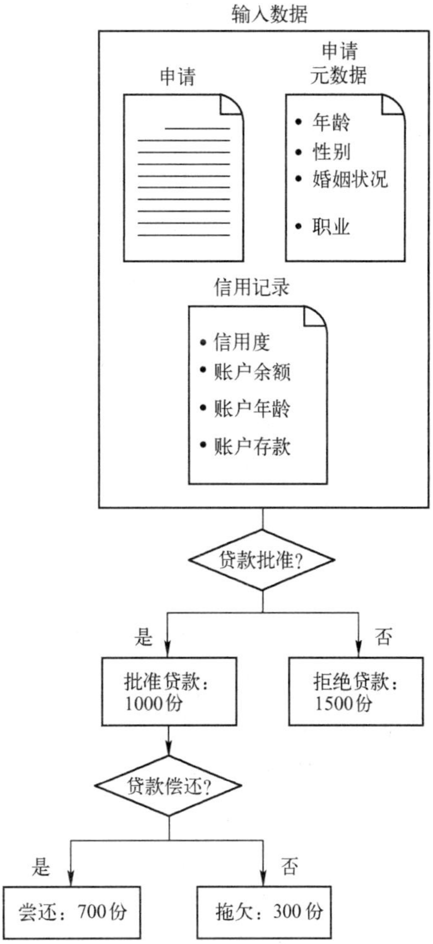

图 1-3　经过几个月运作，收到 2，500 份贷款申请，批准了 1000 份，其中 700 份申请及时偿还，300 份贷款拖欠。这些初始数据对于构建贷款评估体系是至关重要的

⊖ 你可以使用统计相关性确定哪些数据因素与贷款偿还结果相关。

⊖ 在本例中，我们使用德国信贷数据集。你可在 http://mng.bz/95r4 下载该数据。

个中有 86 个）的申请属于高额度贷款，这就意味着你还必须人工处理超过 90% 的贷款申请。你还需要更多的过滤规则使这个数字降到合理水平。

你的第二个过滤规则是自动接受任何没有支票账户的申请人。这看起是相当不错的规则，因为在 394 个贷款申请中有 348 个（88%）按时偿还了贷款。加上这第二条规则，可以使自动被接收或拒绝的申请达到了 45%。因此，你只需要人工分析大约一半的申请。图 1-4 所示显示了这些过滤规则。

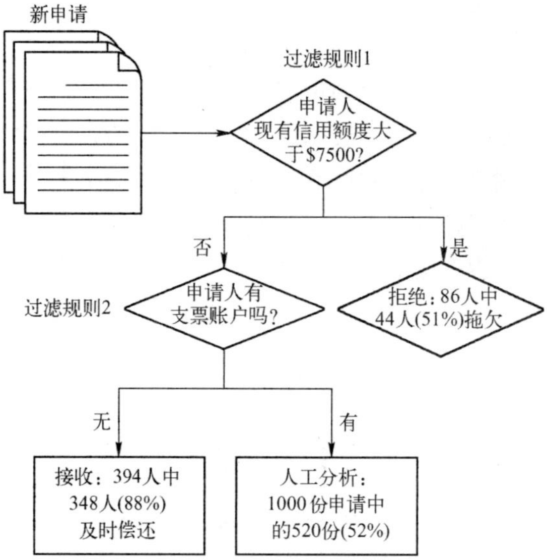

图 1-4　使用两条商业规则可使你只需处理新增申请的 52%

使用这两个规则，你可以把业务扩大到原来的两倍而不必雇佣其他人员，因为你只要处理新增申请的 52%。另外，对于 1000 份已知结果的申请，你期望过滤规则错误拒绝率在 4.2% 左右（每 1000 份申请中错误拒绝 42 份），错误接收率在 4.6% 左右（每 1000 份申请中错误接收 46 份）。

随着业务的增长，你希望系统能接收或拒绝越来越多的申请，从而免遭拖欠的损失。为了做到这一点，你必须增加新的商业规则，很快你就遇到了以下几个问题：

- 人工发现有效的过滤规则变得越来越困难，这不是不可能的，因为过滤系统的复杂性在增加。
- 商业规则变得如此复杂和不透明，测试它们，剔除老的不相关的规则变得几乎不可能。
- 你的规则构建毫无统计学严谨性。你虽然非常确信更好的分析数据能得到更好的“规则”，但又不能肯定。
- 因为贷款偿还模式随着时间的变化而变化，或许随着申请人群的变化而变化，规则系统不能适应这种变化。为了适应这种变化，规则系统必须不断地调整。

所有商业规则方法的缺陷可归结一个弱点：规则系统不能从数据中自动学习。

数据驱动的系统，从简单的统计学模型到复杂的机器学习都可克服这些问题。

1.2.2　机器学习方法

最终，你决定在微型信贷申请评估过程中采用全自动、数据驱动的决策方法。机器学习是一个不错的选择，因为它的处理过程是全自动的，可以适应不断增长的业务需要。另外，它不同于商业规则，机器学习直接从数据中学习最优的决策而不是任意的编写好的决策规则。这种从基于规则到基于机器学习的决策过渡意味着你的决策更加精确，而且随着借贷的增多，精确性会得到提高。可以确信你的机器学习系统可用最少的处理换来优化的决策。

在机器学习中，数据为获得关于手头问题的见解提供了基础。为了确定是否接收每个新的贷款申请，机器学习使用历史训练数据来预测应采取的最佳行动。为了启动机器学习用于贷款审批，你可以把已掌握的 1000 份借贷数据作为训练样本。训练样本由每个贷款的输入数据和是否及时偿还的结果组成。输入数据由一系列数值或分类指标组成，用于捕获每个申请中相关的方面，如申请人的信用指数、性别和职业等。

图 1-5 示出了历史数据训练机器学习的模型。在收到新的借贷申请时，从申请数据中可立即预测出将来可能的偿还情况。

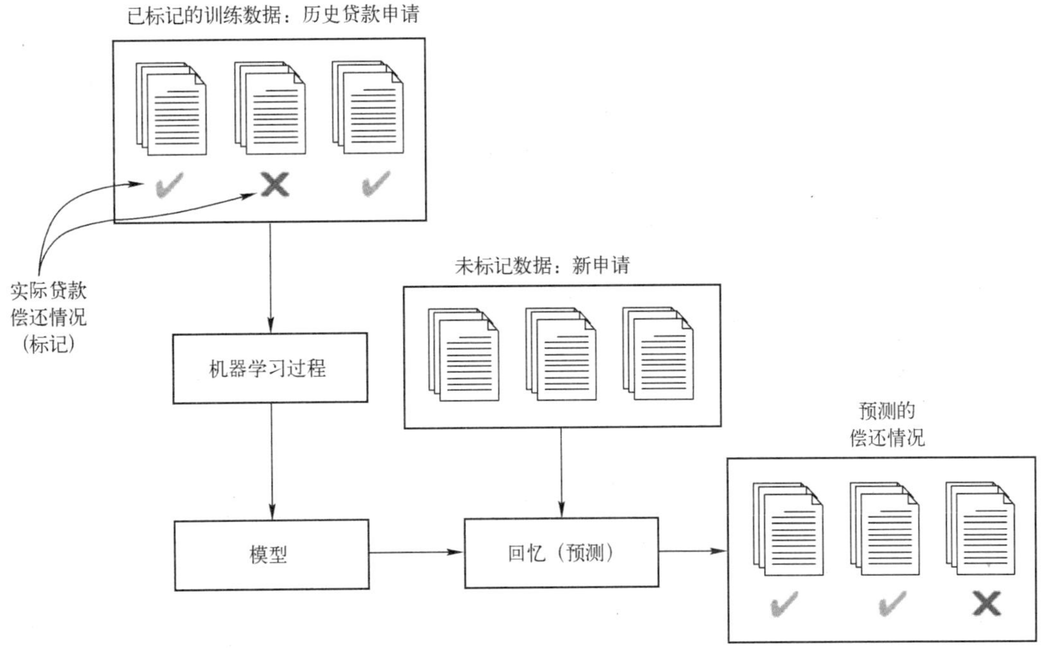

图 1-5　基本机器学习的工作流程（以微型贷款为例）

机器学习模型决定对于每个贷款申请如何用于最佳的贷款预测。通过查找并使用训练集中的模式，机器学习将产生一个模型（现在你可以认为这是一个黑盒），用于根据申请者的数据预测每个申请的结果。

下一步是选择要使用的机器学习算法。机器学习的类型有很多，从简单的统计模型到更复杂的方法都有。在此我们比较两个例子：第一个是简单参数化模型，第二个是分类树的非参数集合。不要被这些术语所困扰，你很快就会发现，机器学习使用很多算法和方式对它们进行分类。

几乎所有传统的统计商业模型都属于第一类。这些参数化模型使用简单固定的方程来表示输入和结果的关系。数据用于学习这些方程中未知项的最佳的值。例如，线性回归、逻辑回归和自回归模型都属于这一类。回归模型将在第 3 章详细描述。

在本例中，你可以使用逻辑回归来模拟贷款审核流程。在逻辑回归中，每一笔贷款的偿还概率的对数（对数概率）被建模为一个输入特征的线性函数。例如，如果一个新的申请包含 3 个相关特征——申请人的信用额度、学历和年龄，那么逻辑回归试图用这个方程预测申请人将会拖欠的对数概率（我们称之为 y）：

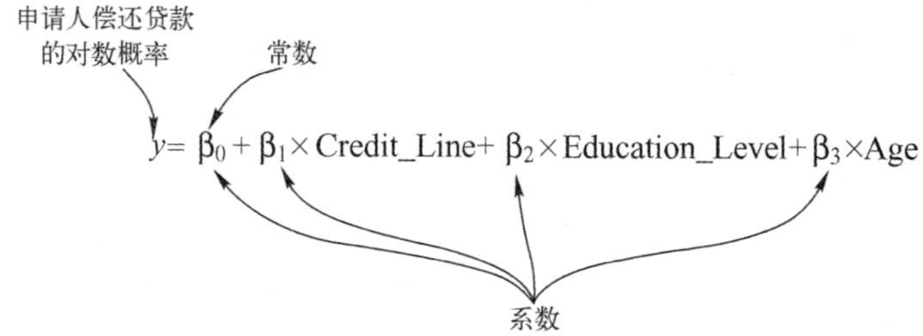

对数概率

发生率是描述概率的一种方式。你一定听过某人说他喜欢的球队获胜的可能是 3:1。事件的发生率是成功（如赢得比赛）的概率除以失败（如输掉比赛）的概率。数学上可以这样表示：

Odds(A) = P(A)/P(~A) = A 的概率除以非 A 的概率

因此，3:1 就等价于 0.75/0.25 = 3，log(3) = 0.47712…

如果 A 为抛掷一枚硬币，那么正面向上的概率将是 0.5/0.5 = 1，log(1) = 0。可以证明 log(Odds) 可接收任意实数参数。对数概率的值接近 $-\infty$ 表示不可能事件，接近 ∞ 表明确定发生，而 log(1) = 0 表明为随机事件。使用对数概率而不使用标准的概率是一种数学技巧，它使计算变得简单。它不像概率被限制在 0 ~ 1 之间。

方程中每个系数（在本例中为 β_0、β_1、β_2 和 β_3）的最佳数值是从 1000 个训练样本中学习获得的。

当你可以使用像这样的方程表示输入和输出之间的关系时，从输入（信用额度、学历和年龄）预测输入（y）是非常简单的。你所要做的就是使用历史数据找出哪些 β_1、β_2 和 β_3 的值得到的输出结果最佳。

但当输入与输出间的关系比较复杂时，像逻辑回归这样的模型应用就会受到限制。例如，使用图 1-6 左侧图中的数据集，有两个特征输入，任务是把每个数据点分成两类。这两类由非线性曲线（决策边界，如图中的曲线所示）分离在独立的二维特征空间中。中间图所示是该数据集应用逻辑回归模型的结果。逻辑回归基于一条直线分成两个区域，从而导致许多分类错误（许多点划分在错误的区域内）。

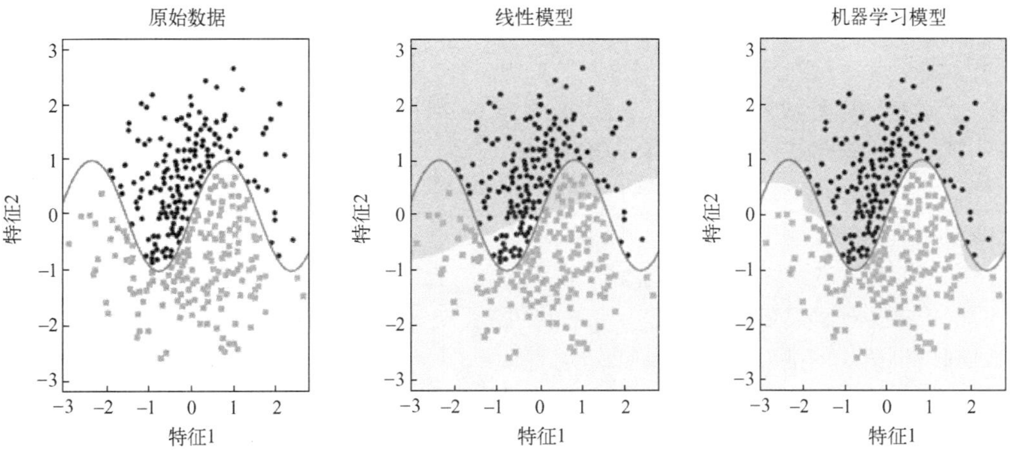

图 1-6　在两类分类中，单个数据点要么属于圆形类要么属于方形类。这些分布在二维特征空间中的数据由非线性决策边界进行划分，如图中曲线所示。然而，简单统计模型数据分类精确性比较低（中图），机器学习模型（右图）以少许代价即可发现正确的分类边界

中间图所示的模型问题在于企图以简单的参数化模型解释复杂的非线性的现象。参数化和非参数化模型的形式化定义很复杂，而且对于本书而言太过数学化。但最根本的是，参数化模型在你提前理解输入和需要的输出之间的关系时能工作得很好。如果对非线性关系有充分的了解，则可以对输入或输出变量进行转换，以便于参数化模型仍能继续工作。例如，如果某些疾病在老年群体中发病率较高，你可能发现发病率和研究主体年龄的平方存在线性关系。但问题在实际应用中，并不容易找到这种转换关系。

你需要更灵活的模型，它可以自动发现复杂的趋势和数据结构，而不必事先知道关系模式的样子。这正是非参数化机器学习算法的用武之地。在图 1-6 的右侧图中，你看到了对这个问题应用非参数化学习算法（在本例中是随机森林分类器算法）的结果。很显然，预测的决策边界与真实边界非常接近，所以分类精确性比参数化模型要高。

对于复杂的高维度的数据集，非参数化的机器学习模型可获得很高的精确度，因此成为许多数据驱动问题的首选。非参数化方法的实例包括许多应用广泛的机器学习方法，如 k－近邻算法（k－nearest neighbors）、核函数平滑（Kernel Smoothing）、支持向量机（support vector machines）、决策树（decision trees）和组合方法（ensemble methods）。在本书中我们将讲述所有这些方法，并且在附录中给出了重点算法的简单描述。线性算法有一些特性，使得它们在某些场合很有吸引力。它们很容易解释和推理，计算速度快且非常适合于大数据处理。

进一步阅读

加雷思·詹姆斯等编著的教科书《统计学习导论》（斯普林格出版社，2013）对机器学习中大多数常用方法进行了详细介绍，而且是针对没有统计学或数学基础的读者。作者网站上（www. bcf. usc. edu/～gareth/ISL/）可获得该书的 PDF 版本。

回到微型借贷问题，扩大商业规模的最好选择是采用一个非参数化的机器学习模型。这个模型能够发现和手工处理一样的规则，但很有可能有一些不同，因为需要优化统计结果。

更有可能的是，机器学习模型将自动发现你没有发现的输入变量和期望结果之间的其他更深层次的关系。

除了能够提供自动化的工作流程之外，你还能获得更高的精确度，这意味着更大的商业价值。试想一下如果机器学习模型的精确度比逻辑回归模型的精确度高25%，在这种情况下，机器学习模型对新的贷款申请将有更低的错判率：对于不能偿还贷款的申请接收率和对于能够偿还贷款的拒绝率都会降低。总而言之，这意味着贷款的回报更高，能够使你增加贷款数量，从而创造更多的商业价值。

我们希望你已经尝到了机器学习带来的甜头。在进一步讨论机器学习的工作流程之前，我们将列出机器学习的一些优势和面临的挑战。

1.2.3 机器学习的五大优势

作为微型信贷实例的总结，我们列出了使用机器学习系统相对于传统替代方案，如人工分析、商业规则和简单统计模型的突出优势。机器学习的五大优势如下：

- 精确——机器学习使用数据发现解决问题的优化的决策引擎。随着数据的增多，精确性也随之提高。
- 自动化——由于结果只能是有效的和抛弃的，机器学习可自动学习新的模式。这意味着用户可以把机器学习直接嵌入到自动工作流中。
- 迅速——机器学习可以在新数据进入的几毫秒内产生结果，允许系统做出实时反应。
- 可自定义——许多数据驱动的问题可用机器学习解决。机器学习模型通过自己的数据构建，并可用任何评价标准进行优化。
- 规模化——随着业务的不断发展，机器学习可以很容易地处理数据的增长问题。有些机器学习算法可以使用云计算处理大规模数据。

1.2.4 面临的挑战

要获得这些优势必定面临一些挑战。根据商业问题的大小和形状，其难度大小也不同，小到如儿童剧一样简单，大到如汉尼拔翻越阿尔卑斯山一样困难。

最突出的困难是获取可用形式的数据。据估计，数据科学家80%的时间花费在数据准备上[⊖]。你一定听说过当前商业捕获的数据比以往任何时候都要多得多，其实数据科学家也是。你可能还听说过这些数据指的是业务处理的“废弃物”。换句话说，我们新的数据宝库不是用来设计满足机器学习系统的输入需求。从这些废料中提取有用数据是一件非常烦琐和杂乱的工作。

相关联的挑战是对问题进行公式化表示，以便于应用机器学习并产生可操作和度量的结果。在我们例子中目标很明确：预测谁可以偿还贷款，谁会拖欠。分类很容易实现，结果也很容易度量。很幸运，某些实际问题是这样简单的。例如，给定我们知道的潜在客户的信息

⊖ 史蒂夫洛尔．“对于大数据研究者而言，数据清理工作是获得深层理解的障碍”［N］．纽约时报，2014-8-17，http://mng.bz/7W8n.

（这个我们有丰富的数据），预测他们是否会购买我们的产品，这是很容易实现的。

一个更有难度的例子是这样的：寻找最佳媒体和广告单位组合，为新产品提高品牌知名度。简单地定制问题，需要构建一种测量品牌知名度的方法，对正在考虑的替代媒体的理解，以及反映替代品和相关结果的经验数据。

当预测结果相当复杂时，选择算法以及如何应用是非常费力的。心脏病研究人员要预测术后并发症，需要的病人数据量大得惊人，但机器学习算法自然不需要心电图数据和 DNA 序列。特征工程（feature engineering）就是把诸如此类的输入转换成可预测的特征的过程。

如果不提到危害预测模型的问题，那就是我们的失职：如果一个模型非常适合训练数据，但要对非训练集的真实数据进行预测就不能使人满意，这就是过度拟合问题（overfitting）。

你将看到机器学习可解决各种各样的问题，有些比其他办法更容易。你可能还会注意到解决方案的价值与花费的精力并不成正比。事实上，机器学习并不是万能的金钥匙。在本书中，你将看到机器学习对于解决许多现实的数据驱动的问题是不错的选择。

1.3　跟踪机器学习流程：从数据到部署

本节我们将介绍把机器学习模型集成到个人的应用或数据处理中的主要流程。机器学习流程（ML workflow）有 5 个主要组成部分：数据准备、模型构建、模型评估、模型优化和新数据预测。这些步骤有内在的顺序，但许多实际机器学习的应用是一个迭代过程，每个步骤都要重复好几遍。这 5 个部分在第 2 ~4 章将详细讨论，但我们在此做简要介绍以激发读者学习的欲望。图 1-7 示出了这个工作流程，后面的部分对这些概念做了全面说明。这个图将贯穿本书，因为我们要介绍机器学习流程的各个组成部分。

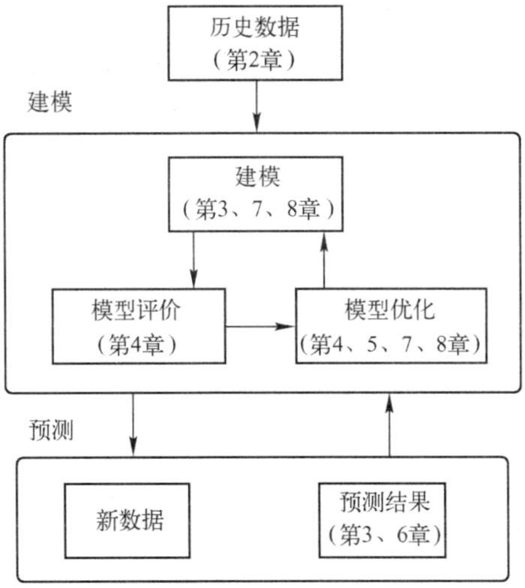

图 1-7　机器学习系统工作流程。从历史数据使用机器学习算法构建模型，然后需要对模型的性能、精确性和是否适应需求规模进行优化。通过最后的模型可以进行新数据预测

1.3.1　数据集合和预处理

机器学习系统的数据收集和预处理通常涉及数据表格化（如果数据不是表格数据）。数

据表格化可认为是一个电子表格，数据以行和列的形式存储，每一行对应一个实例（instance）或样本（example），每一列表示该实例的一个度量。当然，可能有一些特殊和变化，但可以说大多数机器学习算法需要这种格式的数据。别担心，当遇到这种特殊情况时可以进行处理。图 1–8 示出了这种格式的简单数据。

特征列

个人编号	姓名	年龄	收入	婚姻状况
1	Jane Doe	24	81,200	单身
2	John Smith	41	121,000	已婚

样本行

图 1–8　在表格数据集中，行称为样本，列表示特征

表格数据首先要注意的是每一列包含相同类型的数据，而行数据典型地可包含各种类型的数据。在图 1–8 中，有 4 种类型的数据：姓名是字符串变量，年龄是整型变量，收入是单浮点型变量，婚姻状况为分类变量（包含离散的分类值）。像这样的数据集称为异构数据集（相对于同构数据集），在第 2 章我们将解释为什么以及如何将这种类型的数据转换成其他类型，这与使用的机器学习算法有关。

实际数据在有些方面是比较“混乱”的。假定在数据采集阶段，对于某个样本的特定度量不可获得，也没有办法找到相应的缺失信息。在这种情况下，表格中将包含一个或多个缺失值（missing value），这将给后面的建模和预测带来麻烦。在某些情况下，从事数据采集的人对于数据记录这样重复的工作很容易犯错误。这将导致某些错误数据，你必须能够处理这种情况，或者至少知道特定的算法在误导性数据存在的情况下表现怎样。在第 2 章你将进一步学习如何处理缺失和误导性数据。

1.3.2　数据构建模型

成功构建机器学习系统的第一步是提出一个可由数据回答的问题。使用这个简单的申请人表格，你可以构建一个预测申请人是否单身的机器学习模型。例如，这个信息对于显示相关广告的时候很有用。

这种情况下，你使用婚姻状况作为目标（target）或标记（label），剩下的变量作为特征（features）。机器学习算法的任务就是如何从一系列输入特征中成功预测目标。那么对于婚姻状况不明的人，你可以基于输入的特征使用模型预测其婚姻状况。图 1–9 显示了在试验数据上的这一过程。

特征　　目标

个人编号	姓名	年龄	收入	婚姻状况
1	Jane Doe	24	81,200	单身
2	John Smith	41	121,000	已婚

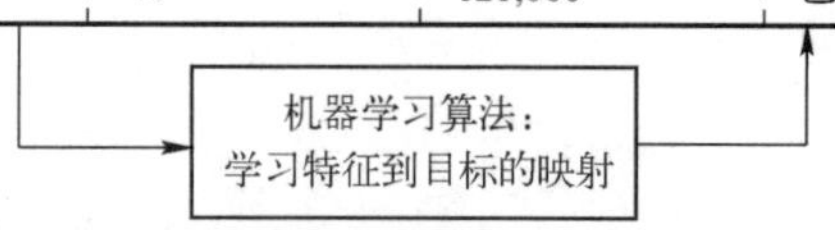

图 1–9　机器学习建模过程

现在可以把机器学习算法看作实现从特征到输出数据的映射的黑盒。为了构建一个有用的模型，你需要的数据比两行多得多。与其他常用的方法相比，机器学习算法的一个优点是可以处理许多特征。图 1–9 只显示了 4 个特征，其中个人编号和姓名在预测婚姻状况时可能是无用的。有些算法对于不能提供信息的特征是相对免疫的，然而如果把这些特征省略则可产生更高的精度。第 3 章将详细介绍算法类型和它们在各种问题和数据集上的表现。

值得注意的是，有时也可以从这些貌似无用的特征中提取到有价值的信息。位置特征本身可能没什么作用，但可导出诸如人口密度这样的有用特征。这种类型的数据增强称作特征提取（feature extraction），在实际机器学习项目中是非常重要的，这也是第 5 ~ 7 章的主题。

有了机器学习模型，就可以对新数据——目标变量未知的数据进行预测了。图 1–10 显示了使用图 1–9 构建的模型进行预测的过程。

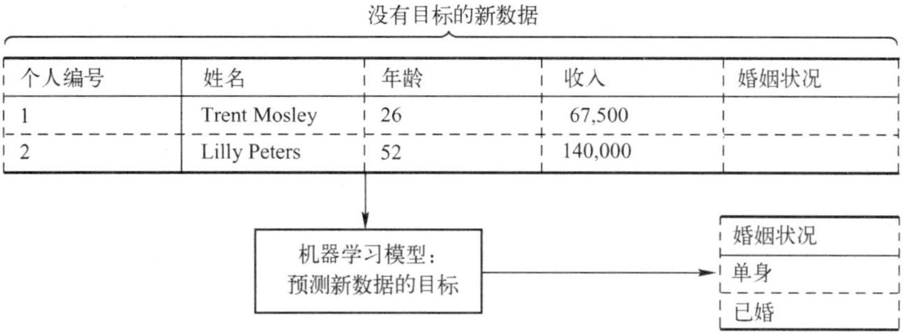

图 1–10　用模型对新数据进行预测

返回的预测目标格式与进行模型学习的源数据格式相同。使用模型进行预测可看作新数据填补空白目标的过程。有些机器学习算法可以输出每个分类的可能性（概率）。在我们的已婚/单身的例子中，概率性（probabilistic）机器学习模型对于每个新人会输出两个值：这个人已婚的概率和单身的概率。

到此为止，我们忽略了一些细节，但原则上已经构建了第一个机器学习系统。每个机器学习系统就是构建模型并利用模型进行预测。让我们以伪代码的方式描述一下机器学习的工作流程，它看起来如此简单，见清单 1–1。

清单 1–1　机器学习程序的初始结构

```
data = load_data("data/people.csv")
model = build_model(data,target = "Marital status")
new_data = load_data("data/new_people.csv")
predictions = model.predict(new_data)
```

虽然我们对于这些函数还没有编程实现，但其基本结构就是这样的了。通过第 3 章的学习，你将理解这些步骤；余下的章节中（第 4 ~ 10 章）保证你对于要解决的问题可构建出最好的模型。

1.3.3 模型性能评估

模型的性能不经验证很少在机器学习系统中使用。虽然本章忽略了太多细节，让我们假定你已经知道如何构建模型和进行预测。在应用模型对新数据进行预测之前，你可以通过某些聪明的手段对模型的工作情况有所了解。

对于某些数据，人为剔除目标变量，作为测试数据。然后从剩下的数据中构建模型，并对测试数据进行预测。图 1–11 显示了模型测试过程。

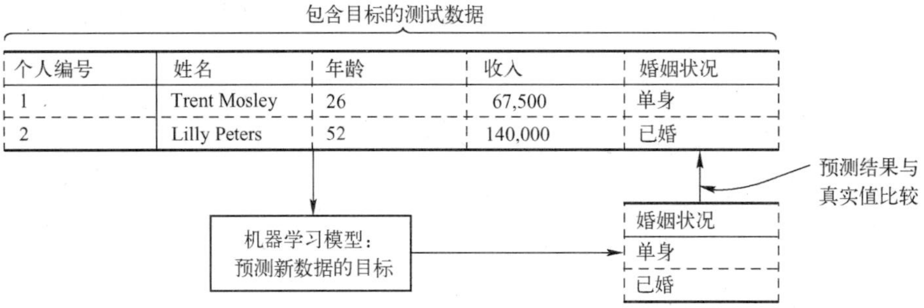

图 1–11　当使用测试数据评价模型性能时，假装目标变量未知并将预测结果与真实结果进行比较

让我们也来看看这个流程的伪代码，见清单 1–2。

清单 1–2　模型评价的机器学习流程

```
data = load_data(...)
training_data,testing_data = split_data(data)
model = build_model(training_data,target = "Marital status")
true_values = testing_data.extract_column("Marital status")
predictions = model.predict(testing_data)
accuracy = compare_predictions(predictions,true_values)
```

你现在可以将预测结果与已知的“真实”值进行比较以判断模型的精确性。在伪代码中，这个功能隐藏在 compare_predictions 函数中，第 4 章的绝大部分内容将详细讨论这个函数对于各种机器学习问题是什么样的。

1.3.4 模型性能优化

机器学习的最后一个问题也在第 4 章中进行讨论：如何利用模型评估的结果对模型进行改进。改进模型的精确度有以下 3 种方式：

- 调整模型参数——机器学习算法是由特定于底层算法的参数进行配置的，这些参数的优化与数据的类型和结构有关。每个参数的值，或它们的任意组合都会影响模型的性能。我们介绍各种发现和选择最佳参数值的方法，并说明这些方法对于要解决问题的数据集，确定最佳算法时是如何使用的。
- 特征子集的选择——许多机器学习问题包含大量的特征，并且这些特征的噪声有时使得算法很难发现数据的真实信息，即使这些特征本身是非常有用的。对于许多机器学习问题，数据量大是一件好事，但有时也会起反作用。因为事先不可能知道噪声何时会影响模型的性能，所以在确定大多数通用且精确模型的特征时，一定要谨慎从事。

- 数据预处理——如果在网上搜索，你会发现许多可快速用于各种机器学习的数据集。但实际上数据集不会这么单纯，必须进行清洗和处理，这个过程被广泛称为数据改写（data munging）或数据打磨（data wrangling）。数据集中可能包含同物异名，缺失的或不正确的值，这些都会损害模型的性能。这听起来像是边缘情况，但你会吃惊地发现：即使在复杂的数据驱动的组织中，这种情况也经常发生。

有了这些机器学习的必要基础，在详细学习本节讨论的主要内容之前，将简要介绍机器学习中更高级的特性。

1.4　提高模型性能的高级技巧

前面的部分介绍了实际机器学习项目必需的几个步骤，现在来了解一下进一步提升模型性能的其他技巧。根据问题和数据的不同，有些技巧可显著提高精确度，但有时对训练和预测速度有一定影响。这些技巧将在第 5 ~ 10 章详细讨论，本节先列出其主要思想。

1.4.1　数据预处理和特征工程

在第 2 章你将看到各种类型的数据和常见数据混乱的处理。除这些必要的数据清洗之外，你还可以再进一步地从数据中提取附加数据，用于提升模型的性能。

对于任何问题域，领域知识决定收集的数据。这珍贵的领域知识还可以从收集的数据中提取有价值的值，在模型构建之前添加到模型的特征集中。我们把这个过程称作特征工程（feature engineering），当掌握了前面介绍的机器学习必备的基础知识后，你会发现大部时间都在进行优化。这也是机器学习最具创造性的部分，你可以使用知识和想象力找到提升模型的方法，并对数据进行挖掘以提取潜在的价值。你将广泛使用我们的统计验证模型的评估和优化步骤，来区分什么是好的想法，以及哪些是实用的。这里是一些重要的特征工程的例子：

- 日期和时间——在许多数据集中有日期和时间变量，但它们本身对机器学习算法没什么用处，机器学习算法倾向于用原始数字或类别表示它们。但这种信息可能是很有价值的，如果你要预测广告何时播出，则在一年的什么时间、一周的什么时间以及一天的什么时间播出广告是非常重要的。使用特征工程，这些信息可从日期和时间中提取，并用于数据模型。

还有，当观察重复活动的日期和时间时，如用户在一年或一月中重复访问网站的次数，可用于预测每两次访问的时间间隔。例如，在购物网站中，用户在购买之前会频繁地进行访问以比较商品和价格。

- 位置——在某些数据集中可能包含位置信息，如经纬度坐标或地址名称。这些信息本身可被用于特征工程，但对于特定的问题可能提取到额外的信息。例如，如果你要预测一个县的选举结果，可能要提取人口密度、平均收入和贫困率作为数值，应用在模型中。

- 数字媒体——包含文本、文档、图片和视频。特征工程要使用此类数据是比较困难的，就如狗和猫的识别比赛一样。对于图片首先要提取的是边缘、形状和颜色光谱。然后，对这些数据使用数学转换进行分类，把输出结果作为分类算法的特征集。

很明显，特征工程对于实用机器学习项目是非常重要的。第5~7章将详细介绍特定的特征工程技术。你将学习如何将这些技术用于机器学习流程，在不增加复杂性和易过度拟合性的基础上提升模型性能。图1-12示出了特征工程如何集成到1.3节介绍的机器学习流程中。

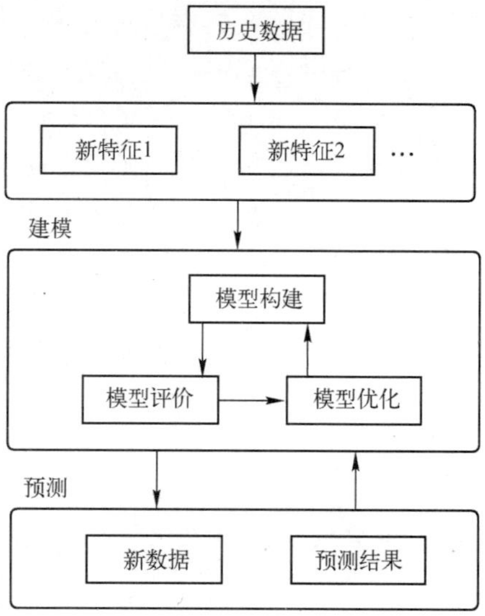

图1-12 特征工程阶段插入到原来的机器学习流程中

1.4.2 用在线算法持续改进模型

大多数传统的机器学习模型是静态的或者很少重建。但在许多情况下，数据和预测结果反馈到系统中，并且你需要模型随着时间推移和数据的改变进行提升。几种机器学习算法支持这种在线学习（online learning）。第8章将介绍这些算法和易犯的错误。图1-13示出了持续再学习如何集成到机器学习流程中。

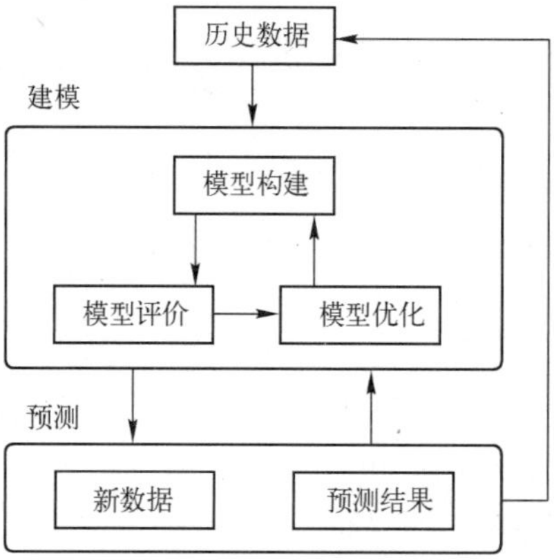

图1-13 在线机器学习系统中，预测结果反馈回模型进行迭代改进

1.4.3 具有数据量和速度的规模化模型

众所周知，数据集在以空前的数量和速度增长。监督机制算法的数据集中，目标结果存

在于训练集中，传统上比较小，因为需要人为介入以获得结果。现在，许多数据（包括结果）由传感器、机器或计算机产生，所以我们开始注意机器学习算法的规模化需求，以处理如此容量的数据。

第 9 章将详细介绍能够随数据集增长的规模化机器学习算法，并对它们进行横向比较，以及和非规模化算法之间的异同。

1.5　总结

本章介绍了机器学习作为更好的、数据驱动的决策方法，要点如下：

- 机器学习算法与通过数据建立模型的规则系统不同。监督机器学习系统通过从已知结果的特征集学习的方式进行归纳。
- 机器学习与人工构建的基于规则的系统相比，具有更高的精确度、自动性、迅速、可自定义和规模化的特点。
- 机器学习面临的挑战包括问题识别与格式化以便于应用机器学习，数据采集和转换，对特定问题选择正确的算法，特征工程和过度拟合问题。
- 基本机器学习工作流程包括数据准备、模型构建、模型评估、模型优化和新数据预测。
- 在线学习模型持续通过预测结果对自身进行改进。

1.6　本章术语

本章术语见表 1-2。

表 1-2　本章术语

术　语	定　义
实例或样本（instance 或 example）	单个对象，观测，处理或记录
目标或标签（target 或 label）	感兴趣的数值或分类（标签），是每个实例要预测的变量
特征（features）	输入的用于预测目标的属性。特征可能是数值的或分类的
模型（model）	描述特征和目标之间关系的数学对象
训练数据（training data）	含已知目标的实例集，用于拟合机器学习模型
回忆（recall）	用模型预测目标或标签
监督机器学习（supervised machine learning）	机器学习的给定样本的输出值是已知的，采用输入和输出之间的函数进行训练
无监督机器学习（unsupervised machine learning）	不依赖于已标记的样本，试图寻找非标记数据的内在结构
机器学习流程（ML workflow）	机器学习过程中的阶段：数据准备、模型构建、模型评估、模型优化和新数据预测
在线学习（online learning）	对于每个样本进行预测并更新模型的一种机器学习形式

在第 2 章，你将学习数据收集的实际问题，并对其进行处理以用于机器学习。采用可视化方法获得选择最佳工具和方法的洞察力。

第 2 章
实用数据处理

本章导读

- 机器学习起步。
- 收集训练数据。
- 使用数据可视化技术。
- 机器学习数据准备。

在监督机器学习过程中，你使用数据教自动系统如何做出准确的决策。机器学习算法被设计成发现模式和历史训练数据间的联系；它们从数据中学习并将学习结果编码到模型中，从而对新数据的重要属性做出准确的预测。因此，训练数据是机器学习中的基本问题。有了高质量的数据，就可以捕捉到细微的差别和关联关系，从而建立高保真的预测系统。相反，若训练数据质量不佳，则再好的机器学习算法也无济于事。

本章作为收集和编译训练数据用于监督机器学习的流程（见图 2-1）的向导，我们给出

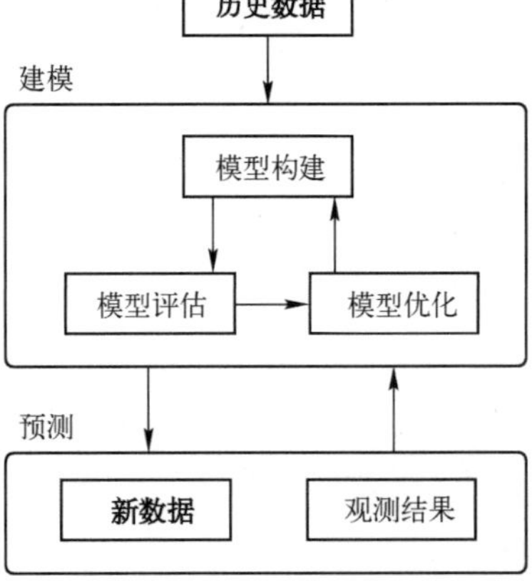

图 2-1　基本机器学习流程。因为本章主要讲述数据部分，所以对历史数据和新数据突出显示

了准备机器学习模型数据的总体指导和常见问题。机器学习很大程度上就是训练数据研究和可视化，来评估数据质量并指导学习过程。出于对这个问题的考虑，我们提供了一些最有用的数据可视化技术的概述。最后，我们讨论了如何为机器学习模型构建准备训练数据，这是第 3 章的主题。

本章使用真实机器学习的例子：客户流失预测（churn prediction）。在商业中，客户流失是指客户取消或注销付费服务的行为。一个很重要、很有价值的问题是预测哪些客户在不久的将来会流失。如果公司对于客户注销他们的服务有精准的把握，则可以通过发送消息或打折来进行干预。这种干预可为公司节约上百万的费用，因为获得新客户的花费要远大于挽留客户的成本。因此，客户流失的机器学习解决方案对于潜在流失的客户提前几周预测是很有价值的。

本章使用的数据可在线获得，并被广泛地应用于机器学习书籍和文档中：泰坦尼克乘客（Titanic Passengers）和汽车油耗（Auto MPG）数据。

2.1　起步：数据收集

机器学习开始之前，需要解决的问题是：适不适合用机器学习来解决。虽然机器学习有许多优点，但大部分实际机器学习问题是处理对感兴趣的目标变量（或变量集）进行预测。本书涵盖大多数的监督机器学习问题。适合于监督机器学习的问题包括：

- 本月我的哪些客户会流失？
- 这个用户会单击我的广告吗？
- 这个用户账户是欺诈的吗？
- Tweet 的这条评论是消极的、积极的还是中立的？
- 下个月对我的产品有什么需求？

你会发现这些问题有一定的共性。第一，它们都需要对一个或几个感兴趣的实例进行评估。这些实例可以是人（如在客户流失问题），事件（如 Tweet 评论问题），甚至是时间段（如产品需求问题）。

第二，所有这些问题都有一个定义良好的兴趣目标，有些目标是二元的（流失或不流失，欺诈或不欺诈），有些是针对多个分类（消极的、积极的或中立的）的，有的甚至是成百上千的分类（从巨大乐库中选取一首歌），还有处理数值的（产品需求）。注意，在统计学和计算机科学中，目标（target）经常指应变量（response）或因变量（dependent variable）。这些术语可以互换使用。

第三，每个问题都有一组历史数据，它的目标是已知的。例如，经过几个星期或几个月的数据收集，你可以断定哪些客户流失了，哪些人们单击了你的广告。经过人工努力，你可以对不同的 Tweet 评论进行评价。除了目标值已知外，历史数据还会包含每个实例的、在预测时可知的信息。这些称之为输入特征（input features），通常也称为应变量（explanatory）或自变量（independent variables）。例如，客户的产品使用历史、客户的人口特征和账户信息，将会是非常合适的客户流失预测的输入特征。输入特征和值已知的目标变量就组成了训练集（training set）。

最后，若目标是已知的，则每个问题都会有一个潜在的活动（action）。举例来说，如果知道一个用户会单击你的广告，那么你就会向该用户投标并向他提供广告。相似地，如果你清楚地知道下个月的产品需求，你将会使供应链匹配这个需求。机器学习算法的作用就是如何使用训练集中的一系列输入特征，最大程度地准确预测目标变量。这种学习结果被编码在机器学习模型中。当有新的实例（目标是未知的）时，它们的特征被输入机器学习模型，产生这些实例的预测结果。最终，这些预测将使终端用户采取更明智（更迅速）的行动。除产生预测外，机器学习模型还允许用户推理输入特征和目标变量之间的关系。

让我们把所有的这些都放在客户流失预测问题中加以考虑。假定你正在为电信公司服务，现在的问题是，“我的哪个手机用户将会在下个月流失？”此处，每个实例就是当前的用户。同样，目标变量是每个月内是否取消服务的二进制结果。输入特征可以包含月初每个客户的可知信息，如当前账户的使用时间、详细的订阅信息、上个月通话次数和通话时长等。图 2-2 显示了电信客户流失预测训练样本的前 4 行。

特征									目标
顾客编号	状态	账户时长	区域代码	国际计划	语音邮件计划	短信总数	通话时长（分钟）	通话总数	是否流失
502	FL	124	561	No	Yes	28	251.4	104	False
1007	OR	48	503	No	No	0	190.4	92	False
1789	WI	63	608	No	Yes	34	152.2	119	False
2568	KY	58	606	No	No	0	247.2	116	Ture

图 2-2　电信客户流失问题的训练数据（4 个实例）

本节目标是给出收集机器学习训练数据的基本指导。数据采集不同的公司差别很大，但在训练数据装配时都会遇到同样的、令人头痛的问题。下一小节提供了解决数据收集 4 个共性问题的方法指导：

- 我应该包含哪些输入特征？
- 我如何获得目标变量已知的值？
- 我需要多少训练数据？
- 我如何知道训练数据已经足够？

2.1.1　应包含哪些特征

在机器学习问题中，通常需要十几个特征来预测目标变量。在电信客户流失问题中，输入属性包括每个客户的统计资料（年龄、性别和住址），订阅计划（状态、保持时间、最近一次更新时间和优先状态）和使用记录（通话历史、文本消息数据和数据使用、支付历史），都可以作为输入特征。在能否用作输入特征的问题上，有两个实际的限制：

- 需要预测时特征的值必须是已知的（例如，电信客户流失案例中的开始月份）。
- 特征必须具备数值或分类的性质（第 5 章将介绍通过特征工程，如何将非数值数据转换成特征)。

如通话历史数据可通过汇总统计数据计算，被处理成数值和/或分类特征，如通话分钟数、白天/夜晚通话时间比值、工作日/周末通话时间比值和网络通话时间。

假如给定一组广泛的可能的特征，你会使用哪些？作为一个简单的经验法则，如果认为某个特征与目标变量有联系，那它就应该被选择。监督机器学习的目的是预测目标，那些很明显与目标无关的特征应该被排除。例如，每个客户的身份识别号码，如果该客户将会注销，那该号码将不能用作特征进行目标预测。这种无用的特征使得模型更难于从扰动的数据（噪声）中探测真正的关系（信号）。无效特征越多，机器学习模型的信噪比和平均准确率就越低。

同样，排除一个因为事先不能确定是否与目标有关的特征也会损害机器学习模型的准确性。事实上，发现新的模式和数据之间的关系是机器学习的任务。举个例子，假定一个对当前未打开的语音邮件计数特征被排除在特征集之外。那么，这一小部分人已经停止检查他们的语言邮件，因为他们在下个月将更换运营商。数据中的这个信号很有描述性，因为有大量未打开语音邮件的客户流失的条件概率会轻微提高。排除这个输入特征会丧失机器学习算法的重要信息，因此将导致机器学习系统的预测的准确性降低。因为机器学习算法能够发现微妙的、非线性关系及未知的特征，一阶效应对模型的准确性有很大影响。

选择可用的输入特征，你将面临一个平衡。一方面，将所有想到的特征（就像厨房中的水槽）都抛给模型，会造成一些包含信号的特征被巨大的噪声淹没。机器学习模型会受到影响，因为它不能从随机噪声中识别真正的模式。另一个极端，手工选择已知与目标变量有关的少量特征，会导致你忽略其他高预测性的特征。结果，机器学习模型的准确性也会受到影响，因为模型对忽略的特征一无所知，它们恰好对目标很有预测性。

面对这种平衡，最实用的方法如下：

1）包含所有你认为对目标变量有预测性的特征。选择一种机器学习模型，如果模型的准确性足够，则停止。

2）否则，扩大特征集，包括与目标关系明显较弱的一些特征，选用另一模型并评估准确性。若性能足够，则停止。

3）否则，从扩大了的特征集开始，运行机器学习特征选择算法（feature selection algorithm）来选择最好的、最有预测性的特征集的子集。

我们将在第 5 章进一步讨论特征选择算法。这些方法寻找建立在特征子集上的最精确的模型；它们在剔除噪声的同时保存特征集中的信号。虽然计算成本很高，但它们可极大地提升模型性能。

作为本节的结束，提醒很重要的一条：模型使用的输入特征，没必要出现在每个实例中。例如，如果只知道 75% 的顾客的年龄，仍可将年龄作为一个输入特征。在本章稍后，我们讨论缺失数据的处理问题。

2.1.2 如何获得目标变量的真实值

在监督机器学习起步中，最大的障碍是用已知的目标变量集成数据。这个过程往往需要运行一个现有的、次优的系统一段时间，直到收集到足够的训练数据。例如，在构建电信客户流失的机器学习解决方案时，你需要先观察几个星期甚至几个月，观察部分客户的退订和其他客户的续订。当你有了足够的实例构建精确的机器学习模型时，就可以将机器学习应用于产品中。

真实值（ground truth）——目标变量的真实值或观测值的收集和评价，每种情况都不尽相同。例如，考虑以下几个选定的机器学习案例的训练数据收集过程：

- 广告定位（Ad targeting）——你可举行几天活动确定哪些用户单击/不单击你的广告和哪些用户可被转化。
- 欺诈检测（Fraud detection）——你可以仔细检查过去的数据，找出哪些用户是欺诈的，哪些是合法的。
- 需求预测（Demand forecasting）——你可以查寻历史供应链管理数据以确定过去几个月或几年的产品需求。
- Twitter 情感预测（Twitter sentiment）——获取真实情感是比较困难的。你可以通过人工阅读或 Twitter 发表感想（或使用众包）的方式进行人工分析。

虽然收集目标变量已知的实例无论从是时间上还是金钱上，开销都是很大的，但迁移到机器学习解决方案的好处是完全可以弥补这些损失的。获取目标变量真实值的其他方法如下：

- 分析员致力于历史数据和当前数据的分析，确定或评价目标的真实值。
- 使用众包方式的“集体智慧”获取目标的估计值。
- 进行客户采访或通过其他方式与客户面对面交流。
- 运行可控的实验（例如，A/B 测试）并监视运行结果。

这些方法策略都是劳动密集型的，但可以加速学习过程，缩短对机器学习模型有利的训练数据所需的收集时间。这个例子被称为主动学习（active learning）。给定较小的训练集和较大的应变量未知的数据集，主动学习识别后者子集中的实例，这些实例的结论存在于训练集中，将产生最精确的机器学习模型。在这个意义上，主动学习可以通过集中手动资源来加速精确机器学习模型的产生。关于更多主动学习和相关方法的信息，见 ICML 的达斯古普塔（Dasgupta）和兰富德（Langford）在 2009 年的演讲㊀。

2.1.3 需要多少训练数据

鉴于数据实例的应变量的观察和收集是比较困难的，你可能想知道一个机器学习模型的运行需要多少训练数据。很不幸这个问题过于专业，很难给出一个统一的回答，哪怕是经验法则。

下列因素决定所需训练数据的数量：

- 问题的复杂性。输入特征和目标变量之间的关系是简单的模型，还是关系非常复杂且是非线性的？
- 准确性需求。如果你的问题只要求 60% 的准确率，那么需要的训练数据会比准确率要求达 95% 以上所需的数据量小得多。
- 特征空间的维数。如果输入特征只有两个，那么比 2000 个输入特征需要的训练数据

㊀ 见 http://videolectures.net/icml09_dasgupta_langford_actl/。

要少很多。

一条指导性的原则是，随着训练集的增长，模型也就越（平均）准确（假定在数据产生的过程中保持数据的代表性（representative））。训练数据越多越准确，源于机器学习模型的数据驱动性。因为特征和目标之间的关系完全来自于训练数据，所以训练数据越多，模型就越能够识别和捕捉微妙的模式和关系。

使用本章前面的电信数据，我们可以证明机器学习模型是如何随着训练数据的增多而提高的，并可提供一种策略以评估是否需要更多的训练数据。电信的训练数据包含 3333 个实例，每个实例包含 19 个特征，外加退订或继续的二进制结果。使用这个数据，可以很直接地评估是否需要进一步收集数据。方法如下：

1）使用当前训练集，选择一个网格大小的子样本进行试验。例如，对于这个 3333 个实例的电信训练数据，网格大小可以是 500、1000、1500、2000、2500 和 3000。

2）对于每个样本大小，从训练集中随机抽取若干实例（不需要替换）。

3）对于训练数据中的每个子样本，构建机器学习模型并评估模型的准确性（我们在第 4 章讨论机器学习的评价指标）。

4）评价作为样本大小的函数准确率的变化。如果样本数量越大准确性趋于稳定，则说明当前训练集可能是足够的。但样本数量越大，准确性持续升高的话，则包含更多的训练实例有可能提高准确率。

或者，如果对于目标准确性有明确要求，你可以使用该策略评估建立在当前训练集数据上的机器学习模型是否达到了目标要求（在这种情况下没必要再积累更多的训练数据）。

图 2-3 所示证明了机器学习模型的准确性作为电信数据中训练实例数目的函数是如何

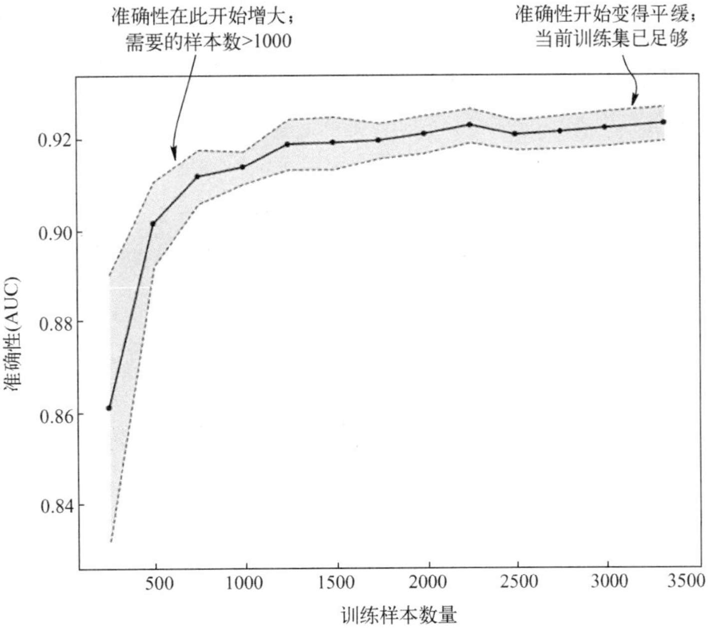

图 2-3　测试 3333 个训练样本是否足以构建电信客户流失机器学习模型
（黑线表示通过评价程序平均准确率超过 10 次的数据，隐形区域表示错误区域）

变化的。在本例中，随着不断添加训练样本，准确性有明显的提高：样本数量从 250 增加到 500，再到 700，模型准确率有明显的提高。然而，当样本数量超过 2000 时，准确率则趋于稳定。非常明显，如果再增加训练样本，机器学习模型也不会再有实质性的提升（但这并不意味着，增加更多的特征，不会显著提升模型性能）。

2.1.4 训练集是否有足够的代表性

除训练集的大小外，另一个产生准确预测模型的重要因素是训练集的代表性（representativeness）。训练集中的实例和将要收集的实例到底有多相似呢？因为有监督机器学习的目标是对新数据产生准确的预测，它的根本是训练集对要预测的数据要有代表性。训练集包含与将来数据不一致的非代表性样本称作样本选择偏差（sample - selection bias）或协移（covariate shift）。

训练样本没有代表性，有以下几个原因：

- 目标变量的真值可能是由个别的有偏差的样本获得的。例如，如果在历史数据中，只有在欺诈公司超过 1000 美元时，才算作欺诈样本，那么这样训练出来的模型就很难识别 1000 美元以下的欺诈行为。
- 样本属性随着时间而改变。例如，如果训练包含医疗保险欺诈的历史数据，但新的医疗法规发生了实质性改变，要求医疗保险人必须履行他们的职责，那么用作对新数据的预测是不太合适的。
- 输入特征随时间而改变。例如，假定你收集的住址信息发生了改变，以前收集邮政编码和住址，但现在收集 IP 地址。这种改变要求你修改模型的特征集，且有可能抛弃训练集中的旧数据。

在这些情况下，拟合训练数据的机器学习模型，对新数据的推断能力可能不好。借用一句格言：不能挂羊头卖狗肉（用训练苹果的模型预测橘子）！这个模型对橘子的预测准确性可能不会很好。

为了避免这些问题，尽量使训练集数据的代表性，和将来的数据保持一致是非常重要的。这就要求以没有偏差的方式收集训练数据。在下一节将讲到数据可视化有助于保证训练集的代表性。

现在你已经知道如何收集训练数据了，下一步的任务是装配数据，准备构建机器学习模型。下一节讲述如何对训练集数据进行预处理，开始构建模型（建模是第 3 章的话题）。

2.2 数据预处理

收集数据只是为建模准备数据的第一步，有时需要经过几个预处理步骤，这取决于数据集的组成。许多机器学习算法只能用于处理数值数据——整数和实数。最简单的机器学习数据集就是这种形式，但还包括许多其他类型的特征，如分类变量，并且还有缺失数据。有时需要通过特征工程对特征进行构建或计算。有些数值特征需要进行调整以便于对比，或与某种频率分布一致（如正态分布曲线）。本节将介绍常用的数据预处理。

2.2.1　分类特征

最常见的非数值特征是分类特征。如果特征值可被放在桶中且这些值的顺序并不重要，那么这个特征就是分类的（categorical）。有些场合，这类特征很容易区分（例如，当它只有几个字符串时，如垃圾邮件（spam）和火腿（ham））。其他情况下，一个特征到底是数值类型（整数）的还是分类类型的，则不是十分明显。有时两种类型都对，但类型选择可影响模型的性能。一个例子是表示一周的某一天，编码成数值型（从周日算起的天数）或分类型（周一、周二等）都是合理有效的。直到第 3 章和第 4 章才会看到构建模型和性能的有关内容，本节只是介绍如何处理分类特征。图 2-4 给出了几个数据集的分类特征。

个人编号	姓名	年龄	收入	婚姻状况
1	Jane Doe	24	81,200	单身
2	John Smith	41	121,000	已婚

分类特征

PassengerId	Survived	Pclass	Gender	Age	SibSp	Parch	Ticket	Fare	Cabin	Embarked
1	0	3	Male	22	1	0	A/5 21171	7.25		S
2	1	1	Female	38	1	0	PC 17599	71.2833	C85	C
3	1	3	Female	26	0	0	STON/02.3101282	7.925		S
4	1	1	Female	35	1	0	113803	53.1	C123	S
5	0	3	Male	35	0	0	373450	8.05		S
6	0	3	Male		0	0	330877	8.4583		Q

图 2-4　识别分类特征。顶部是个人的信息数据，有一个婚姻状况分类特征。底部是泰坦尼克号的乘客信息。其中，识别为分类特征的是 Survived（乘客是否幸存）、Pclass（乘客等级）、Gender（性别：Male（男）或 Female（女））和 Embarked（乘客登船地）

有些机器学习算法生来使用分类特征，但一般情况下它们需要的数据是数值型的。你可以将分类特征编码成数字（一个数字对应一类），但不能将这些编码数据作为真正的分类特征，因为你已经约定了类别的顺序（任意顺序）。回想一下，分类特征的一个属性是无序性。相反，你可以把每个分类特征转换成独立的二进制特征，1 表示实例存在，0 表示不存在。因此，一个分类特征被转换成一系列二进制特征，每个代表一个分类。用这种方式构建的特征有时被称为虚拟变量或哑元（dummy variable）。图 2-5 所示进一步说明了这个概念。

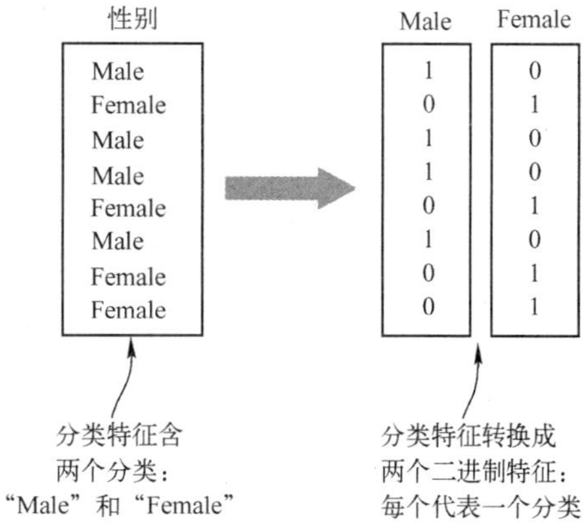

图 2-5　把分类列变量转换成数值列变量

将图 2-5 中的分类特征转换成二进制特征的伪代码见清单 2-1。注意，categories 是 NumPy 的一个特征类型（www. numpy. org），就像“data == cat”可以产生一系列布尔值。

清单 2-1　把类别特征转换成数值型二进制特征

```
def cat_to_num(data):
    categories = unique(data)
    features = []
    for cat in categories:
        binary = (data == cat)
        features.append(binary.astype("int"))
    return features
```

注意，熟悉 Python 编程语言的读者可能会注意到前面的示例代码不仅仅是伪代码，它还是有效的 Python 程序。这种代码贯穿本书：我们把代码片段当作伪代码，除非特殊声明，它都是可运行的。为了使代码简单，我们隐式导入了一些辅助类库，如 numpy 和 scipy。如果包含了 from numpy import * 和 from scipy import *，则代码一般是可以运行的。虽然这种方式是便于以交互方式尝试的例子，但你不应该在实际应用中使用它，因为 import * 可能会引起命名冲突和预料不到的后果。所有示例代码都在附带的 GitHub（https://github. com/brinkar/real - worldmachine - learning）库中，读者可以学习和直接运行。

分类到数值类型转换技术可用于大多数的机器学习算法。但有些算法（如某些类型的决策树算法及其相关算法，如随机森林算法）天生使用分类特征。对于高度分类化的数据集将产生较好的结果，我们将在下一章进一步讨论这个问题。我们的个人信息，把分类特征转换成二进制特征后，如图 2-6 所示。

个人编号	姓名	年龄	收入	婚姻状况（单身）	婚姻状况（已婚）
1	Jane Doe	24	81,200	1	0
2	John Smith	41	121,000	0	1

图 2-6　把分类特征转换成二进制数值特征后的个人信息（原信息在图 2-4 中）

2.2.2　缺失数据处理

你已经见过一些缺失数据的例子。在表格数据集中，缺失数据通常表现为空单元格或显示为 NaN（非数字）、N/A 或 None。缺失数据是数据收集过程中的常见现象。由于某种原因，对于某个数据实例，一个特殊的值是不可度量的。图 2-7 示出了泰坦尼克号乘客信息缺失的例子。

缺失数据主要有两种类型，需要以不同的方式进行处理。首先，有些缺失的数据可能携带有意义的信息，这对于机器学习算法来说可能有用。另一种可能是，数据缺失仅仅是因为数据本身不可测量，数据不可获得并不具有任何意义。例如，在泰坦尼克数据集中，Cabin（舱位）列的值缺失，表明这些乘客的社会地位或经济地位很低，然而 Age（年龄）列数据缺失则没有什么意义（只是因为某个特殊乘客的年龄数据找不到了）。

PassengerId	Survived	Pclaass	Gender	Age	SibSp	Parch	Ticket	Fare	Cabin	Embarked
1	0	3	Male	22	1	0	A/5 21171	7.25		S
2	1	1	Female	38	1	0	PC 17599	71.2833	C85	C
3	1	3	Female	26	0	0	STON/02.3101282	7.925		S
4	1	1	Female	35	1	0	113803	53.1	C123	S
5	0	3	Male	35	0	0	373450	8.05		S
6	0	3	Male		0	0	330877	8.4583		Q

缺失值

图 2-7　泰坦尼克乘客数据在 Age（年龄）和 Cabin（舱位）两列有缺失值。
（乘客信息是从各种历史数据中抽取的，数据缺失源于信息源中找不到这些信息）

让我们先考虑有意义的（informative）缺失数据。当你认为信息缺失时，通常是想让机器学习算法使用这些信息提高预测的准确性。为了达到这个目的，你要把缺失的数据转换成该列相同的格式。对于数值列，通常设置成 -1 或 -999，这取决于非空值的典型值。从数值序列的一端取一个值表示缺失的数据，记住数值列顺序是十分重要的。不能取数值分布的中间值作为缺失值。

对于可能包含有意义的缺失数据的分类列，可以创建一个新的分类，称作 Missing 或 None 等，然后像普通列一样处理。图 2-8 给出了如何处理有意义的缺失数据的简图。

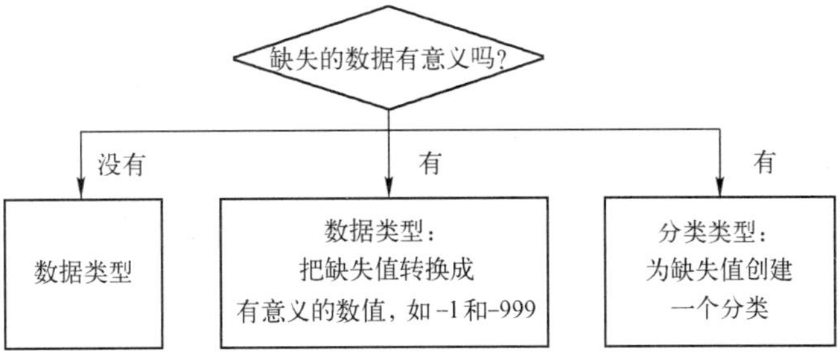

图 2-8　处理有意义的缺失数据

当数据项的值缺失本身没有什么意义时，可以用不同的方式进行处理。在这种情况下，不能引入一个特殊的值或分类，因为这有可能引入错误数据。例如，如果你企图将泰坦尼克号乘客数据中的缺失的年龄置成 -1，那将弄乱年龄的分布从而损害到机器学习模型。有些机器学习算法可以通过忽略的办法来处理这些缺失值。如果不能，则需要对数据进行预处理，要么删除缺失值，要么替换成猜想的真实值。这种替换缺失数据的概念称为插补（imputation）。

如果你有大量的数据而只有少数的缺失值，则放弃观测这些缺失数据是最简单的办法。但当大部分观测都有缺失值时，丢弃这些有用的数据会降低模型的预测能力。更糟的是，如果这些观测的缺失值不是随机分布在数据集中，那么这种方法可能引起意想不到的偏差。

另一个简单的办法是，对数据实例假定时间排序规则，并用前一行中对应列的值替换缺失值。若没有其他提示信息，则假定从一个实例到下一个实例的测量标准没有发生变化。不用说这种假设是错误的，但再错也错不过把缺失值设置为 0，特别是对于一系列连续观测的数据（昨天的温度设置成今天温度的估计也不是没有道理的）。对于极大型的数据，你也不可能应用更复杂的方法了，这些简单办法就显得特别有用。

如果有可能，使用大比例的已知数据猜测缺失值是比较好的。你可以通过列的平均值或中值来替换丢失的列值。在没有其他信息的情况下，平均值最接近真实值。根据列值的分布，你可能想使用中位数，因为平均值对于极端值而言过于敏感。这被广泛地应用于当今的机器学习中，而且在许多场合工作得很好。但当把所有的缺失值替换成单一的新值时，你就抹杀了潜在的与其他变量的相关性，这对于算法检测数据中的常见模式来说，可能是至关重要的。

如果有可能的话，你想做的是，使用所有的数据按照你的意思来预测缺失变量的值。这听起来是不是很熟悉？这正是机器学习要做的，因此你想做的是为构建机器学习模型而构建机器学习模型。事实上，典型的方法是使用简单的算法（如线性回归或逻辑回归，在第 3 章进行讨论）对缺失数据进行插补。这与主要使用的机器学习算法不一定相同。在任何情况下，你需要创建机器学习算法管道，引入更多的调节机制，来优化终端的机器学习模型。

再次重申，没有单一的最好的办法处理真正缺失的数据，认识到这一点十分重要。本节我们讨论了几种方式，图 2-9 所示总结了这些可能性。

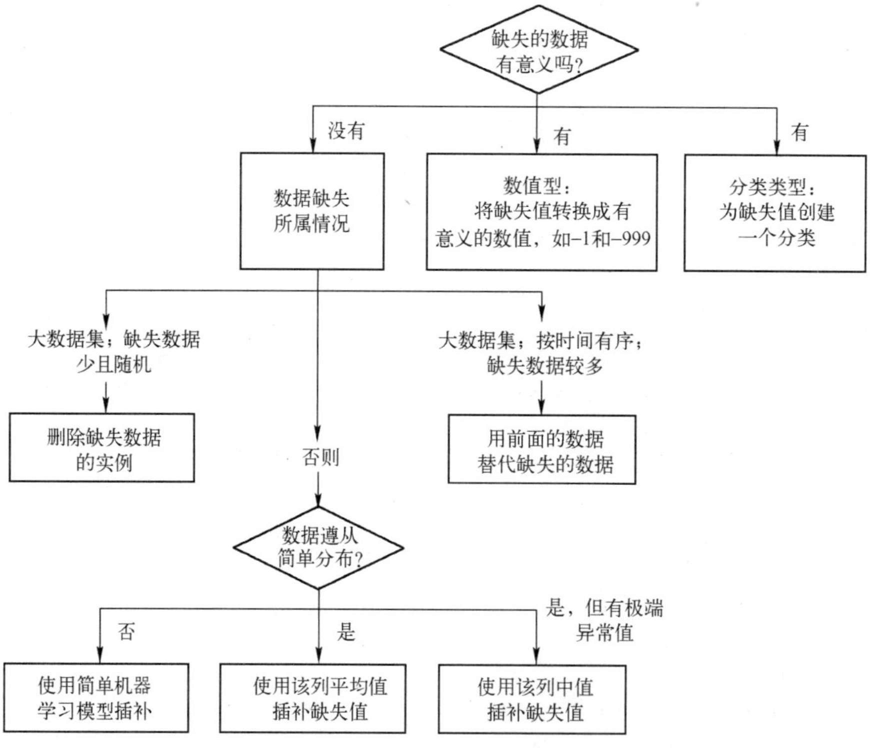

图 2-9　准备机器学习模型的数据时，采用的处理缺失值的决策图

2.2.3　简单特征工程

第 5 章主要讲述特定领域和高级特征工程技术，但为了使模型更好，提一下简单数据预处理的基本思想是值得的。

本节仍然使用泰坦尼克号乘客的样本数据。图 2-10 给出了部分数据的另一视角，重点在于舱位（Cabin）特征。若不经过处理，舱位特征不一定是十分有用的。有些值好像包含多个舱位，即使是单个舱位貌似也不能算作一个好的分类特征，因为所有舱位都在独立的“桶”里。例如，假定你要预测某个乘客是否幸存，乘坐某个舱位还是隔壁舱位似乎不会有任何的预测能力。

PassengerId	Survived	Pclass	Gender	Age	SibSp	Parch	Ticket	Fare	Cabin	Embarked
1	0	3	Male	22	1	0	A/5 21171	7.25		S
2	1	1	Female	38	1	0	PC 17599	71.2833	C85	C
3	1	3	Female	26	0	0	STON/02.3101282	7.925		S
4	1	1	Female	35	1	0	113803	53.1	C123	S
5	0	3	Male	35	0	0	373450	8.05		S
6	0	3	Male		0	0	330877	8.4583		Q

图 2-10　在泰坦尼克号乘客数据中，有些舱位值包含多个舱位，而另一些则没有舱位信息，且舱位（Cabin）本身也不是一个好的分类特征

乘坐船的哪一部分，对于是否能够幸存至关重要。对于单个舱位 ID，你可以提取字母作为分类特征，数字作为数值特征，假定它们表示船的不同部分。你可以得到泰坦尼克号的船体分布图，并能得出每个舱位所在的楼层和位于船的哪一边，是否面临大海，还是在船的内部，如此等等。这些方法不能处理复合舱位的 ID，但复合舱位貌似邻近，只提取第一个舱位 ID 就可以了。你可以在一个新特征中包含舱位数量，这与预测的结果可能是相关的。

总之，你将从舱位这个特征创建 3 个新的特征。清单 2-2 示出了这个简单的提取代码。

清单 2-2　泰坦尼克号舱位的简单特征提取

```
def cabin_features(data):
    features = []
    for cabin in data:
        cabins = cabin.split(" ")
        n_cabins = len(cabins)
        # First char is thecabin_char
        try:
            cabin_char = cabins[0][0]
        except IndexError:
            cabin_char = "X"
            n_cabins = 0
        #The rest is the cabin number
        try:
            cabin_num = int(cabins[0][1:])
        except:
```

```
        cabin_num = -1
    # Add 3 features for eachpassanger
    features.append( [cabin_char, cabin_num, n_cabins] )
return features
```

到现在为止，什么是特征工程应该没什么异议了：应用我们关于数据或领域的相关知识，使用已经存在的特征创建新特征来提高原数据的价值。就如前面提到的一样，你将看到高级特征工程和常见的数据类型，这些数据类型需要处理后应用到大多数算法中。这些包括自由格式的文本特征，如网页或Tweet。其他重要的特征可以从图像、视频和时间序列等数据中提取。

2.2.4 数据规范化

有些机器学习算法要求规范化了（normalized）的数据，也就是说，每个被操作的单独特征需要有相同的度量单位。相对于其他特征来说，特征值的取值范围会影响特征的重要性（权重）。如果一个特征的值在0～10之间，而另一个在0～1之间，那么相对于第二个特征而言，第一个特征的权重就是10。有时你可能想突出某个特征的权重，但正确的做法是让机器学习算法区分特征之间的相对权重。为了确保特征之间的平等，你需要对数据进行规范化。通常数据规范的取值范围是0～1或－1～1。

让我们来考虑这种规范化是如何进行的。清单2-3所示的代码实现了这一功能。对于每个特征，你要使数据分布在最小值（典型的是－1）和最大值（典型的是1）之间。为了达到这一目标，你把数据除以数据总的取值范围[⊖]，以使结果落入0～1之间。从这里开始，你可以通过乘以这个转换后的值，扩展到需要的范围（2，这里是－1～1之间）。最后，你把起始点从0移到需要的最小值（如－1）。

清单2-3 特征规范化

```
def normalize_feature(data, f_min = -1.0, f_max =1.0):
    d_min, d_max = min(data), max(data)
    factor = (f_max - f_min) / (d_max - d_min)
    normalized = f_min + (data - d_min) * factor
    return normalized, factor
```

注意，你返回的是规范化的数据和规范化（所采用的）系数。之所以这样做，是因为新的数据（例如，用于预测的数据）也需要进行同样的规范化，以产生有意义的结果。这也就意味着，机器学习模型构建人员应记得某个特殊的特征是如何规范化的，还要保存相关联的值（系数和最小值）。

我们把实现接收新数据、规范化系数和规范化最小值并重新规范化的函数的任务交由读者自己来实现。

当打开各式各样数据的工具箱并研究各类数据时，你会发现每个数据集都有独到的品质和挑战。但包含多个变量的大批量数据，只通过观察表格显示的数据是很难全面理解的。要

⊖ 即最大数据值减去最小数据值的差。——译者注

获得数据中隐藏的信息，图形化视图工具是必不可少的。

2.3　数据可视化

在数据收集/预处理和机器学习模型构建之间，有一个非常重要的步骤，那就是数据可视化。在进行深入机器学习和预测之前，数据可视化可对训练特征和目标变量进行清晰的检查。使用简单的可视化技术，可以探索输入特征和输出的目标变量之间的关系，这将引导你构建模型，帮助你理解机器学习模型和预测机制。更进一步地说，可视化技术可以告诉你训练集的代表性如何，并告诉你可能缺乏的实例类型。

本节着重讲述可视化目标变量和输入特征之间关系的方法。我们推荐 4 种可视化技术：马赛克图（Mosaic plots）、盒图（Box plots）、密度图（Density plots）和散点图（Scatter plots）。每种技术适用于不同的类型（数值型或分类型），如图 2-11 所示。

响应变量 \ 输入特征	分类型	数值型
分类型	马赛克图（2.3.1节）	盒图（2.3.2节）
数值型	密度图（2.3.3节）	散点图（2.3.4节）

图 2-11　4 种可视化技术，由需要绘制的输入特征和响应变量的类型来安排

进一步阅读

统计可视化和数据绘图的书有很多。如果你深入研究这个主题，可以看看下面的书籍：

经典教科书《定量信息可视化（The Visual Display of Quantitative Information）》，爱德华·塔夫特著（Graphics 出版社，2001），详细讲述了用于分析和表示的数据可视化。

- 对于 R 语言的用户，《R 图形化手册（R Graphics Cookbook）》，章孝慈著（O'Reilly 出版社，2013），涵盖了 R 语言的数据可视化，从基础到高级的话题，还有示例代码可供使用。
- 对于 Python 用户，《Python 数据可视化手册（Python Data Visualization Cookbook）》，伊戈尔米洛瓦诺维奇，迪米瑞·弗斯和杰赛谱·费提格利著（Packt 出版社，2015），涵盖了 Matplotlib 基础。

2.3.1 马赛克图

马赛克图（Mosaic plots）允许可视化两个或更多分类变量之间的关系。在 R、SAS、Python 和其他科学或统计学编程语言中都包含马赛克图绘图功能（软件）。

为了演示马赛克图的使用，你将用它来显示泰坦尼克号乘客性别和幸存与否之间的关系。马赛克图从长度为 1 的正方形开始，然后将正方形垂直划分成一系列矩形，每个矩形的宽度与对应的输入特征所在比例相同。例如，在泰坦尼克号的数据中，24% 的乘客为女性，因此将单位长度为 1 的正方形，沿 X 轴划分成面积为 24% 和 76% 的两个矩形。

接下来，对每个矩形以水平线划分成更小的矩形，小矩形的相对面积与数据实例落入相应响应变量之内的百分比相对应。例如，泰坦尼克号乘客女性有 74% 的幸存（这是给定乘客性别为女性的，幸存的条件概率）。因此，女性矩形被水平分成面积为 74% 和 26% 的两部分。对男性矩形做同样的处理（对于男性，分解比例为 19% 和 81%）。

结果就是性别和幸存之间的可视化关系。如果没有关系，则水平分割大体在 Y 轴的位置。若存在强关系，则水平分割将会很多。为了提高视觉效果，相对于自变量输入特征和响应变量，矩形以不同的阴影表示关系的统计学意义，大负残差（“低于期望值”）以深色阴影表示，大正残差（“高于期望值”）以浅色阴影表示，如图 2-12 所示。

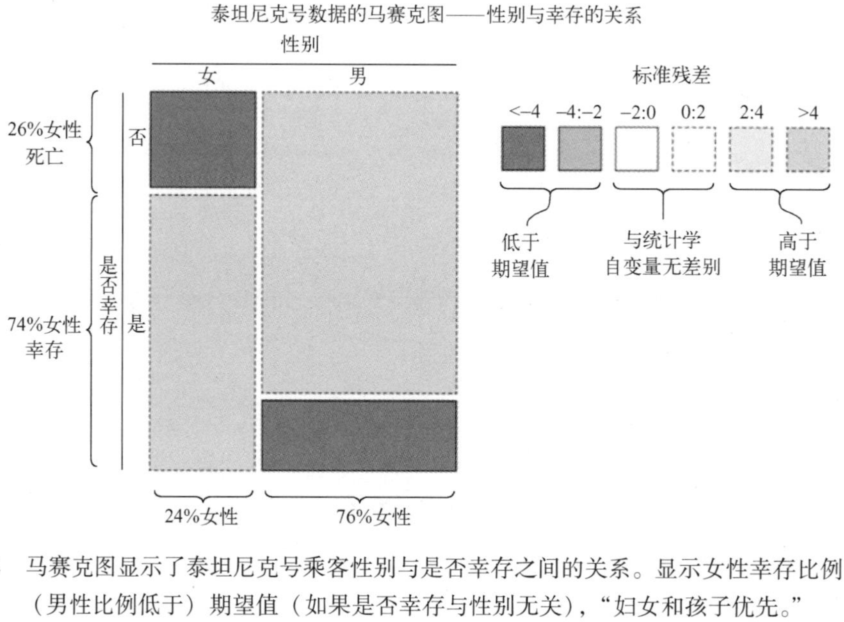

图 2-12　马赛克图显示了泰坦尼克号乘客性别与是否幸存之间的关系。显示女性幸存比例于高于（男性比例低于）期望值（如果是否幸存与性别无关），“妇女和孩子优先。”

这就告诉你在构建机器学习模型，预测泰坦尼克号幸存者时，性别是应该包含的一个重要因素。这还能使你清楚地检查性别和幸存之间的关系：事实上，女性在灾难中的幸存率较高，这是常识。这就为你的数据的合法性增加了另一层保险。这样的数据可视化还可以帮助你理解和验证机器学习模型。

图 2-13 所示的马赛克图显示了是否幸存与乘客等级（头等、二等和三等）之间的关

系。和预期的一样，头等乘客在沉船中幸存率较高。很明显，乘客等级也是机器学习模型预测幸存的一个重要因素，关系正如你预计的那样：等级越高，幸存率越大。

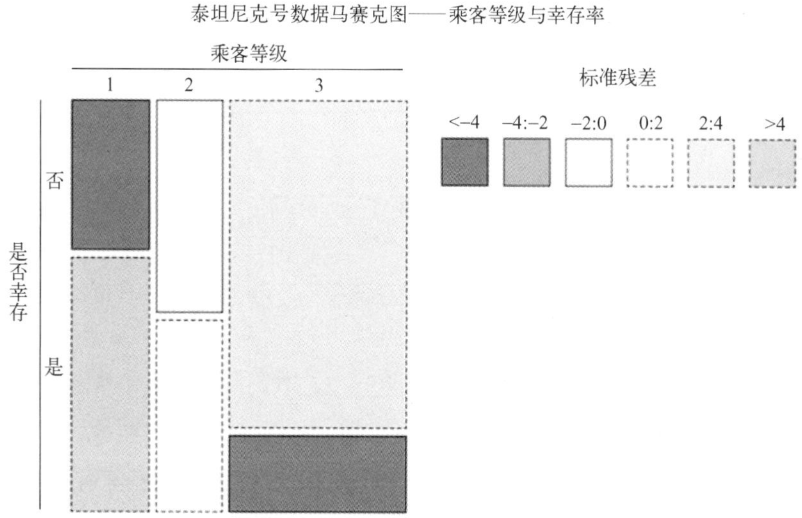

图 2-13　泰坦尼克乘客等级与幸存率关系的马赛克图

2.3.2　盒图

盒图（Box plots）是数值变量可视化分布的标准统计学绘图技术。对于单个变量，盒图描述的是其分布的四分位图（quartile）：最小值，第 25 个百分点，中间值，第 75 个百分点和最大值。单个变量的盒图对于洞察变量值的分布中心、扩展和偏移是十分有用的，另外，还可以发现离群值的存在。

如果并行显示，还可以使用盒图比较分布情况，特别是在观察数值特征作为各种分类响应变量的函数时的分布差异。返回到泰坦尼克号的例子，你可以通过并行盒图比较幸存者和死亡者的年龄差异，如图 2-14 所示。在这个例子中，乘客幸存者和死亡者的年龄分布没有明显差异，因为两个盒图看起来形状和位置十分相似。

注意，可视化技术的局限性是十分重要的。可视化并不能成为机器学习模型的替代品！机器学习模型能够发现隐藏在数据内部的微妙联系，这些联系并不能通过简单的可视化暴露出来。你不能自动排除那些可视化显示与目标变量关系不太明显的特征。这些特征如果与其他相关特征连在一起，仍可能与目标有很强的关系。例如，虽然年龄与幸存之间关系不太明显，那可能是对于三等舱乘客，年龄就非常有预测性（或许是因为三等舱乘客中，年轻强壮的乘客比年老的乘客要容易到达甲板）。好的机器学习模型应能够发现并暴露这样的关系，因此可视化技术不能单独地把年龄排除在特征之外。

图 2-15 所示的盒图显示了乘客票价和幸存结果之间的关系。在左侧图中，票价分布是高度偏移的（有许多小的值和一些大的离群值），使得这种差异难于可视化。这可以通过对票价进行简单的转换（转换成票价的平方根，如右图所示）来进行补救，使得这种差异变

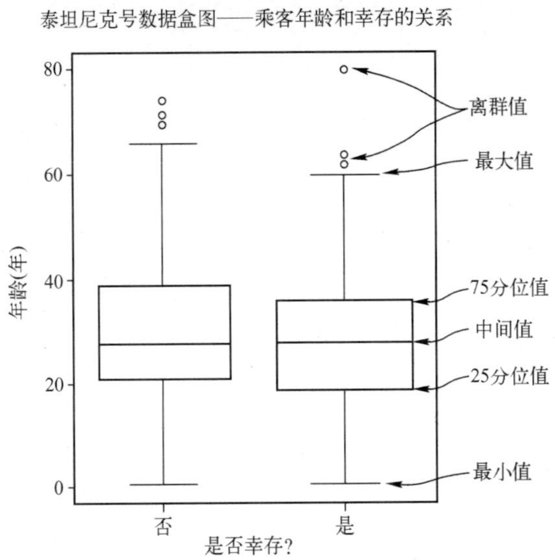

图 2-14　盒图显示了泰坦尼克号乘客年龄与是否幸存之间的关系。幸存者与死亡者之间的年龄分布没有明显差异（单这一项尚不能作为从机器学习模型中排除年龄这一因素的依据，因为它仍有可能作为很有预测性的因素）

得比较明显。票价和生存状况关系明显：和预期的一样，付费越多的生存率越大。因此，票价数额应包含在模型中，因为你希望机器学习模型能发现这种正关系。

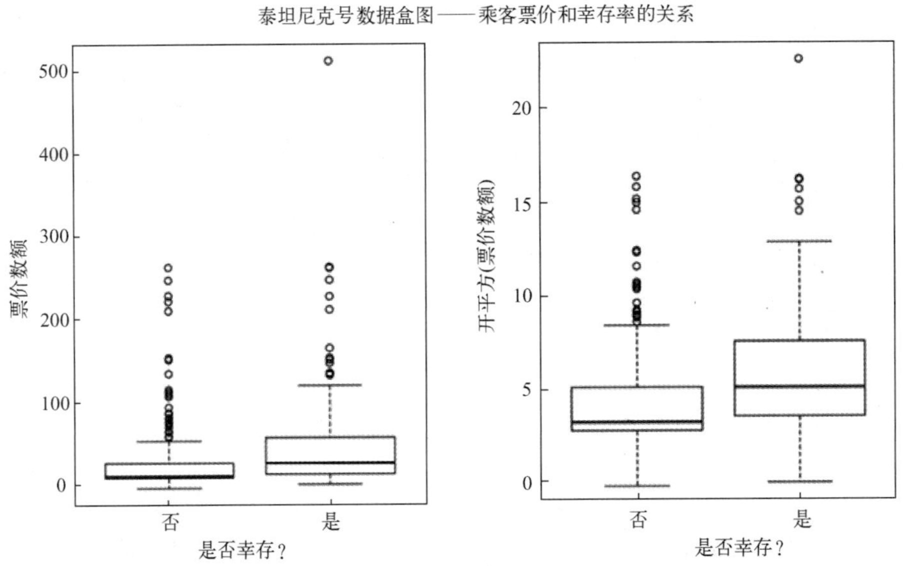

图 2-15　盒图显示了泰坦尼克号乘客票价和是否幸存之间的关系。平方根转换使得乘客票价越高幸存率越大（平均）的关系更明显

2.3.3　密度图

现在我们转换到数值而不是分类响应变量。当输入变量为分类类型时，你可以使用密度图（Density plots）可视化显示两个变量间的关系，也可以使用盒图。

密度图可显示单个变量比盒图更详细的分布信息。首先，对变量的平滑的（典型的是使用核函数平滑技术（kernel smoothing））概率分布进行估计。接着，绘制分布曲线表示变量可能的值。通过绘制响应变量对输入特征的每个分类的单个密度图，你可以很容易地将响应变量的任何差异可视化为输入的分类特征的差异。注意，密度图与直方图类似，但它的平滑性质使得它在可视化单数字多分布时比较容易。

在下个例子中，将使用 MPG（英里/加仑）汽车数据[㊀]。该数据集包含 1970 ~ 1982 年大批车辆的油耗（英里/加仑），外加每辆车的马力、重量、原产地和车型年份信息。图 2-16 所示的密度图显示了 MPG 和原产地（美国、欧洲或亚洲）的关系。从图中来看，很明显，亚洲的车 MPG 较高，接着是欧洲的车，最后是美国制造的车。因此，原产地将作为我们模型的重要的预测因子。更进一步地，密度图中的每条曲线都有一些次要的“起伏”，这可能与车的类型有关（例如，卡车、轿车和混合动力车）。因此，对这些次要“起伏”的研究，可保证充分理解它们的性质，并作为特征工程进一步的指导。

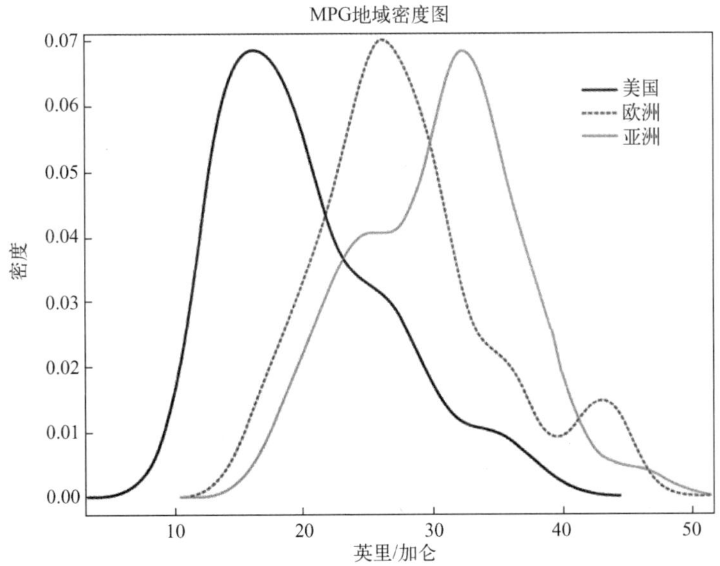

图 2-16　汽车 MPG 数据的密度图，显示了不同地区制造商的汽车 MPG 分布。
很明显，亚洲的车 MPG 最高，美国的车 MPG 最低。制造商地区即是 MPG 的强指示因子

㊀ MPG 汽车数据集可从 https://archive.ics.uci.edu/ml/datasets/Auto + MPG 获得，是 R 语言的内置数据集，通过 data（mtcars）使用。

2.3.4 散点图

散点图（Scatter plots）是简单的表示两个数值变量间关系的视图工具，是最流行的绘图工具之一。在散点图中，特征值根据响应变量的值进行绘制，每个数据实例表示为一个点。散点图虽然简单，但却既可以揭示输入变量和响应变量之间的线性关系，又可以揭示非线性关系。

图2-17所示显示了两个散点图：一个是车身重量和MPG的关系，一个是车型年份与MPG的关系。在两种情况下，输入特征与MPG之间存在着明显的联系，因此，这两个特征都应用在建模中。在左图中，数据呈明显的香蕉形，说明MPG与车身重量呈反比例非线性关系。相似地，右图显示了MPG与车型年份之间的线性正比例关系。两幅图清楚地显示了输入特征对于预测MPG是十分有用的，并且都与所期望的关系一致。

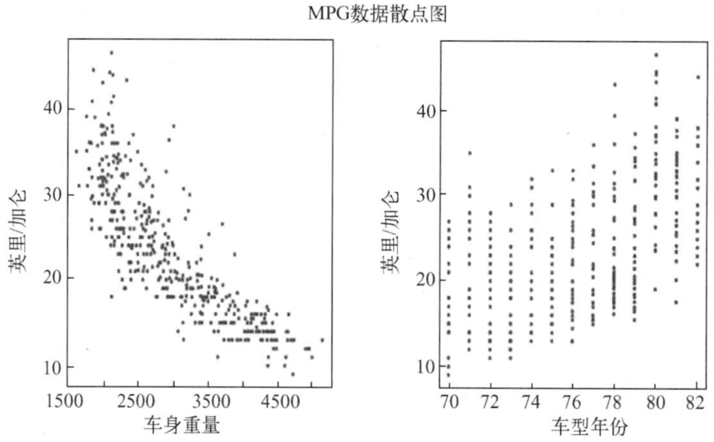

图2-17　显示英里/加仑与车身重量（左）和车型年份（右）关系的散点图

2.4 总结

本章介绍了在实用机器学习中有关数据的重要内容。

编译训练数据包括以下步骤：

1）决定包括哪些输入特征。

2）找出获取目标变量真实值的方法。

3）确定何时收集到了足够的数据。

4）留心偏颇或不具有代表性的训练数据。

训练数据预处理包括以下步骤：

1）记录分类类型特征。

2）处理缺失数据。

3）特征规范化（针对某些机器学习方法）。

4）特征工程。

4 种有用的数据可视化工具是马赛克图、盒图、密度图和散点图：

		输入特征	
		分类类型	数值类型
响应变量	分类类型	马赛克图	盒图
	数值类型	密度图	散点图

2.5　本章术语

本章术语见表 2-1。

表 2-1　本章术语

术　　语	定　　义
虚拟变量/哑元（dummy variable）	指示一个观测数是否为某个分类的成员的二进制特征
真实值（ground truth）	训练或测试集中已知的目标变量或标记的值
缺失数据（missing data）	实例子集中，值未知的特征
插补（imputation）	用数值或分类数据替换缺失数据的未知值

在准备好了模型数据之后，即可开始构建机器学习模型。

第3章 建模和预测

本章导读

- 通过机器学习建模发现数据中的关系。
- 使用模型进行预测和推理。
- 建模分类模型。
- 构建回归模型。

前一章涵盖了数据收集、预处理和可视化的指导及原则。机器学习工作流程的下一步工作就是使用那些数据研究和揭示输入特征和目标之间的关系。在机器学习中这一步骤就是通过数据构建统计模型。本章介绍建模基础并开始构建自己的模型。与大多数机器学习教科书不同的是，我们没有花费太多的时间讨论各种建模方法，而是把精力集中在总体概念上。这将帮助你从总体上理解机器学习建模，并使你能够快速地构建自己的模型以解决实际问题。如果想要了解特定机器学习的建模技术，请参考附录。

我们从更高层次的视角介绍统计学建模，重点讨论机器学习建模的总体概念，例如，建模的目的和模型的使用方法，并简洁地讨论了现行的各种建模技术及其优缺点。然后，我们深入研究最常用的两种机器学习模型：分类模型和回归模型。在这些部分中，我们更详细地描述了如何用自己的数据进行建模。我们还强调了几个常用的实用算法，以“算法高亮”的形式贯穿于整个章节。

3.1 基础机器学习建模

机器学习的目标是发现数据中的模式和关系并予以应用。这个发现过程通过建模技术来完成，建模技术是30年来统计学、计算机科学和应用数学发展的结晶。这些方法有简单的，也有超级复杂的，但都有一个共同的目标：估计输入特征和目标变量之间的函数关系。

这些方法也有共同的工作流程，如图3-1所示，利用历史数据构建和优化模型，反过来再用模型对新数据进行预测。本节将为后面的实用章节做准备。在下一节中，你将看到机器学习建模的总体目标，接下来你将看到机器学习产品如何使用，以及区分机器学习算法的一些重要方面。

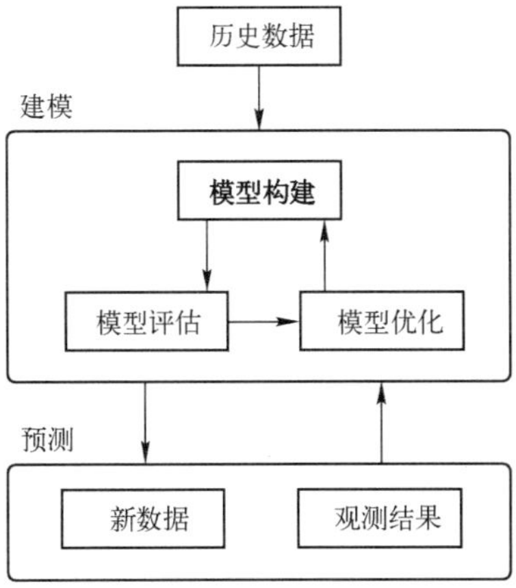

图 3-1　基本机器学习工作流程

3.1.1　寻找输入和目标间的关系

让我们以一个例子来讨论机器学习建模。回想一下第 2 章中的汽车 MPG 数据。数据集包含了汽车的各种度量参数，如制造商地区、车型年份、车身重量、马力和气缸数。数据集的目的是理解输入特征和车辆的 MPG 之间的关系。

输入特征常用符号 X 表示，当有多个输入特征时，以下标加以区分。例如，我们说 X_1 表示制造商地区，X_2 表示车型年份，X_3 表示车身重量，如此等等。所有输入特征的集合以粗体 **X** 表示。相似地，目标变量常用 Y 表示。

输入 X 和输出 Y 之间的关系，可简单地表示成如下公式：

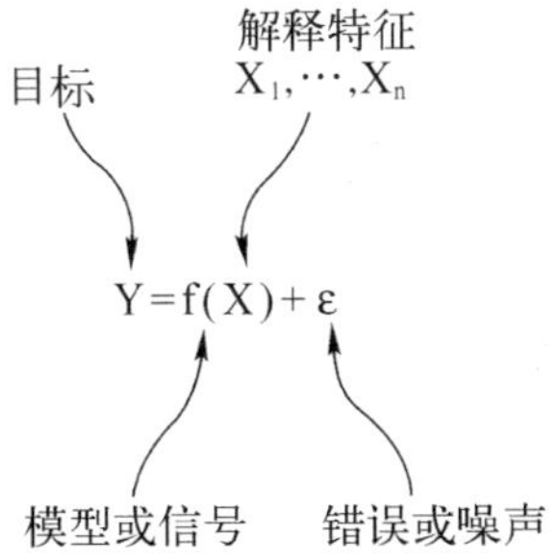

在这个等式中，f 表示输入变量和目标 Y 之间的未知函数。机器学习的目标是使用数据精确地估计函数 f。符号ε表示数据中的随机噪声，它与函数 f 无关。函数 f 通常被称为信号（signal），而随机变量 ε 被称为噪声（noise）。机器学习的挑战是使用数据确定真实的信号，而忽略噪声。

在汽车 MPG 实例中，汽车的 MPG 函数 f 是这辆车诸多输入特征的函数。如果你确切地知道该函数，那么就可以知道任何车辆的 MPG，真实的或推测的。但这会有很多如下的

（可能不只这些）噪声 ε：

- 由于测量设备的不精确性引起的 MPG 测量不准确——测量噪声。
- 制造过程中的变化，使得生产线上每辆车的 MPG 不同——生产过程噪声。
- 输入特征的测量误差，如重量和马力。
- 缺乏确切决定 MPG 的更广泛的特征集。

使用从几百辆车中获得的带有噪声的数据，机器学习方法使用建模技术找出函数 f 的一个好的估计。这个估计结果被称为机器学习模型（ML model）。

在 3.2 节和 3.3 节，我们详细介绍这些机器学习建模技术是如何工作的。事实上，大量的机器学习学术文献介绍了如何最好地估计函数 f。

3.1.2 寻求好模型的目的

假定你已有了函数 f 的好的估计，那么下一步呢？机器学习有两个主要目标：预测（prediction）和推理（inference）。

预测（prediction）

当有了模型之后，你就可以将新的数据 $\mathbf{X}_{new}$ 的特征插入到模型中，以产生对目标 Y 的预测。在数学表示中，若 f_{est} 表示机器学习对 f 的估计（回想一下，f 表示特征和目标之间的真实关系），那么就可以将新数据带入下面的方程来完成预测：

$$Y_{pred} = f_{est}(\mathbf{X}_{new})$$

这些预测结果可用于对新数据的决策，或被送到自动化的工作流中。

回到汽车 MPG 实例中，假定你已经有了机器学习模型 f_{est}，它表示车的 MPG 和输入指标之间的关系。这种预测允许你提问如下的问题：“在已知输入指标的情况下，车辆的 MPG 将会怎样？”这种预测能力对于汽车的设计是十分有用的，因为它允许工程师评估不同的设计理念对 MPG 的影响，并保证单个理念符合 MPG 的要求。

预测是机器学习系统最常见的功能也是许多机器学习应用的核心，包括以下几个方面：

- 解密手写数字或录音。
- 股票市场预测。
- 预报。
- 预测哪种用户最有可能单击、转换或购买。
- 预测哪类用户将需要产品支持、哪类用户可能退出。
- 确定哪些交易是欺诈的。
- 提出建议。

因为机器学习预测的高准确性和快速性，所以每天都被数以千计的公司应用于预测目的。

推理（inference）

除了对新数据进行预测外，还可以把机器学习模型用于更好地理解输入特征和输出目标之间的关系。好的函数 f 的估计可使你能够回答变量间有关的深层次问题。例如：

- 哪些输入特征与目标变量之间有较强的关系？

- 这些关系是正还是负？
- 函数 f 到底是一个简单关系，还是一个更微妙的非线性关系？

这样的推理可以告诉你很多数据产生过程中的东西，并给出驱动数据关系因素的线索。回到汽车 MPG 实例，你可以使用推理回答这样的问题："产地对 MPG 有无影响？""哪些输入与 MPG 是强关系？""它们是负相关还是正相关？"回答这些问题，可以给出汽车 MPG 的驱动因素，并给出如何制造高 MPG 汽车的线索。

3.1.3　建模方法类型

现在到了启用统计学知识并深入研究机器学习建模的数学细节的时候了。不要担心，我们将保持讨论的宽泛性，且对于没有统计学背景的读者也能够理解！

统计学模型在预测精确性和模型的可解释性之间往往有一个权衡。简单模型易于解释，但不能产生精确的预测（尤其是对于复杂的关系）。复杂的模型可产生精确的预测，但可能像个黑盒子难于解释。

另外，机器学习模型只有两种类型：参数（parametric）机器学习模型和无参数（non-parametric）机器学习模型。它们的本质区别是，参数机器学习模型假定函数 f 有特定的形式，而无参数机器学习模型则没有这个限制。因此，参数机器学习方法是简单的、可解释的，但精确性较差。相反，无参数机器学习方法可解释性较差，但对于大多数问题更准确。让我们仔细了解一下参数机器学习模型和无参数机器学习模型。

参数方法

最简单的参数方法就是线性回归。在线性回归中，函数 f 假定为输入数值的线性组合。标准的线性回归模型如下：

$$f(\mathbf{X}) = \beta_0 + X_1 \times \beta_1 + X_2 \times \beta_2 + \cdots$$

在这个等式中，未知参数 β_0，β_1，…可被解释为（相对于每个输入的）截距和斜率参数。当在某些数据上应用参数模型时，就可以估计这些未知参数的最佳值。反过来把这些估计值（参数）和新数据代入方程 $f(\mathbf{X})$就产生预测。

其他常用的参数模型包括逻辑回归，多项式回归，线性差别分析，二次差别分析，（参数）混合模型和朴素贝叶斯（当使用参数密度估计时）。为了选择参数模型，经常使用的方法包括岭回归（ridge regression），Lasso 回归（lasso）和主成分回归（principal components regression）。其中，某些方法的细节在本章的稍后介绍中给出，而对于每个方法的详细描述参见附录。

参数方法的缺点是对于函数 f 真实形式的假设。在实际问题中，特别是存在许多输入变量（X）的情况下，函数 f 不会是如此简单的形式。在这些条件下，参数方法对数据的适应性差，导致不准确的预测。因此，大多数的机器学习实用方法都依赖于非参数方法。

非参数方法

在非参数（nonparametric）模型中，f 并不是简单固定的函数。相反，f 的形式和复杂度与数据的复杂度有关。例如，如果 X 和 Y 的关系是曲折的，那么非参数方法将选择符合曲线模型的函数 f。相似地，如果输入和输出变量之间的关系是平滑的，则选择简单的函数 f。

非参数模型的一个简单例子是分类树。分类树（classification tree）是一系列递归的对输入特征的二进制决策。分类树学习算法使用目标变量学习一系列优化划分，使得分类树的叶结点包含与目标类似值的实例。

以泰坦尼克号乘客数据集为例。分类树算法首先查找最佳的输入特征以进行划分，这样叶结点的乘客要么是幸存的，要么是死亡的。在这种情况下，最佳分类特征是乘客的性别（男/女）。接下来，算法继续对每个子结点的输入特征进行划分，直到算法再也找不到任何好的后序划分为止。

分类树是非参数的，因为树的深度和复杂性不是事先预定好的，而是从数据中学习得到的。如果目标变量和输入特征的关系比较复杂并且有足够的数据，那么树就会变得更深，发现更微妙的细节。图3-2所示显示了两棵从不同的泰坦尼克号数据子集学习得到的分类树。左图是只从400名乘客数据中学习得到的：模型结果很简单，只有一次划分。右图是从891名乘客的数据中学习得到的：数据量越大，模型变得越复杂，越能发现数据中更详细的关系模式。

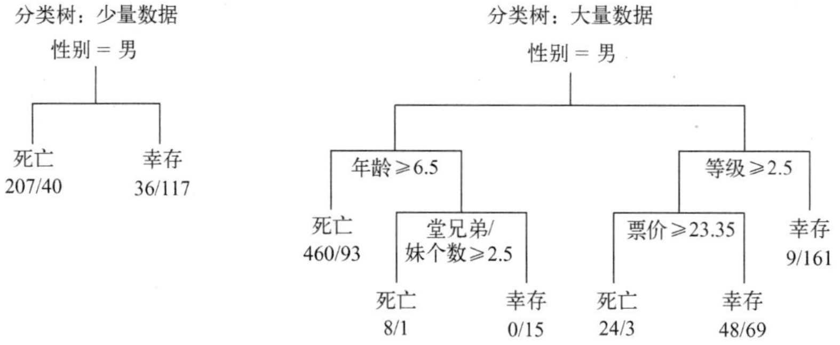

图3-2　决策树是非参数机器学习算法的例子，因为它的函数形式不是固定的。树模型会随着数据量的增加而变得复杂，捕捉更复杂的模式。树的每个终端结点中的比率是该结点中训练实例死亡和幸存的比例

其他非参数学习方法的例子包括K-近邻算法（k-nearest neighbors）、spline方法（splines）、基础扩展方法（basis expansion methods）、核平滑（kernel smoothing）、广义加法模型（generalized additive models）、神经网络（neural nets）、Bagging算法（bagging）、Boosting算法（boosting）、随机森林（random forests）和支持向量机（support vector machines）。本章稍后给出某些方法的细节，每种方法的描述参见附录。

3.1.4 有监督和无监督学习

机器学习问题分为两类：监督学习和无监督学习。有监督问题（supervised problems）是指你可以访问训练数据集中的目标变量，而无监督问题（unsupervised problems）是指没有确定的目标变量的机器学习问题。

到目前为止，本书的所有实例都是有监督学习问题。这些问题都包含一个感兴趣的目标（泰坦尼克号中的乘客是否幸存？这个客户流失了吗？车辆的MPG如何?）和一系列目标已知

的训练数据。事实上，机器学习中的大多数问题本质上是有监督学习的，并且大多数机器学习技术被设计成解决有监督学习问题。本书的绝大部分内容都是描述如何解决有监督学习问题。

在无监督学习中，你只能访问输入特征，而且没有相关联的目标变量。如果没有目标变量，那你能够进行哪些分析呢？无监督学习方法主要有两种类型：

- 聚类（Clustering）——使用输入特征发现数据中的自然分组，并且把数据分到相应的分组中。方法：K－均值聚类（k－means）、高斯混合模型（Gaussian mixture models）和分级聚类（hierarchical clustering）。
- 降维（Dimensionality reduction）——把输入特征转换成少量的坐标，捕捉数据中大多数的变化趋势。方法：主成分分析（Principal Component Analysis，PCA）、多维尺度分析（multidimensional scaling）和流形学习（manifold learning）。

聚类和降维都有广泛的知名度（特别是 K－均值和 PCA），因此也经常被滥用和误用在需要有监督学习的场合。

但无监督问题在机器学习中扮演了重要角色，经常用在支持有监督学习上，要么用于帮助编译学习用的训练数据，要么用于衍生新的输入特征以供学习。本书将在第 8 章回到无监督学习的话题。

现在让我们过渡到机器学习建模更实际的方面。接下来我们讨论在你拥有的数据上构建模型的步骤，以及选择算法时应注意的问题。我们把本章余下的部分分成两节，分别对应机器学习中常见的两个问题：分类（classification）和回归（regression）。我们从分类开始。

3.2　分类：把数据预测到桶中

在机器学习中，分类指的是通过机器学习算法构建的分类器（classifier）把新数据分到相应的桶（分类）里。例如，垃圾邮件探测器将电子邮件分发到垃圾邮件和非垃圾邮件桶中，手写数字识别器将图片分到 0～9 的桶里。在本节，你将学习如何用手头的数据构建分类器。图 3-3 示出了分类流程。

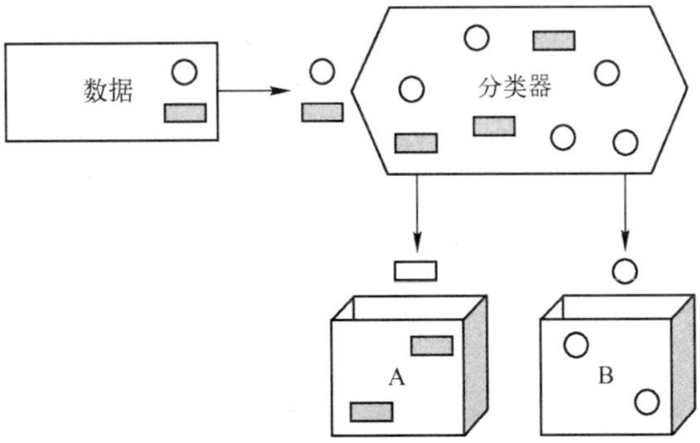

图 3-3　分类流程。矩形和圆形被分类器分到 A 类和 B 类，这是只有两种分类的二进制分类

让我们再举个例子。在第 2 章中，观察泰坦尼克号乘客数据集，预测这条命运多舛的船上的乘客幸存情况。图 3-4 示出了数据集的部分数据。

PassengerId	Survived	Pclass	Gender	Age	SibSp	Parch	Ticket	Fare	Cabin	Embarked
1	0	3	Male	22	1	0	A/5 21171	7.25		S
2	1	1	Female	38	1	0	PC 17599	71.2833	C85	C
3	1	3	Female	26	0	0	STON/02. 3101282	7.925		S
4	1	1	Female	35	1	0	113803	53.1	C123	S
5	0	3	Male	35	0	0	373450	8.05		S
6	0	3	Male		0	0	330877	8.4583		Q

图 3-4　泰坦尼克号乘客数据集的部分数据

正如我们前面所讨论的，开启机器学习项目的最好方法是通过可视化的数据获得一种感觉。例如，泰坦尼克号上的女性幸存者比男性要多，这是一种常识，从图 3-5 所示的马赛克图中可以看出的确是这样。

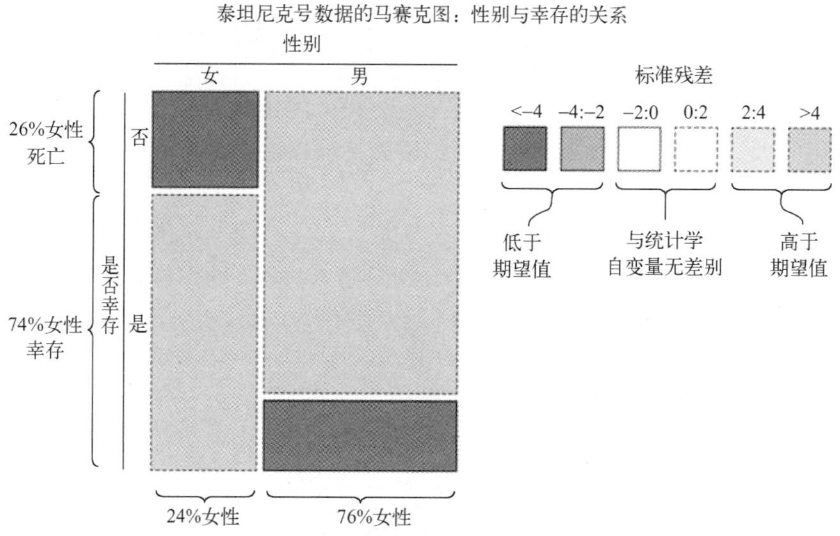

图 3-5　马赛克图显示结果绝对支持灾难中女性比男性更容易幸存这一观点

通过 2.3 节的可视化技术，你可以对泰坦尼克号乘客数据集中的每个特征有一个判断。但一定要注意，单个特征的好坏并不能说明它与其他特征联合使用时表现如何。可能年龄联合性别和社会地位对乘客的划分要好于单个特征（对乘客的划分）。事实上，这是从一开始就使用机器学习算法的一个主要原因：从许多维度中发现人类不易发现的信号。

在下面的小节中将介绍构建分类模型和预测的方法学。你将看到几个具体的算法和线性算法与非线性算法的差别。

3.2.1　构建分类器并预测

第一步是选择构建分类器的分类算法。这类算法很多，对于不同的数据和部署，要求各有利弊。附录中列出了算法的表格并对它们做了对比。在本书中你将使用这个表格对不同的问题选择算法。在本节中，算法选择不是必需的；在下一章，你将学习如何正确测量算法的性能并选择最好的算法。

下一步是为模型准备数据。在研究了数据集中的特征之后，你可能要处理分类特征和缺失值等（如第 2 章讨论的）。预处理要求也与特定的算法有关，附录中列出了每个算法的这些要求。

对泰坦尼克号幸存者模型，你将选择一个简单的分类算法：逻辑回归[⊖]（logistic regression）。对于逻辑回归，你需要做如下事情：

1）缺失值插补。

2）展开分类特征。

3）从第 2 章中你已经知道票价特征是严重偏移的。在这种情况下，对特征加以转换以使其分布更加对称，减少潜在的离群值影响是有好处的（对某些机器学习模型来说）。在此，你需要对票价进行开平方转换。

模型最后使用的数据集如图 3-6 所示。

Pclass	Age	SibSp	Parch	sqrt_Fare	Gender = female	Gender = male	Embarked = C	Embarked = Q	Embarked = S
3	22	1	0	2.692582	0	1	0	0	1
1	38	1	0	8.442944	1	0	1	0	0
3	26	0	0	2.815138	1	0	0	0	1
1	35	1	0	7.286975	1	0	0	0	1
3	35	0	0	2.837252	0	1	0	0	1

图 3-6　处理过的泰坦尼克号乘客数据的前 5 行。对分类数据、缺失值进行了处理，并把票价进行开平方（见源代码仓库中的 prepare_data 函数）。现在，所有特征都是数值型的，适合于绝大多数机器学习算法

你可以再进一步，通过在逻辑回归算法中运行数据构建模型。Python 的 scikit - learn 包内置了这个算法的实现，模型构建和预测代码见清单 3-1。

清单 3-1　用 scikit - learn 构建逻辑回归分类器

```
from sklearn.linear_model import LogisticRegression as Model
def train(features,target):
    model = Model()
    model.fit(features,target)
    return model

def predict(model,new_features):
    preds = model.predict(new_features)
    return preds

# Assume Titanic data is loaded intotitanic_feats,
#titanic_target and titanic_test
model = train(titanic_feats,titanic_target)
predictions = predict(model,titanic_test)
```

导入逻辑回归算法

逻辑回归算法填装特征和目标数据

使用模型对新的特征进行预测

返回算法构建的模型

返回预测结果（0或1）

⊖　逻辑回归中的回归（regression）并不意味着它是一个回归算法。逻辑回归只是用一个逻辑函数扩展了线性回归，使它更适合分类。

构建模型以后，基于未见过的乘客的特征预测其是否幸存。模型期望的特征格式如图 3-6 所示，因此任何新乘客的数据必须经过和训练数据一样的处理。函数 predict 的输出结果是，如果乘客幸存则返回 1，否则返回 0。

通过绘制决策边界对分类器可视化是十分有用的。给定数据集中的两个特征，你可以根据模型绘制乘客幸存与否的边界。图 3-7 示出了年龄和票价平方根两个特征的边界划分结果。

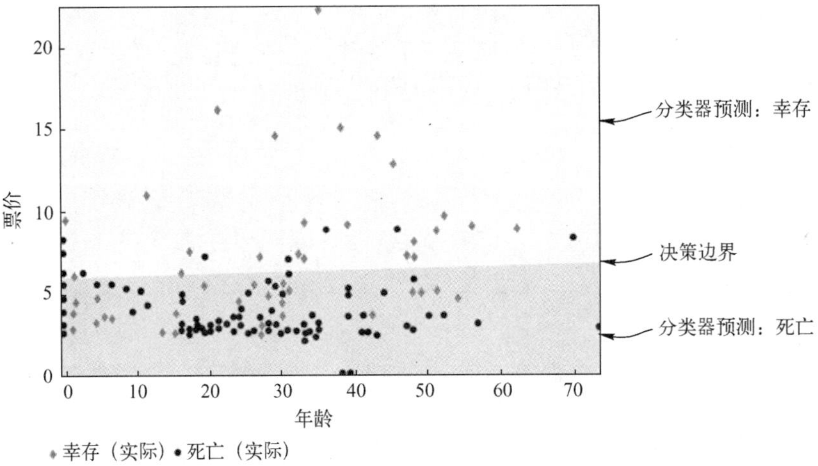

图 3-7　年龄和票价特征的决策边界。菱形表示幸存的乘客，圆形表示死亡的乘客。浅色背景表示综合了年龄和票价两个因素预测的幸存结果。注意，有些实例与边界发生了交叠。分类器并不完美，原因是你只选了两个维度。对于整个数据集算法可通过 10 个维度找到决策边界，但已难于可视化

算法盒子：逻辑回归

在这些“算法高亮”盒子中，你可以近距离领略本书使用的算法的基本思想。这可以让比较好奇的读者通过研究实现自己的基本算法。虽然我们在本书中主要使用现成的包，但理解特定算法的基础对于全面认识算法的预测潜力是十分重要的。

你看到的第一个算法是逻辑回归算法（logistic regression algorithm），是最简单的分类算法，虽然这个说法尚有异议。图 3-7 示出了一个例子，输入特征是年龄和票价（票价的平方根）；目标是幸存还是死亡。为了构建这个算法，你需要找到一条线，能够把数据很好地分到目标类中。一条二维分界线可用两个参数描述。这两个参数是由你决定的模型参数。

算法包含如下步骤：

1）一开始你可以选择随机的参数值进行研究，也就是在二维图中画一条随机的线。

2）测试一下这条线对两个类型划分的好坏。在逻辑回归中，使用统计偏差对拟合优度进行测量。

3）猜想新的参数值并测量划分能力。

4）重复第 3）步直到没有更好的猜测。这是一个优化过程，可以用一个范围内的优化算法来实现。梯度下降是简单优化算法的流行选择。

这种方法可以扩展到更高维度，因此在这个模型中，你没必要拘泥于两个特征。如果你对这个算法的细节有兴趣，我们强烈推荐你做进一步的研究并用自己选择的语言尝试实现这个算法，然后再与广泛使用的机器学习包中的实现进行对照。我们省略了许多细节，但前面的步骤是算法的基础。

逻辑回归的性质如下：

- 相对于更复杂的算法，它相对简单易于理解。而且计算简单，使得它对大数据集的伸缩性良好。
- 如果划分类别的决策边界高度非线性化，则性能下降。
- 逻辑回归算法有时对数据过度拟合，所以你需要经常使用正则化技术（regularization）来限制这种危险。

进一步阅读

如果你想进一步学习逻辑回归和它的实际运用，请参阅 David Hosmer 等人编著的实用逻辑回归（Wiley 出版社，2013）。

3.2.2　非线性数据与复杂分类

观察图 3-7，你就可以理解为什么逻辑回归是线性算法：决策边界是一条直线。当然，你的数据不会被一条直线划分得很好，因此，对于这样的数据应该使用非线性算法。但非线性算法是典型的计算密集型算法，对于大数据缺乏规模方面的扩展性。在第 8 章中你将进一步了解各种算法的规模性问题。

查看一下附录，你可以选择一个非线性算法为泰坦尼克号数据建模。对于非线性问题，一个常用的方法是非线性核（nonlinear kernel）的支持向量机（Support Vector Machine，SVM）。支持向量机本质上是线性的，但通过使用核可将该模型变成强大的非线性方法。你可以简单地修改清单 3-1 中的一行代码以使用这个新算法（代码如下），其决策边界如图 3-8 所示。

```
from sklearn.svm import SVC as Model
```

可以看出图 3-8 的决策边界与图 3-7 的线性边界不同。在这里你看到的是一个很好的过度拟合（overfitting）的例子，过度拟合是机器学习中一个非常重要的概念。在单一记录的水平上，这个算法可以很好地拟合数据，但对于未包含在训练集中的数据，存在不能很好地预测的风险。模型越复杂，过度拟合的风险就越高。

通常可以通过在模型中引入参数来避免非线性模型的过度拟合。通过调整模型的参数，数据保持不变，可得到更好的决策边界。注意，你现在是由直觉判断是否发生了过度拟合。在第 4 章中，你将学习如何利用数据和统计来量化这种直觉。现在，你将使用我们（作者）的经验并对称作 gamma 的参数进行调整。现在你无须知道什么是“伽马”，只需要知道它有助于控制过度拟合的风险。在第 5 章，你将学习如何优化模型参数，而不仅仅靠猜测。在 SVM 分类器中设置 gamma = 0.1，将得到更好的决策边界，效果如图 3-9 所示。

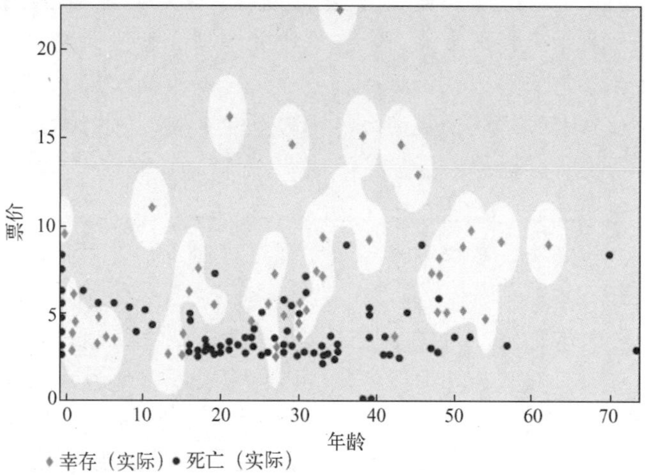

图 3-8 泰坦尼克号幸存者的非线性核的支持向量机分类器的非线性决策边界。亮色背景表示的是年龄和票价组合产生的幸存预测

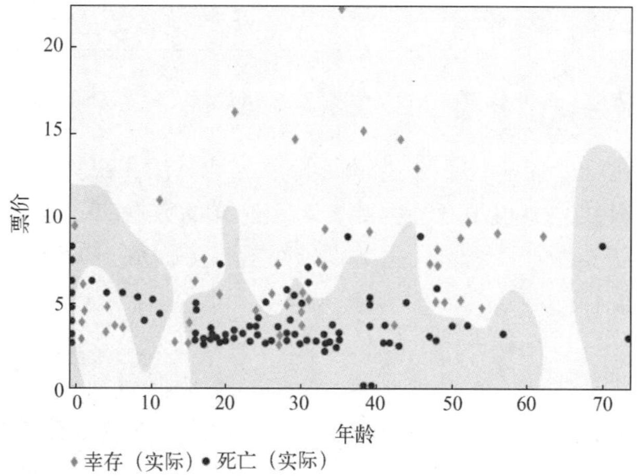

图 3-9 gamma = 0.1 的非线性 RBF - 核函数 SVM 的决策边界

算法盒子：支持向量机

支持向量机（SVM）算法既是线性问题，也是非线性问题的常用选择。它具备一些理论和实践性质，使得它可以应用在众多场合。

算法思想是，和前面讨论的逻辑回归一样，寻找一条线（或者更高维度的等价类）进行最佳划分。SVM 尝试寻找决策线两边的点之间的最大范围（margin），而不是测量到所有点的距离。这种思想再也不用担心位于边界上的点，而只有距离比较近的点。在图 3-10 中，可以看出 H_1 和 H_2 是不好的

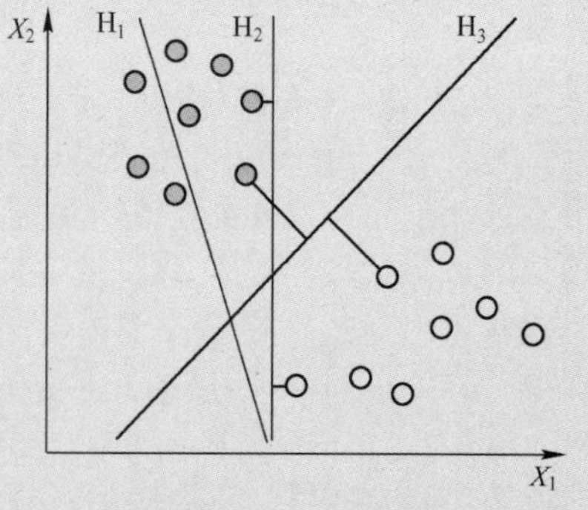

图 3-10 SVM 的决策线优于其他机器学习算法找到的分界线

分界线，因为距边界两边最近点的距离不是可能的最大值。H_3 是最佳分界线。

这个算法的分界线是线性的，虽然从这个意义上说，SVM 是线性的，但它能够适合非线性数据，正如你在本节前面看到的一样。SVM 采用了聪明的技巧适合非线性数据：核函数技巧。核函数（kernel）是一种数学结构，它可以“弯曲”数据空间。该算法可以在弯曲的空间中找到线性边界，在原空间中生成非线性边界。

进一步阅读

关于机器学习算法的书有很多，涵盖了从理论基础到实用的高效实现。如果你正在寻找这些话题的更加严密的论证，我们推荐以下两本机器学习经典：

- Trevor Hastie 等人编著的《统计学精要：数据挖掘，推理和预测》（*The Elements of Statistical Learning*: *Data Mining*, *Inference*, *and Prediction*）（Springer，2009）。
- Christopher Bishop 编著的《模式识别和机器学习》（*Pattern Recognition and Machine Learning*）（Springer，2007）。

3.2.3　多类别分类

到现在为止，你看到的只是两类划分。在某些情况下，将多于两个分类。多类别分类最好的实例是手写数字识别问题。每当你给家里写一封传统邮件时，机器人阅读手写的邮政编码决定将信发到哪里，在这个过程中好的数字识别是十分必要的。MNIST 公共数据集[㊀]可用于研究这些问题。这个数据集包含了 6 万张手写数字图片。图 3-11 显示了一些手写数字图片。

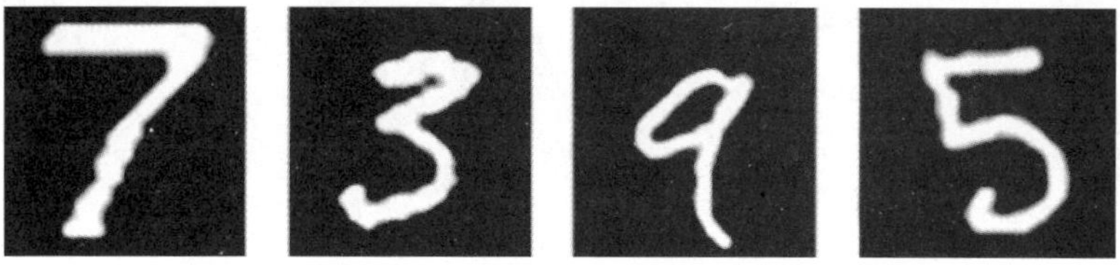

图 3-11　MNIST 数据集中随机挑选的 4 张手写数字图片

每张图片为 28 px × 28 px，但我们把每张图片转换成 $28^2 = 784$ 个特征，每个特征代表一个像素。除了是多分类问题之外，它还是一个高维度问题。算法要识别的模式是这些特征的复杂组合，这个问题本质上是非线性的。

为了构建分类器，首先你要从附录中选择一个算法。列表中第一个内在支持多分类问题的非线性算法是 K - 邻近算法，它是另一个简单但功能强大的非线性机器建模算法。你只需要修改清单 3-1 中的一条语句，就可以使用该算法，但你需要包含一个用于接收全部预测可能的函数，而不是只接收最终结果：

```
from sklearn.neighbors import KNeighborsClassifier as Model
```

㊀ 你可以在 http://yann.lecun.com/exdb/mnist/找到手写数字的 MNIST 数据集。

```
def predict_probabilities(model,new_features):
preds = model.predict_proba(new_features)
return preds
```

构建 K - 近邻分类器对图 3-11 中的 4 幅图片进行预测，得到图 3-12 所示的概率表。

预测的数字

	实际值	0	1	2	3	4	5	6	7	8	9
数字1	7	0	0	0	0.0	0	0.0	0	1	0	0.0
数字2	3	0	0	0	0.7	0	0.2	0	0	0	0.1
数字3	9	0	0	0	0.0	0	0.0	0	0	0	1.0
数字4	5	0	0	0	0.0	0	0.9	0	0	0	0.1

数字2有0.2的概率是数字5

图 3-12　对 MNIST 数据集应用 K - 近邻分类器得到的预测概率表

可以看出对数字 1 和数字 3 的预测是完全正确的，数字 4 只有很小的（10%）不确定性。看一下第二个数字（3），的确难于分类。这就是从一开始就要获得全部概率的主要原因：对于某些不太确定的应采取进一步措施。这在邮局机器人实例中很容易理解，如果机器人对于某些数字不太确定，或许在被错发之前我们应该进行人工干预。

算法盒子：K - 近邻算法

K - 近邻算法（k - nearest neighbors algorithm）是一个简单、强大的非线性机器学习算法。它经常用在模型训练较快，但预测较慢的场合。很快你就会发现为什么是这样了。

基本思想是你可以按照与训练集中的相似度对新数据进行分类。如果数据集中包含一系列数字 n_i，则可以通过距离公式计算数据记录间的距离（d）：

$$d = \sqrt{n_1^2 + n_2^2 + \cdots + n_i^2}$$

当对新记录预测时，选择最近的（closest）已知记录，并把新记录分配到相应的类中。这是 1 - 近邻分类器，因为只使用了最近的 1 个邻居。通常使用 3、5 或 9 的近邻，并使用这些近邻中最常用的分类（使用奇数以避免粘连）。

用已知记录标志新数据的距离计算速度很快，所以训练阶段相对较快。预测阶段的大部分工作已完成，只需要从整个数据集中查找最近邻居（数据）。

前面的简单实例使用常用的欧氏距离度量（Euclidean distance metric）。也可以使用更高级的距离度量，这取决于你的数据集。

K - 近邻算法不但用于分类，还可用于回归。在回归中，将近邻的平均值或中值作为目标变量的值，而不是使用近邻的常用分类。

3.3　回归：预测数值型数据

并不是所有的机器学习问题都把数据进行了分类。有时，目标变量为数值型的值，例如，在金融模型中预测美元的价值。我们把预测数值变量的活动称为回归（regression），模型本身称为回归器（regressor）。图 3-13 示出了回归的概念。

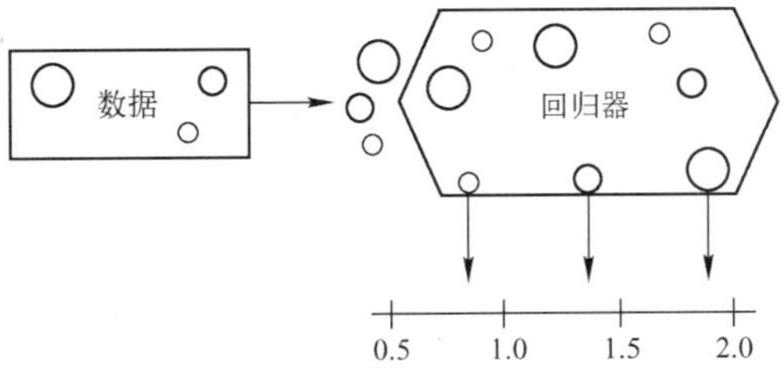

图 3-13　本回归过程中，回归器预测记录的数值型的值

作为回归分析的例子，你将使用第 2 章介绍的汽车 MPG 数据集。这个例子的目标是根据给定的车辆参数，如马力、车身重量、产地和车型年份等，预测车辆的平均 MPG 数值。图 3-14 显示了这个数据集的部分数据。

	英里/加仑	汽缸数	排气量	马力	重量	加速度	车型/年	血统
0	18	8	307	130	3504	12.0	70	1
1	15	8	350	165	3693	11.5	70	1
2	18	8	318	150	3436	11.0	70	1
3	16	8	304	150	3433	12.0	70	1
4	17	8	302	140	3449	10.5	70	1

图 3-14　车辆 MPG 数据的部分数据

在第 2 章中，你已经发现了 MPG 和车身重量、车型年份之间有用的联系，这些联系显示在图 3-15 中。

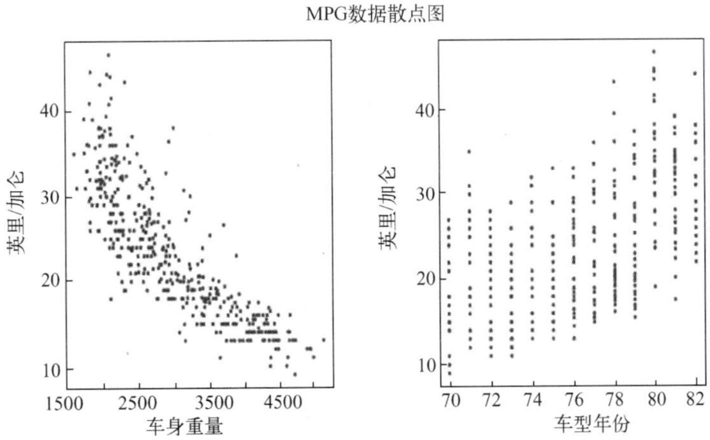

图 3-15　使用散点图可以看出，车身重量和车型年份对预测 MPG 很有用

在下一节，你将看到如何构建基本线性回归模型来预测该数据集的 MPG 数值。成功构建基本模型后，你将看到非线性数据建模的更高级算法。

3.3.1 构建回归器并预测

同样地，你还是要从选择算法和准备数据，把数据处理成合适的格式开始。可以说线性回归算法是最简单的回归算法。正如它的名字一样，这是一个线性算法，附录中列出了使用该算法的数据处理要求。你需要缺失值插补和展开分类特征。我们的车辆 MPG 数据集中没有缺失值，但有一个分类型的列：产地（Origin）。把产地列展开（如第 2 章 2.2.1 节描述的那样）后，得到如图 3-16 所示的数据。

	英里/加仑	汽缸数	排气量	马力	重量	加速度	车型/年	血统=1	血统=2	血统=3
387	27	4	140	86	2790	15.6	82	1	0	0
388	44	4	97	52	2130	24.6	82	0	1	0
389	32	4	135	64	2295	11.6	82	1	0	0
390	28	4	120	79	2625	18.6	82	1	0	0
391	31	4	119	82	2720	19.4	82	1	0	0

图 3-16　展开分类数据产地（Origin）之后的车辆 MPG 数据

现在你可以使用该算法构建模型了。同样地，你可以使用清单 3-1 所示的代码框架，只需修改这一行：

```
from sklearn.linear_model import LinearRegression as Model
```

有了模型之后就可以进行预测了。本例中，在建模之前，需要把数据分成训练集和测试集两部分。在第 4 章，你将进一步学习如何评价模型，但在本节将使用简单的技术对模型进行评价。在保留测试集的基础上，用部分数据训练模型，就可以在测试集上进行预测，并观察预测和实际的贴合程度。如果你用所有的数据训练模型，并且对一些训练数据进行预测，那么你就是在造假，因为如果模型在训练中见过要预测的数据，那样做出的预测当然会很好。

图 3-17 显示了保留测试集的预测结果，以及与真实值的比较。在本例中，使用 80% 的数据进行训练，20% 的数据用于预测。

产地 =1	产地 =3	产地 =2	MPG	MPG预测值
0	0	1	26.0	27.172795
1	0	0	23.8	24.985776
1	0	0	13.0	13.601050
1	0	0	17.0	15.181120
1	0	0	16.9	16.809079

图 3-17　保留测试集的 MPG 预测结果与实际值比较

对于比较数据较多的情况，可以使用我们熟悉的散点图进行比较。对于回归问题，实际目标值和预测值都是数字。在散点图中进行实际值与预测值的比较，可以看出预测值与实际值的符合程度，这在第 2 章做过介绍。对于保留测试集的车辆 MPG 散点图如图 3-18 所示。

图 3-18 显示预测结果非常好，因为所有预测都落在了靠近最佳对角线的附近。通过观察图 3-18，可以对机器学习模型对新数据的预测表现有一个直观的判断。在本例中，低估了某些 MPG 较高的值，这个信息对你来说可能很有用。例如，如果你要对高 MPG 有一个更好的估计，则需要 MPG 更高的车辆样本，或者需要获取更高质量的数据。

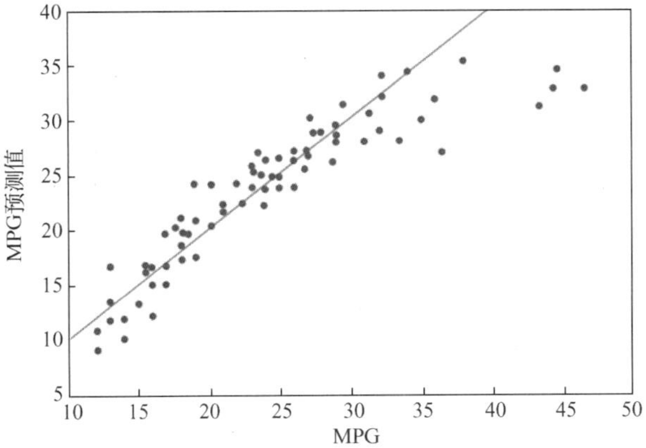

图 3-18　保留测试集的数据预测值和实际值比较的散点图。对角线显示的正好是回归器。所有预测值离这条线越近，模型越好

算法盒子：线性回归

和用于分类的逻辑回归一样，线性回归（linear regression）可以说是最简单、应用最广的构建回归模型的算法。其主要优点是线性规模的可扩展性和较高的可解释性。

算法把数据记录作为点，目标变量作为 Y 轴，用一条直线（在两个或多个特征的情况下是平面）拟合这些点。图 3-19 给出了优化模型中点到直线的距离的过程。

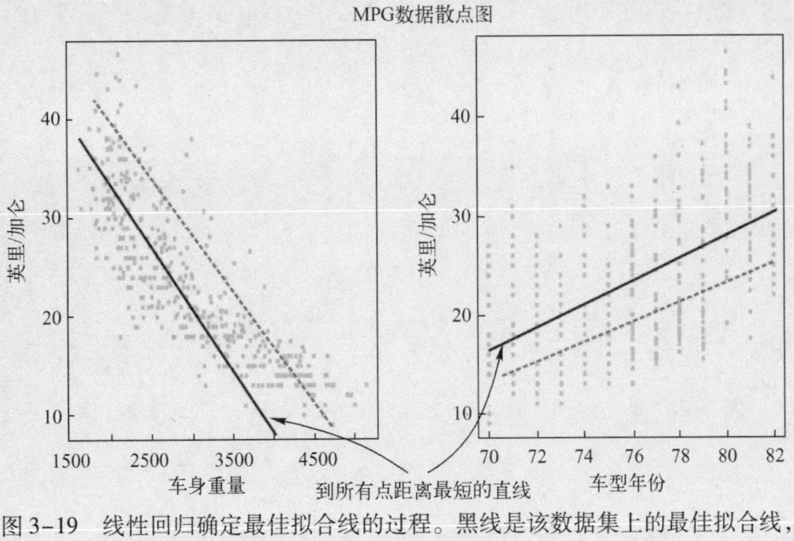

图 3-19　线性回归确定最佳拟合线的过程。黑线是该数据集上的最佳拟合线，数据到其他可能决策线（如图中的虚线）的均方误差最小

> 对于二维空间中的直线可由两个参数描述，从数学中的基本形式 $y=a\times x+b$ 可知是 a 和 b。这些参数用于拟合数据，优化后它们可以完全描述模型并用于新数据的预测。

3.3.2 对复杂的非线性数据进行回归

在某些数据中，特征间的关系不适合线性模型，如果要进行精确预测，则线性回归算法就不太适合。其他要求，如规模化可能是低准确度的必要权衡。还要知道，非线性算法并不能保证更高的精确度，因为有过度拟合的危险。作为非线性回归模型的例子，我们介绍随机森林算法。对于精确性要求较高的非线性问题，随机森林是常用的选择。正如在附录中描述的一样，它非常易用，因为不需要太多的数据预处理。在图 3-20 和图 3-21 中，可以看到随机森林模型对车辆 MPG 的预测结果。

产地 =1	产地 =3	产地 =2	MPG	MPG 预测值
0	0	1	26.0	27.1684
1	0	0	23.8	23.4603
1	0	0	13.0	13.6590
1	0	0	17.0	16.8940
1	0	0	16.9	15.5060

图 3-20　非线性随机森林回归模型的 MPG 预测值与真实值的比较 1

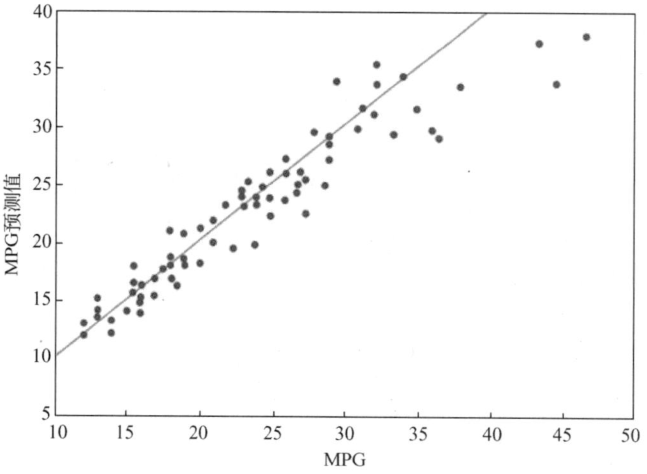

图 3-21　非线性随机森林回归模型的 MPG 预测值与真实值的比较 2

这个模型与线性算法没有太大的区别，至少直观地看起来是这样的。对于精确度来讲，不清楚哪种算法更好。在下一章，将学习如何量化性能（通常称为模型的精确度得分（accuracy score）），因此你可以对预测精确度到底怎样做出有意义的度量。

算法盒子：随机森林

这是本章最后一个算法盒子了，我们介绍随机森林算法（Random Forest，RF）。这个高精度的非线性算法被广泛地应用在分类和回归问题中。

RF 算法的基础是决策树。假定你要对某事做出决定，如下一步要做什么。有些变量可帮助你做出最佳行动，有些变量的重要性（权重）大于其他变量。在这种情况下，你首先要问："这将为我赚多少钱?"如果答案是小于 10 美元，你可以停止任务的执行。如果答案大于 10 美元，你可能继续问下一个问题："这样做可使我快乐吗?"答案为是或否。你可以继续构建这棵树，直到得到结论并选择一个任务去执行。

决策树算法可以使计算机在训练集中找出哪个变量最重要，并把它们放在树的顶端，并逐次使用重要性差一些的变量。这允许计算机综合这些变量，"如果超过 10 美元，并使我感到快乐，总工作量不超过 1 小时，那就对了"。

决策树的问题在于，树顶端的部分对于答案有十分重要的影响，如果新数据的分布与训练集不同，那么其概括能力将受到影响。这就是随机森林算法起作用的地方。通过构建决策树的集合来减轻这种影响。当生成答案时，对于分类类型选择票数最多的分类，对于回归的情况采用平均值（作为答案）。因为使用投票或均值的方式，可以很自然地给出全部可能的反馈，这是许多算法做不到的。

随机森林还有其他优点，如不受不重要特征的影响、对缺失值引起的噪声和错标数据免疫等。

3.4　总结

在本章，我们介绍了机器学习建模。下面列出本章的主要内容：

- 建模的目的是描述输入特征和目标变量之间的关系。
- 可以使用模型对新数据（目标未知的数据）进行预测，也可以推断数据间的真实联系（缺乏为什么的联系）。
- 机器学习建模方法有几百种。有些是参数型的，这意味着特征和目标之间的数学函数是事先确定的。参数化模型可解释性好，但准确度不如非参数方法。非参数方法更灵活，而且还可以根据特征和目标间关系的复杂性进行调整，由于其高度的准确性和灵活性，故被大多数机器学习从业者所喜爱。
- 机器学习方法进一步分为有监督方法和无监督方法。有监督方法需要目标已知的训练集，而无监督方法不需要目标变量。本书的绝大部分内容致力于有监督学习。
- 有监督学习最常见的两种问题是分类和回归。分类问题的目标是类别型的，回归问题的目标是数值型的。在本章，学习了如何构建分类和回归模型，并用它们对新数据进行预测。
- 对分类问题进行了深入研究。线性算法在分类中定义线性决策边界，然而，如果数据不能进行线性划分，则需要非线性方法。使用非线性模型的计算量要大些。

- 与分类（预测目标为类别型的）相比，在回归模型中预测的目标是数值型的。你看到了线性方法和非线性方法的例子，并学习了如何可视化这些模型的预测结果。

3.5 本章术语

本章术语见表 3-1。

表 3-1 本章术语

术 语	定 义
模型（model）	在训练数据上使用机器学习算法得到的最初产品
预测（prediction）	把新数据输入模型进行预测
推断（inference）	通过构建模型获得数据的深层次认识，而不进行预测
（非）参数的（(non)parametric）	参数化模型对数据结构做出了假定，而非参数模型则不同
（无）有监督（(un)supervised）	有监督模型，如分类和回归，寻找输入特征和目标变量之间的映射关系。无监督模型用于发现数据中的模式，而不需要特定的目标变量
聚簇（clustering）	一种无监督学习形式，将数据放到自定义的簇中
降维（dimensionality reduction）	另一种无监督学习形式，可以把高维数据集映射成低维的表示形式，通常用于二维或三维绘图
分类（classification）	有监督学习方法，将数据预测到相应的“桶”中
回归（regression）	预测数值型目标的有监督学习方法

在下一章，你将看到创建和测试模型，这也是机器学习中令人兴奋的部分。你将看到选择的算法和特征能不能解决手头的问题，还可以看到如何严格地验证模型，看其对于新数据的预测情况如何。你还会学到验证方法、度量标准和有用的评估模型性能的可视化技术。

第 4 章 模型评估与优化

本章导读

- 模型预测性能的交叉评估（cross - validation）。
- 过度拟合与避免。
- 标准评价指标和二元、多元分类的可视化。
- 回归模型的标准评价指标和可视化。
- 选择最佳参数优化模型。

当安装了机器学习模型后，下一步就是评估模型的准确性。在使用模型之前，需要知道它对新数据的预测能力如何。如果你确信预测性能良好，那就可以安然地把它部署到产品中进行新数据分析了。相似地，如果预测性能评估不尽人意，你可以对数据和模型再进行研究以提高和优化它的准确性。本章的最后一节介绍简单模型优化。第 5、7、9 章涵盖了更复杂的方法以提升机器学习模型的预测的准确性。

正确评估机器学习模型的预测性能是一项重要的任务。从介绍评估模型预测性能的严格的统计学方法开始，展示以图形和伪码的方式如何正确地评估模型。

此后，我们深入研究机器学习分类模型的评估，主要集中在典型的评价指标和广泛采用的图形工具的使用上。然后，我们介绍类似的回归模型评价工具。最后，介绍参数调整这一简单的方法优化模型的预测性能。

通过本章的学习，你将学会评价第 3 章构建的机器学习模型的方法与原理，并优化这些模型的预测精度（见图 4-1）。模型评估可以提供重要的信息，以确定构建的模型是否足以胜任解决你的问题，并对进一步优化提供参考。

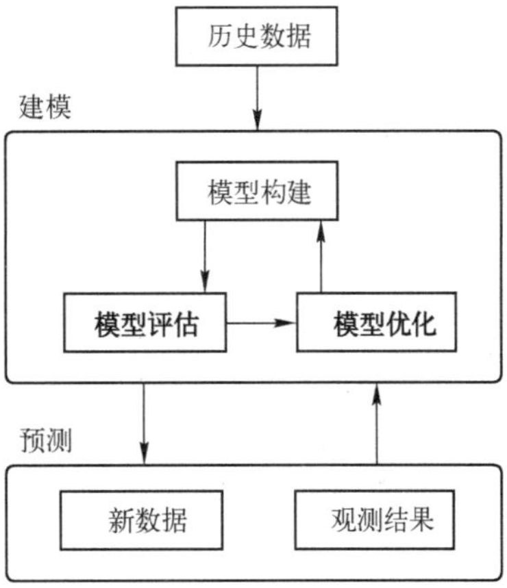

图 4-1　机器学习流程中的评估与优化

4.1 模型泛化：评估新数据的预测准确性

有监督机器学习的基本目标是准确预测。你想让自己的机器学习模型在进行新数据（目标变量未知的数据）预测时尽可能的准确。换句话说，你想让构建在训练数据之上的模型很好地推广到新数据。只有这样，当把模型部署到产品中时，你才能确信预测结果是高质量的。

因此，当对模型进行性能评估时，需要确定模型对新数据的性能如何。这看似简单的任务却充满了困难与陷阱，即使经验丰富的机器学习人员也容易身陷其中。本节详述了模型评估中可能出现的困难，并提供了一个简单的工作流程来克服这些问题，并实现模型性能的客观评估。

4.1.1 问题：过度拟合与乐观模型

为了描述评估模型预测准确性的挑战，最容易的方式就是从实例开始。

假定你要预测农场每英亩（1arce = 4046.85 m^2）玉米的产量，与使用新杀虫剂面积的比例之间的关系。对于这个回归问题，你已经有了 100 个农场的数据。当绘制目标与特征间的关系时，很明显是递增的非线性关系，并且数据也有随机的波动，如图 4-2 所示。

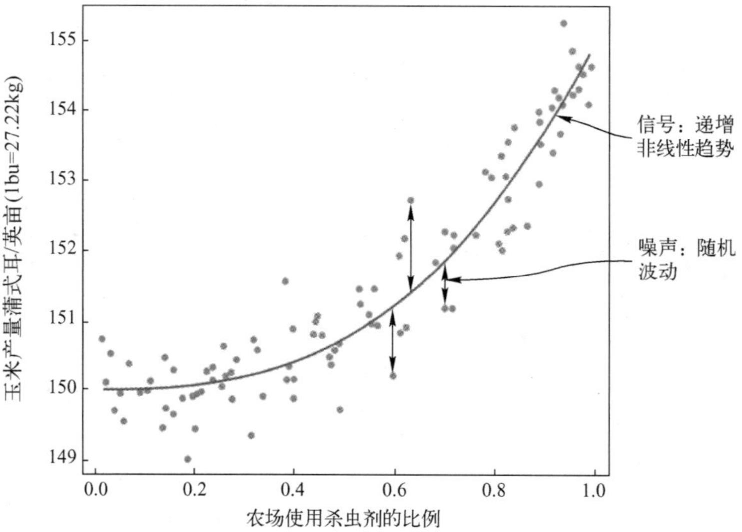

图 4-2　玉米产量回归问题的训练数据，包含一个明显的信号和噪声

现在，假定你要使用简单的非参数回归模型，构建玉米产量问题的预测模型（玉米产量作为杀虫剂使用比例的函数）。一个最简单的机器学习回归模型是核函数平滑。核函数平滑（kernel smoothing）使用局部平均值：对于每个新数据点的目标变量，只有在训练数据的特征值接近新数据点的特征值时，采用目标变量的平均值。一个称作带宽参数（bandwidth parameter）的参数控制局部平均值的窗口大小。

图 4–3 所示展示了带宽参数对核函数平滑的各种值的影响。对于大的带宽参数的每个输入值，几乎所有的训练数据的平均值都用于预测目标。这使得模型变得扁平，且对于训练数据有明显的欠拟合（underfit）趋势。相似地，对于小的带宽参数，只有一两个训练数据的特征值用于确定输出结果。因此，模型可以很有效地跟踪数据中的波动情况。模型反映的是数据本身的内在噪声而不是真实的信号，这称为过度拟合。你要掌握一个平衡：不能太欠（拟合），也不能太过（拟合）。

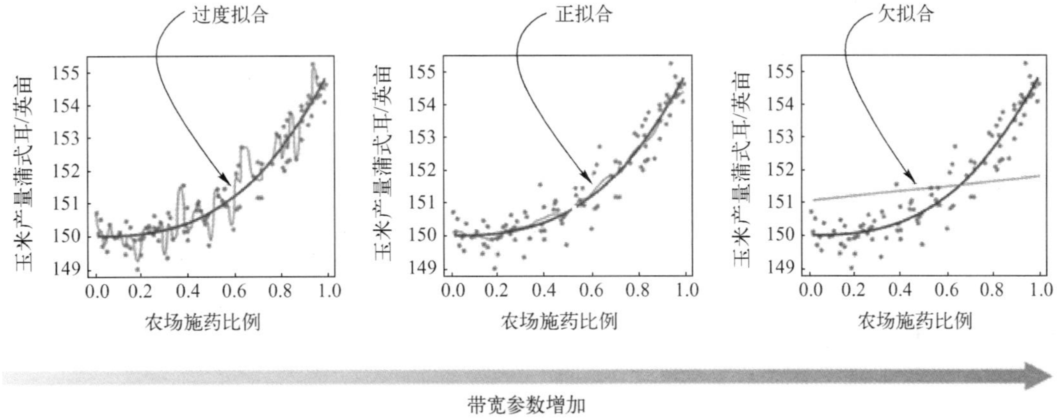

图 4–3 玉米产量训练集的核函数平滑模型的 3 种拟合情况。对于值比较小的带宽参数，模型过度拟合，产生过度起伏的模型。对于值较大的带宽参数，模型欠拟合，产生过于扁平的模型。参数调整的最佳选择看起来应该是正拟合的

现在回到我们的问题上来：确定你的机器学习模型，对于不同农场的数据，预测的泛化能力如何。这个过程中的第一步是选择一个预测质量的评价指标。对于回归，标准评价指标是均方误差（Mean Squared Error，MSE），它是目标变量真实值与预测值之差的平方和的平均值（本章稍后，将学习回归和分类的其他评价指标）。

这些地方也许难于理解。对训练集进行评估，随着带宽参数的减小，模型预测的误差（由 MSE 度量）也越小。这与期望是一致的：你给模型的自由越多，它跟踪训练数据中的模式（信号和噪声都是如此）就越好。但最小带宽参数的模型对训练数据的过度拟合最严重，是由于它跟踪训练集中的每个随机波动引起的。使用这样的模型对新数据进行预测，预测准确率会很低，因为新数据有独特的与训练集不同的随机噪声。

因此，训练集误差与机器学习模型的泛化误差之间发生了分歧。这种分歧在图 4–4 所示的玉米产量数据中被放大。对于值较小的带宽参数，MSE 在训练集上的评价值很小，然而在新数据上的 MSE 值却很大（在本例中是 10,000 条新数据）。简单地归结为：模型在训练集上的预测性能并不能代表对新数据的预测性能。因此，用与训练集相同的数据进行模型性能评估是非常危险的。

警惕训练数据的双重使用

在模型拟合和评价中都使用训练数据，会使你对模型性能有过于乐观的估计。这将导致你最终选择不太好的模型，故对新数据的预测性能较差。

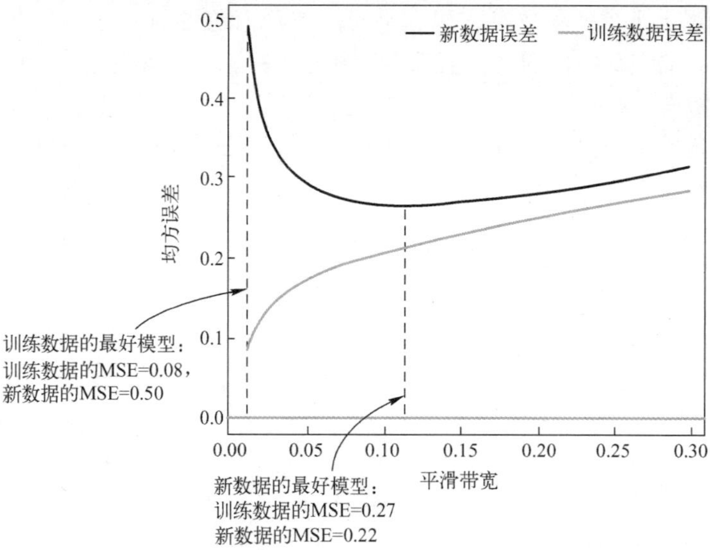

图 4-4　玉米产量回归问题的训练集误差与新数据的误差比较。训练集误差对于新数据模型的性能度量过于乐观，尤其是在带宽参数比较小的情况下。使用训练集误差作为新数据的预测误差将使你陷入麻烦。

正如在玉米产量问题中看到的，选择训练集 MSE 最小的，将导致选择带宽参数最小的模型。在训练集上，模型的 MSE 为 0.08。但用于新数据预测时，模型的 MSE 为 0.50，与最优模型相距甚远（带宽参数 = 0.12，MSE = 0.27）。

你需要一个接近新数据性能的模型评价指标，这样你对部署模型用于新数据预测的准确性就会非常自信，这是下一小节的主要话题。

4.1.2　解决方案：交叉验证

我们已经分析了模型评价中的挑战：训练集误差并不能代表模型应用于新数据的误差。为了正确估计模型用于新数据的错误率，你必须使用更复杂的技术，这种技术称作交叉验证（cross - validation，简称 CV），严格使用训练集评估新数据的准确性。

交叉验证最常用的两种方法是保持法（holdout method）和 K - 折交叉验证（k - fold cross - validation）。

保持法

使用相同的训练数据拟合模型和对模型进行准确性评估，往往产生过于乐观的准确性指标。最简单的解决办法是使用独立的训练（子）集和测试（子）集。只使用训练（子）集拟合模型，且只使用测试（子）集评估模型的准确性。这种方法称之为保持法（holdout method），因为在训练模型的过程中保留了训练数据的随机子集。从业者通常会保留 20% ~ 40% 的数据作为测试（子）集。图 4-5 示出了保持法的基本流程，清单 4-1 提供了保持法的 Python 伪代码。

清单 4-1　保持法交叉验证

```
#假定我们有两个输入:
#特征(features)——输入特征矩阵
#目标(target)——对应于特征的目标变量数组
features = rand(100,5)
target = rand(100) > 0.5

N = features.shape[0] # The total number of instances
N_train = floor(0.7 * N) # The total number of training instances

idx = random.permutation(N)                  ← 随机下标

idx_train = idx[:N_train]     | 下标划分
idx_test = idx[N_train:]      |

features_train = features[idx_train,:]     |
target_train = target[idx_train]           | 将数据分成训练
features_test = features[idx_test,:]       | 练集和测试集
target_test = target[idx_test]             |
```

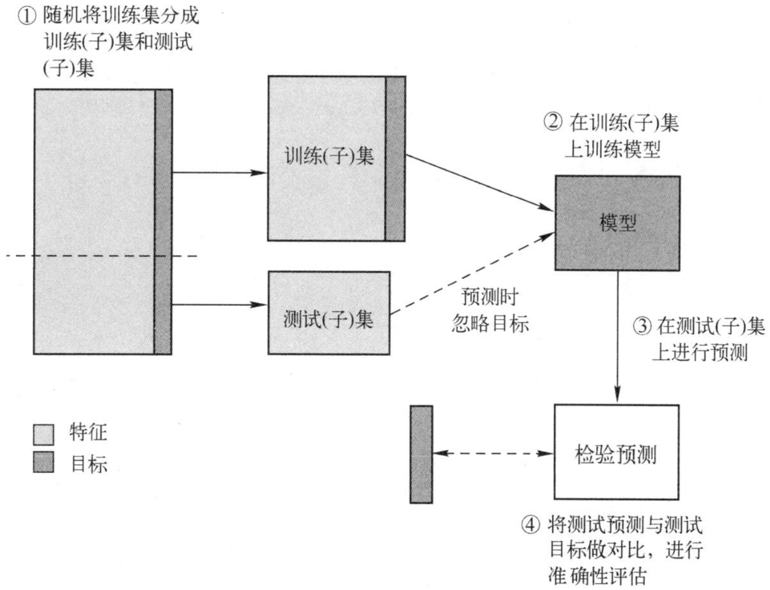

图 4-5　交叉验证的保持法流程图

现在，让我们对玉米产量数据应用保持法。对于每个带宽参数的值，应用三七（70/30 划分）分保持法，并在 30% 的保留数据上计算预测的 MSE。图 4-6 所示演示了保持法估计 MSE 与应用新数据模型的 MSE 的比较，说明了两个问题：

1）保持法计算的评估误差接近模型的新数据误差。它们比训练集的估计误差更接近（见图 4-4），特别是在带宽参数值较小的时候。

2）保持法估计误差有明显噪声。它们在平滑的新数据误差附近有明显的波动。

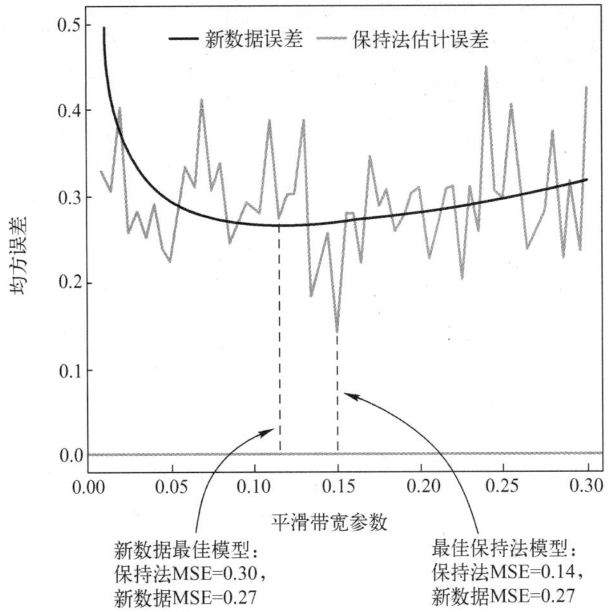

图 4-6　玉米产量数据集上的保持法 MSE 和新数据 MSE 的比较。保持法估计误差是新数据误差的无偏估计，但噪声严重，因为带宽参数在 0.14 ~ 0.40 区域内，估计误差在最佳模型（带宽 = 0.12）附近波动得厉害

可以通过重复的训练 - 测试集划分，并对估计结果取平均值来消除噪声。但在多次循环中，每个数据点会被多次分配到测试集中，这将导致结果出现偏差。

更好的方法是 K - 折交叉验证。

K - 折交叉验证

一种更好的但计算密集的交叉验证方法是 K - 折交叉验证。和保持法一样，K - 折交叉验证依赖于学习过程中的训练数据隔离。主要区别是，K - 折交叉验证随机地把数据分成 k 个互不相交的子集，称为包（fold），k 典型地选择 5、10 或 20。对于每个包，对模型除这个包以外的数据进行训练，这个包中的数据随后用于模型产生预测。

当所有 k 个包循环处理之后，把每个包的预测值进行汇总，并与真实目标变量进行比较，从而评估准确度。图 4-7 所示演示了 K - 折交叉验证，清单 4-2 提供了它的伪代码。

清单 4-2　K - 折交叉验证

```
N = features.shape[0]
K = 10 #包的数量

preds_kfold = np.empty(N)
folds = np.random.randint(0,K,size = N)

for idx in np.arange(K):        # 循环处理所有包
```

```
        features_train = features[folds != idx,:]
        target_train = target[folds != idx]
        features_test = features[folds == idx,:]

        # Build and predict for CV fold (to be filled out)
        #model = train(features_train,target_train)
        #preds_kfold[folds == idx] = predict(model,features_test)

    #accuracy = evaluate_acc(preds_kfold,target)
```

将数据划分成训练和测试子集

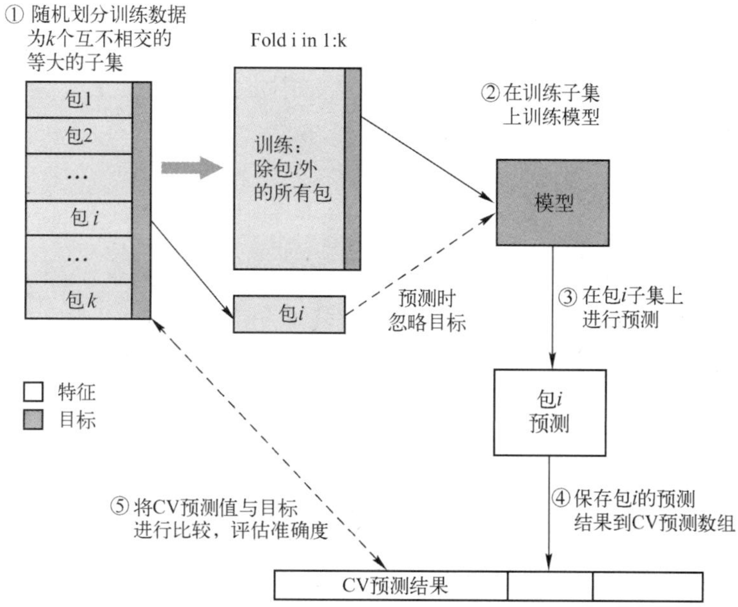

图 4-7　K - 折交叉验证流程图

最后，让我们在玉米产量数据上应用 K - 折交叉验证。对于每个带宽参数的值，应用 10 - 折交叉验证（即 $k=10$ 的交叉验证），并计算交叉验证的预测 MSE。图 4-8 所示演示了 K - 折交叉验证估计的 MSE 与模型新数据 MSE 的比较。很明显，K - 折交叉验证估计误差与模型应用于将来数据的误差非常接近。

4.1.3　交叉验证的注意事项

交叉验证提供了一种估计机器学习模型准确性的方式。它非常强大，因为它可以为你的任务选择最佳模型。

但是当在实践中应用交叉验证时，需要注意以下几个问题：

- 交叉验证方法（包括保持法和 K - 折法）假定训练数据是有代表性的。如果你计划将模型部署用于新数据的预测，那么这些新数据就必须能够由训练数据代表它们。如果不能，则交叉验证估计误差对于将来的新数据可能是过于乐观的。解决方案：保证训

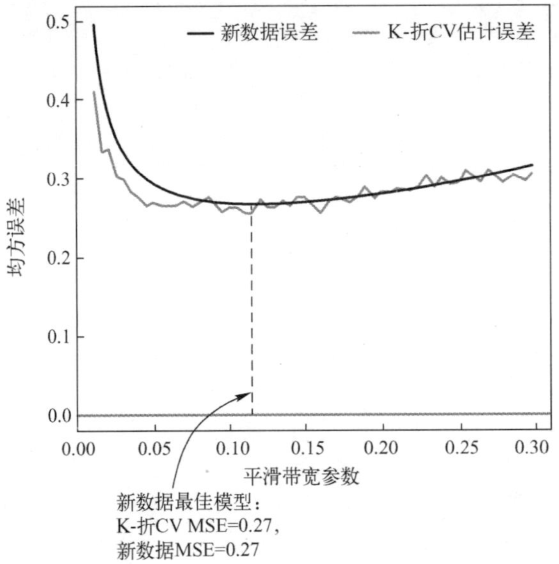

图 4-8　玉米产量数据的 K－折 CV MSE 与新数据的 MSE 的比较。K－折 CV 误差是新数据模型的较好估计，可以用它自信地估计模型误差，并选择最佳模型

练数据中的所有潜在偏见都被找到并最小化。

- 有些数据集的特征是有时间顺序的。例如，用上个月的收入来预测这个月的收入。如果数据存在这种情况，则必须保证将来获得的特征不能用来预测历史特征。解决方案：必须对保留集或 K－包数据进行重构，确保训练集数据的收集早于测试集（数据的收集）。
- K－折交叉验证中包的数量越多，估计误差越好，但也更耗费时间。解决方案：只要有可能，至少使用 10 个包（或更多）。对于训练和预测较快的模型，可以使用单一保留（leave－one－out）交叉验证（k＝数据实例个数）。

接下来，你将建立这些交叉验证工具，并深入研究如何对分类模型执行严格的评价。

4.2　分类模型评估

对于分类模型评估的讨论，我们从只有两种类别的问题开始，也称之为二元分类或二进制分类（binary classification）。第 3 章介绍过，在机器学习中，二进制分类是基于多因素预测正/负结果的强有力方法。疾病检测和幸存预测是二进制分类的很好实例。

假定你要根据个人信息、社会信息和经济状况等因素预测泰坦尼克号乘客是否幸存。你已经收集了你所知道的所有乘客的信息，并训练分类器，能够把这些信息与他们的幸存概率联系起来。你第一次见到这个实例是在第 2 章，但图 4-9 还是列出了泰坦尼克号乘客数据集的前 5 条记录。

为了构建分类器，你把数据集输入到分类算法中。因为数据集包含各种类型的数据，你需要确信算法知道如何处理这些类型。如前面章节讨论的，在训练模型之前，需要对数据进

目标列

	PassengerId	Survived	Pclass	Name	Gender	Age	SibSp	Parch	Ticket	Fare	Cabin	Embarked
0	1	0	3	Braund, Mr. Owen Harris	Male	22	1	0	A/5 21171	7.25	NaN	S
1	2	1	1	Cumings, Mrs.John Bradley (Florene Briggs Th···	Female	38	1	0	PC 17599	71.2833	C85	C
2	3	1	3	Helkkinen, Miss Laina	Female	26	0	0	STON/02. 3101282	7.925	NaN	S
3	4	1	1	Futrelle, Mrs. Jacques Heath (Lily May Peel)	Female	35	1	0	113803	53.1	C123	S
4	5	0	3	Allen, Mr. William Herry	Male	35	0	0	373450	8.05	NaN	S

图 4-9　泰坦尼克号乘客数据的前 5 行。目标列表明乘客在沉船中是幸存还是死亡

行处理，但在本章中，你将把分类器看作一个黑盒，它已经知道如何把输入变量映射到目标变量。本节的目标是评估模型优化预测精度，并与其他模型对比。

数据准备完成后，进行下一个任务：交叉验证。将全部数据分成训练集和测试集，用保持法进行交叉验证。重要的是要重申，你的目标不是获得训练数据的最大精度模型，而是获得未知数据的最高预测精度。在模型构建阶段，你还没有这样的数据，因此只能假定某些训练数据对学习算法不可见。图 4-10 所示给出了这个特殊例子的数据划分过程。

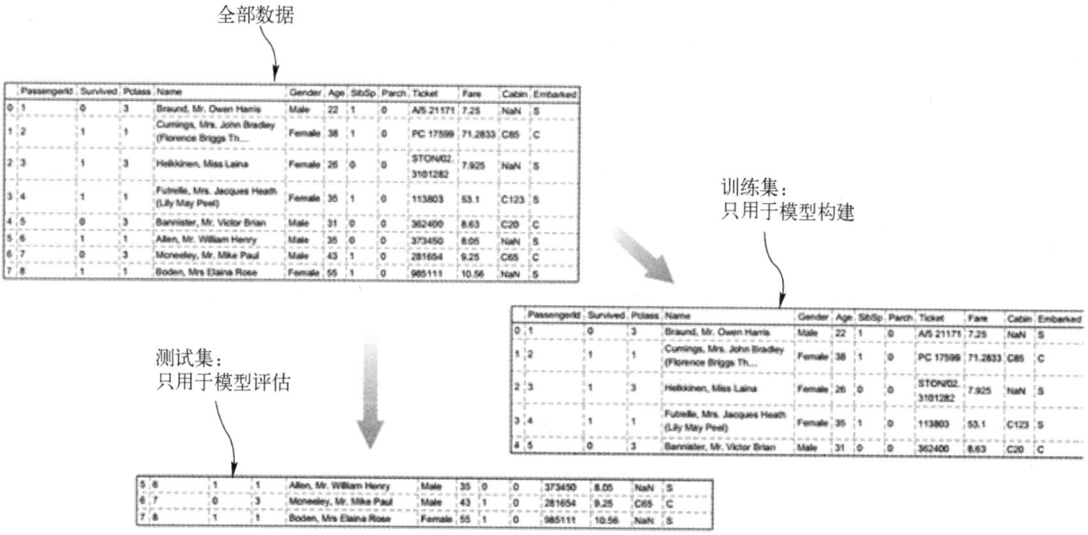

图 4-10　把全部数据分成训练集和测试集，允许进行模型评估

训练数据准备好以后，就可以构建分类器，并在测试集上进行预测。使用图 4-5 所示的保持法，可得到测试集中所有行的预测值列表：0（死亡）或 1（幸存）。然后，可以进行第 3 步评估流程，把预测值和真实值进行比较，获得可以优化的性能指标。

分类模型最简单的性能测量是计算正确结果的比例。如果 4 行中有 3 行预测是对的，则可以说在这个特定的验证集上，模型的准确度是 3/4 = 0.75，或 75%。图 4-11 示出了这个

结果。下面的小节将介绍进行比较的更复杂的方法。

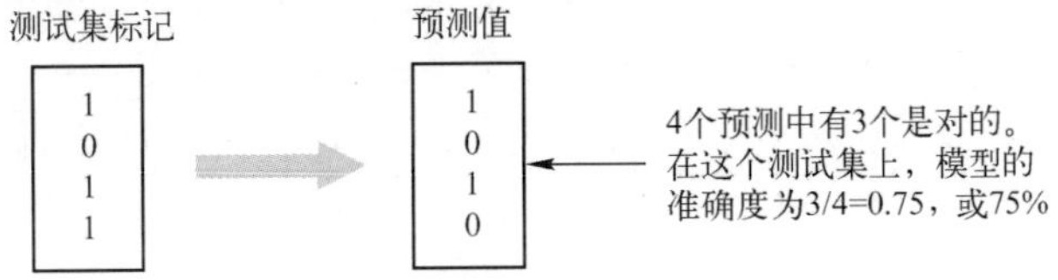

图 4-11 对比测试集上的预测值和真实值，可得到模型的准确度

4.2.1 分类精度和混淆矩阵

预测提供的信息不仅是对和错这么简单。例如，可以分析每个类别的准确度（有多少预测为幸存的，但实际上是死亡或幸存的）。对于二进制分类，错误只有两种情况：真实值为 1 预测值为 0，或真实值为 0 预测值为 1。相同地，正确的也有两种情况，如图 4-12 所示。

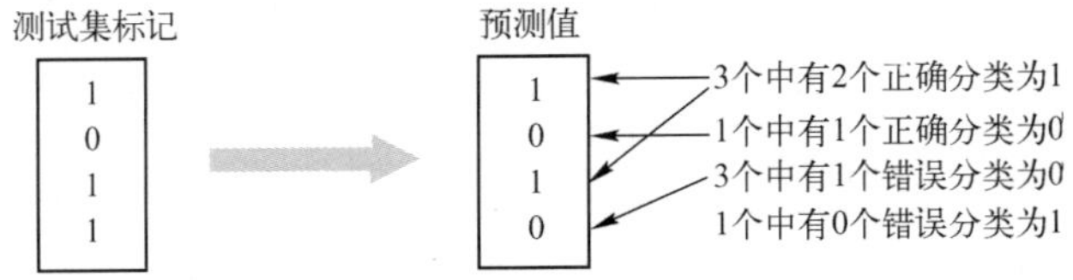

图 4-12 统计分类精度和误差给你更多模型准确度方面的信息

在许多分类问题中，研究分类精度或分类混合，比简单地统计准确度要有用得多。事实证明，把这 4 个数显示在 2×2 的图中，是十分有帮助的，这个图称为混淆矩阵（confusion matrix），如图 4-13 所示。

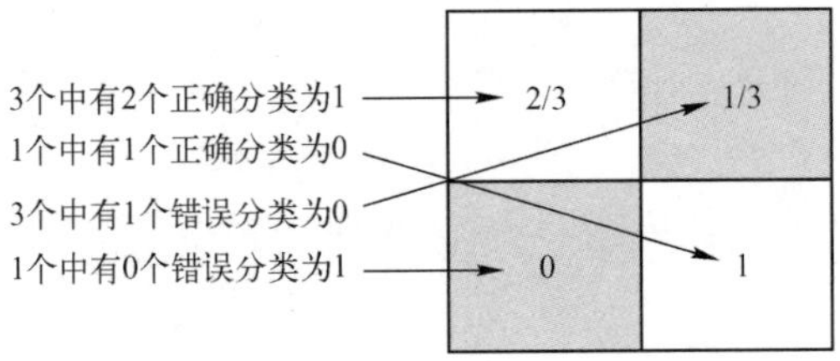

图 4-13 把分类精度组织到混淆矩阵中

每个矩阵元素显示了分类精度或正类和负类的混合。图 4-14 所示描述了图 4-13 的特定混淆矩阵的一般概念——接受者操作特性曲线（ROC），它将在本书的其余部分中广泛使用。刚接触这些术语的确令人费解，但在向他人描述你模型精确度的时候，它们是很重要的。

4.2.2 准确度权衡与 ROC 曲线

到目前为止，你看到的输出都是预测的类别，在泰坦尼克号的例子中，1 表示幸存，否

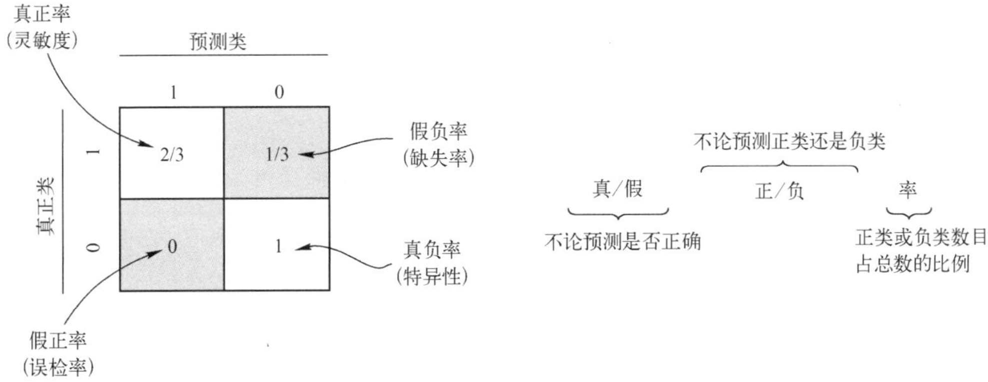

图 4-14　二进制分类器在 4 条数据上测试结果的混淆矩阵，
图中的 ROC 指标在下方进行了拆解、分析、说明

则为 0。机器学习预测存在一定程度的不确定性，许多分类算法的输出结果不只是 0 或 1 的预测，而是预测的全部概率（probabilities）。例如，就像我们的泰坦尼克号模型中是否幸存这样简单的预测，幸存的可能性就有 0. 8，0. 99 或 0. 5。很明显，对于这些答案的信心有很大的不同，在本节你将利用这些信息进一步详细地评价你的模型。

一个概率分类器（probabilistic classifier）的输出是我们所说的概率向量（probability vectors）或类别概率（class probabilities）。对于测试集中的每一行，分类器中的每个分类得到一个 0 ~ 1 之间的实数值（总和为 1）。直到目前，所做的预测是根据概率是否大于 0. 5 决定所属的分类，在前面的章节中，还以此结果计算全部的性能指标。我们说确定分类的阈值（threshold）为 0. 5。很明显，你也可以选择其他阈值，那么性能指标将得到不同的值。

图 4-15 示出了排序概率向量和设置 0. 7 阈值的过程。所有阈值线以上的都预测为幸存，那么你可以与实际标记进行对比，得到该阈值的混淆矩阵和 ROC 指标。如果你对 0 ~ 1 的阈值重复执行这一过程，即可得到 ROC 曲线，如图 4-16 所示。

分类器输出：
类别概率

	幸存	死亡
15	0.092	0.908
16	0.904	0.096
17	0.646	0.354
18	0.740	0.260
19	0.460	0.540

排序后的
概率

	幸存	死亡
308	0.705	0.295
215	0.703	0.297
217	0.700	0.300
54	0.698	0.302
169	0.698	0.302

阈值：
“幸存概率”>0.7

图 4-15　泰坦尼克号测试集的预测可能性子集。把整个表按幸存概率降序排列后，可以设置一个阈值，高于阈值的认为幸存。注意，保留了下标，便于知道指的是哪个实例

从图 4-16 中可以看出所有阈值的混淆矩阵，使得你在评估分类器性能时，ROC 曲线成为一种强大的可视化工具。对于任何交叉验证过程，给定标记的真实值和预测值，可以用清单 4-3 所示代码得到 ROC 曲线。

清单 4-3　ROC 曲线

```
import numpy as np

def roc_curve(true_labels,predicted_probs,n_points=100,pos_class=1):

    thr=np.linspace(0,1,n_points)
    tpr=np.zeros(n_points)
    fpr=np.zeros(n_points)

    pos=true_labels==pos_class
    neg=np.logical_not(pos)
    n_pos=np.count_nonzero(pos)
    n_neg=np.count_nonzero(neg)

    for i,t in enumerate(thr):
        tpr[i]=np.count_nonzero(np.logical_and(
                predicted_probs >= t,pos))/n_pos
        fpr[i]=np.count_nonzero(np.logical_and(
                predicted_probs >= t,neg))/n_neg
    return fpr,tpr,thr
```

对于给定的真实和预测标记，返回 n 个阈值的假正率和真正率

分配阈值和ROC列表

预先计算正负情况，用于循环

对于每个阈值，计算真正率和假正率

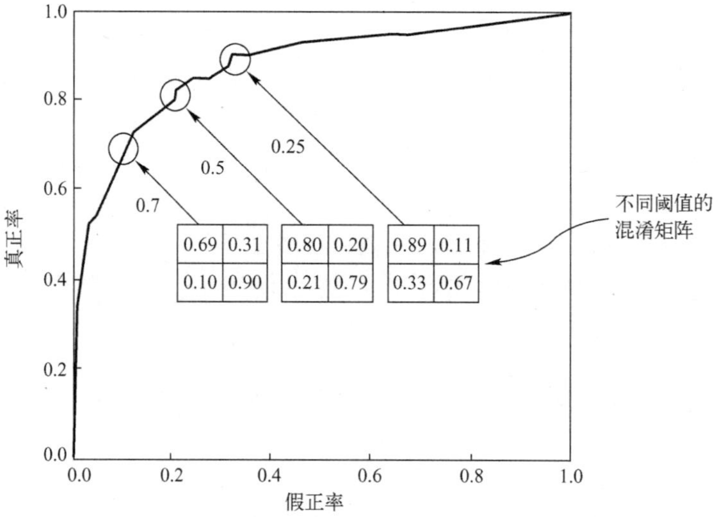

图 4-16　对 0~1 之间的 100 个阈值，通过计算混淆矩阵和 ROC 指标得到的 ROC 曲线。按照惯例，以假正率为 X 轴，以真正率为 Y 轴

如果跟踪一下 ROC 曲线，你会发现当假正率升高时，真正率下降。这种平衡在机器学习中没有“免费的午餐”，因为你可能牺牲一部分实例，这部分实例有更大的把握是正确的或者相反，这和你选择的概率阈值参数有关。

在实用中，这种平衡对于模型评估是至关重要的。如果对一个病人按照是否患癌进行分类，那么最好是把一部分额外的健康人分类为病人，而避免把病人划分成健康人。因此需要

选择假负率最小的阈值，把真正率最大化，这样可使你尽可能地位于 ROC 的顶端，同时牺牲假正率。

另一个很好的例子是垃圾邮件过滤，你需要选择不想要的邮件出现在收件箱，还是邮件被投到垃圾桶中。或信用卡公司检测欺诈行为：你是选择对客户错敲警钟，还是选择错失潜在的欺诈交易？

除了平衡信息外，ROC 曲线本身还提供分类器总体性能的视图。一个好的分类器应该是没有假正情况的，并且没有缺失情况，因此曲线被推向左上角，如图 4-17 所示。这很自然地给出了另一个评价指标：ROC 曲线的线下面积（AUC）。面积越大，分类效果越好。AUC 被广泛用于评估和模型比较，虽然大多数情况下，它主要用于观察整个 ROC 曲线，理解性能的权衡。在本书余下的部分中，你将使用 ROC 曲线和 AUC 评价指标对分类模型进行验证。计算 ROC 曲线的 AUC 的代码见清单 4-4。

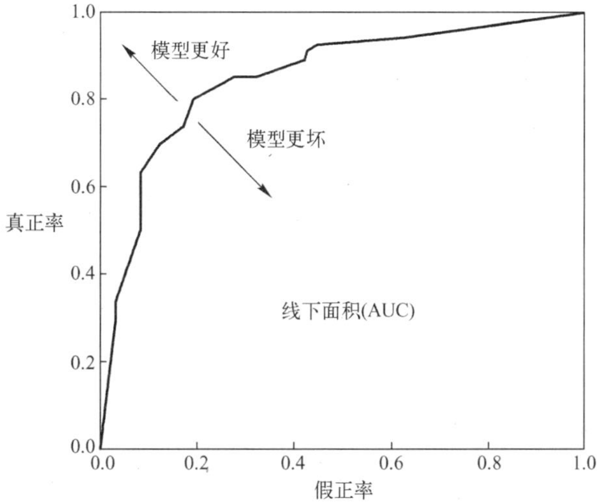

图 4-17　ROC 曲线显示了模型整体性能。可通过 AUC 指标对其进行量化

清单 4-4　ROC 曲线线下面积的计算

```
from numpy import trapz
def auc(true_labels,predicted_labels,pos_class=1):
    fpr,tpr,thr=roc_curve(true_labels,predicted_labels,
                pos_class=pos_class)
    area=-trapz(tpr,x=fpr)
    return area
```

给定真实标记和分类模型预测的对应标记，返回 ROC 线下面积

清单 4-3 中的 ROC 的假正率和真正率

numpy 中使用梯形方法计算的积分面积

4.2.3　多类别分类

截止到目前，你只看了二进制的，或两个类别的分类问题，但很幸运的是你可以对

多类别分类使用许多相同的工具进行评价。著名的多类别分类问题是手写数字识别。我们经常发送物理邮件，机器学习算法用于确定邮件目的地大有用处。如果你写的字像我们的一样，这听起来是一个不小的挑战，但这种自动识别系统用于邮政服务已经很多年了。

因为手写数字识别成功较早，所以这个例子已经成为多类别分类性能的机器学习的学术标准。它的思想是扫描手写数字，把它们划分到某个数字标识的图片中。然后，对原始灰度像素使用图片处理算法或构建多类别分类器以预测数字。图 4-18 示出了一些来自著名的 MNIST 数据集的手写数字。

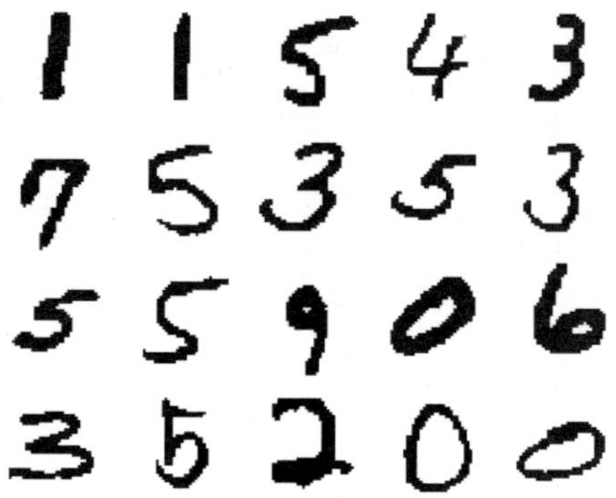

图 4-18　MNIST 数据集中的手写数字。整个数据集含有 80,000 个这样的数字，都是 28 px × 28 px 的图片。不经过任何图像处理，数据集的每一行包含已知的标记（0 ~ 9）和 784 个特征（每个特征对应一个像素）

使用随机森林算法从训练集中构建分类器，并从保留测试集中产生的混淆矩阵。记住，你只对二进制分类使用过混淆矩阵。很幸运，对于多类别分类也可以容易地使用它，因为矩阵中的每个元素是分类行和分类列的对应值。对于 MNIST 分类器，在图 4-19 中可以看出其大部分位于对角线上，它应该是这样的，因为它显示了对于每个数字分类正确的情况。最大的非对角线元素是分类器最不确定的地方。仔细观察图 4-19，你会发现最不确定的发生在数字 4 和 9，3 和 5，还有 7 和 9 之间，这很有意义，给出了你所知道的数字形状的信息。

以矩阵的形式显示每个分类的准确度，是利用我们优秀的可视化能力处理更多的信息。在图 4-19 中，可以很明显地看出如何对照混淆矩阵，充分利用这种能力。

那么你将如何生成多类别分类器的 ROC 曲线呢？ROC 曲线原则上只适用于二进制分类问题，因为你为了得到 ROC 测量指标，把预测结果分成了正（positive）和负（negative）两类，通常用于 ROC 曲线的坐标轴。为了在多分类问题中模拟二进制分类，这里采取一对多（one - versus - all）策略。对于每个分类，把特定的分类作为正分类，其他的作为负分类，和通常一样画 ROC 曲线。在 NMIST 分类器上执行上述过程，得到的 10 条 ROC 曲线如图 4-20 所示。分类最准确的数字是 0 和 1，与图 4-19 所示的混淆矩阵一致。混淆矩阵是由绝大部分可能的预测分类产生的，而 ROC 曲线显示了某一分类在所有可能阈值上的性能。

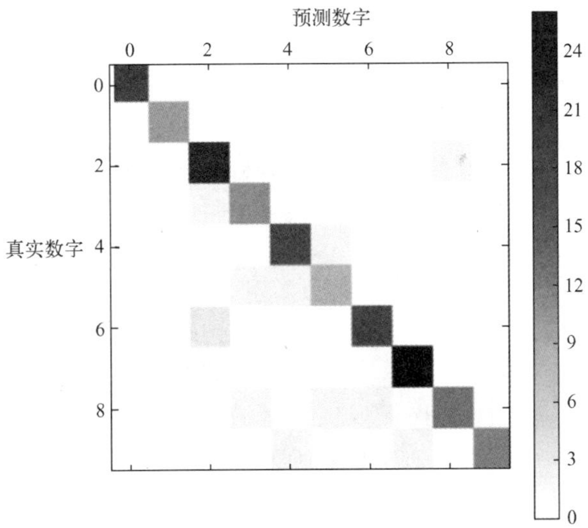

图 4-19　10 类 MNIST 手写数字分类问题的混淆矩阵

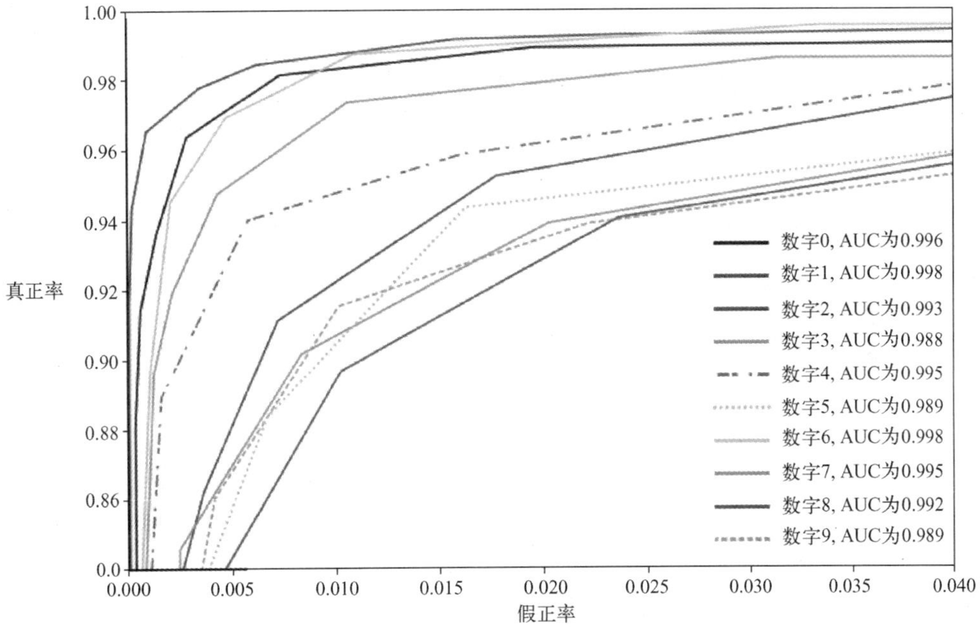

图 4-20　用“一对多”策略模拟二进制分类问题，10 个类别的 MNIST 分类器的每个分类的 ROC 曲线。注意，因为我们的分类器足够好，所以只有放大 ROC 曲线的顶部角落才能看到模型在不同分类上的性能差异。计算了每个分类的 AUC，并展示了整体性能良好的模型

记住，多类别 ROC 曲线并不能显示曲线的完全混淆矩阵。从原理上讲，对于 ROC 曲线上的每一点，对应一个 10×10 的混淆矩阵，但我们不能以如此简单的方式来显示它。在多类别情况下，同时观察混淆矩阵和 ROC 曲线是十分重要的。

4.3 回归模型评估

在前一章你已看到过回归模型。通常，回归（regression）这个术语用于预测结果为数值型的模型，如整数或浮点数的值。对于回归，你将使用我们在本节中介绍的不同的指标评价体系。

在本节，你将使用第 2 章介绍的车辆 MPG 数据作为实例。图 4-21 所示显示了该数据集的一小部分子集。对数据集进行所有必要的转换，并从第 2 章和第 3 章讨论的模型中选择一个合适的模型。在这里，你所关心的是评价模型的性能。使用本章开头部分介绍的基本模型评价流程，使用数据和选择的算法构建一个交叉验证的回归模型。在这个过程中，可能用到的模型性能指标将在下节中介绍，但图 4-22 所示展示了回归性能的基本可视化效果，这是评价指标的基础——预测值和实际值的散点图。

目标变量

	英里/加仑	汽缸数	排气量	马力	重量	加速度	车型/年	血统
0	18	8	307	130	3504	12.0	70	1
1	15	8	350	165	3693	11.5	70	1
2	18	8	318	150	3436	11.0	70	1
3	16	8	304	150	3433	12.0	70	1
4	17	8	302	140	3449	10.5	70	1

图 4-21　车辆 MPG 数据集的子集

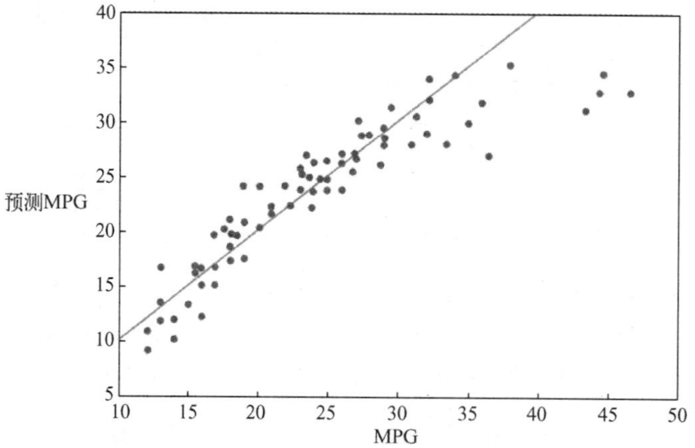

图 4-22　测试集预测 MPG 与真实值的散点图，对角线显示了最佳模型

4.3.1 使用简单回归性能指标

与分类模型相比，回归并没有简单的概念说明预测是否正确（correct）。一个数值型的预测结果通常不能说绝对正确，但可以说接近（close to）或远离（far from）真实值。这也是由正确值的性质所决定的，因为我们通常认为，数值测量是从带有不确定性的分布中取得的，这种不确定性称为误差（error）。本节介绍两种简单的回归性能测试指标：均方根误差（MSE 的平方根）和 R 平方值。

回归模型最简单的性能测量是均方根误差（root - mean - square error）或 RMSE。主要是估计预测值与真实值的差异，并计算其平均值。计算平均值的方式与预测值高于还是低于真实值没有关系。图 4-23 所示演示了 RMSE 的计算。

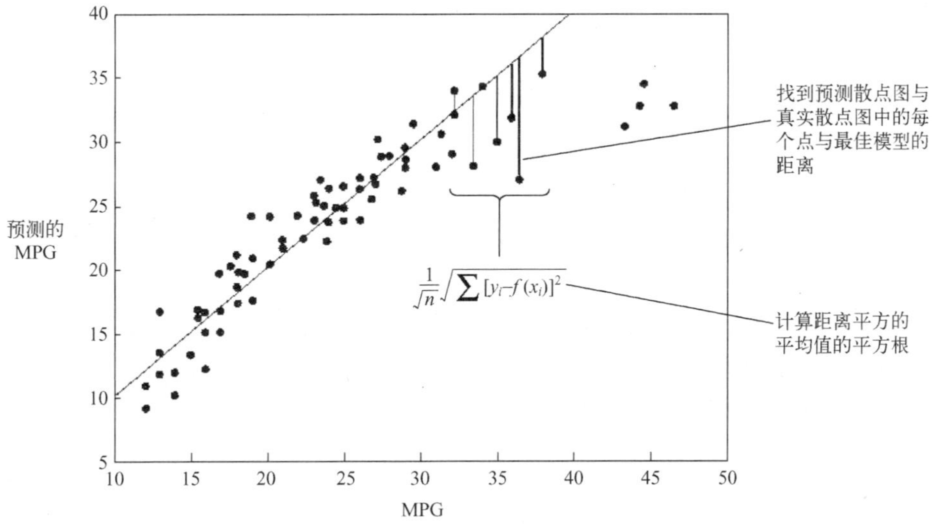

图 4-23　RMSE 计算：在方程式中，y_i 和 x_i 分别为 i^{th} 特征和特征向量。$f(x)$ 表示将模型应用于特征向量返回的目标变量的预测值

为了更好地理解 RMSE 计算的细节，清单 4-5 给出了计算 RMSE 的代码片段。

清单 4-5　均方根误差计算

```
def rmse(true_values,predicted_values):
    n = len(true_values)
    residuals = 0
    for i in range(n):
        residuals += (true_values[i] - predicted_values[i])**2.
    return np.sqrt(residuals/n)
```

RMSE 的优点在于，结果与参与计算的值有相同的单位，但也有一个缺点，那就是 RMSE 的值和问题的规模有关，不容易在不同的数据集上进行比较。如果预测值和真实值都是大数值，那么 RMSE 的值相应地也较大。虽然在同一项目中进行模型比较没有问题，但如果理解整体模型的性能和与其他模型做比较，则还是有一定难度的。

为了克服这一点，最好的办法就是计算 R 平方，或 R^2 指标，它的值具有相对性，并且在 0 ~ 1 之间。模型对数据的预测性越好，那么 R 平方就越接近于 1。清单 4-6 显示了 R 平方的计算细节。

清单 4-6　R 平方的计算

```
def r2(true_values,predicted_values):
    n = len(true_values)
    mean = np.mean(true_values)
    residuals = 0
    total = 0
    for i in range(n):
        residuals += (true_values[i] - predicted_values[i])**2.
        total += (true_values[i] - mean)**2.
    return 1.0 - residuals/total
```

无论使用 MSE、RMSE 或 R^2 作为评价指标，都必须牢记如下事实：

- 经常使用交叉验证评估模型。如果不这样，评价指标会随着模型复杂度的增大而提高，从而导致过度拟合。
- 只要有可能，评价指标应与要解决的问题保持一致。例如，要从车辆特征预测 MPG（英里/加仑），RMSE 的值为 5 意思是，你期望的 MPG 的平均预测值与真实值的偏差不超过 5 英里/加仑。

另外，回归还使用其他很多评价指标，且许多都内置过度拟合的预防机制（因此不需要交叉验证）。例如，Akaikie 信息准则（AIC）和贝叶斯信息准则（BIC）。大多数关于回归的教科书都对此进行了分析，并包含了更多高级的话题。

4.3.2　检验残差

在前一节，你看到了残差如何应用于介绍的简单指标，所谓残差是指预测值与真实值之间的距离。这些残差对于可视化分析来说也是十分重要的。

图 4-24 给出了 MPG 数据集的残差图样例。它与图 4-23 所示的散点图表示同样的信息，但根据残差的单位进行了放大。理想情况下，你期望残差在 0 线（0 - line）附近随机分布。在图的低端，MPG 的值从 10 ~ 35，看起来残差随机分布在 0 线附近，也许对高估值略有偏差。然而，在 35 ~ 45 之间，可以看到明显的低估偏差，导致残差值较大。你可以利用这个信息来改进模型，或者调整模型参数，或者对数据进行处理或修补。如果能再获得一些数据，你应该获取一些高 MPG 的样本。在这种情况下，你能找到一些高 MPG 的车辆，并把它们添加到数据集中，以进一步提升模型在该区域的预测性能。

你已经见过如何将交叉验证用于测试模型，以及某些用于评估结果的性能指标。对于最简单的模型，就是这些训练、测试和计算适当的性能指标的问题。更复杂的算法有调整参数——可由用户调整的旋钮——影响它们的训练和应用。每种设置的组合可产生不同的模

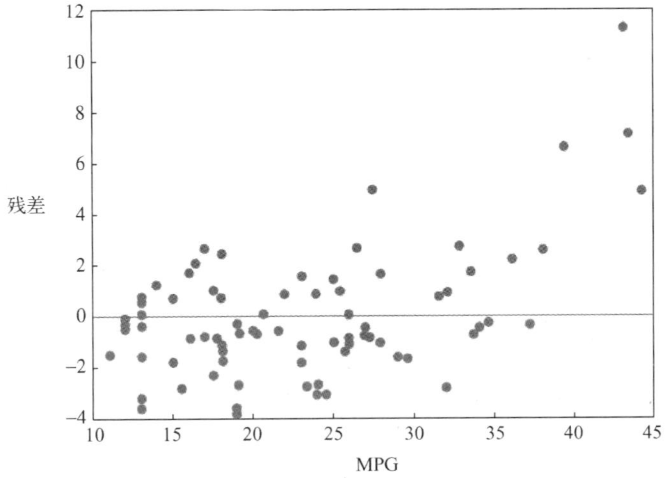

图 4-24　MPG 数据集预测的残差图。在水平 0 线上，残差为 0

式。在下一节中，你将看到，有时一些小的调整将会对结果产生很大的影响。

4.4　参数调整优化模型

大多数机器学习模型都有一个或多个调整参数（tuning parameters）控制学习算法的内部工作状态。这些参数典型地控制着输入特征和目标变量之间关系的复杂性。调整参数会对模型拟合和新数据预测的准确性产生很大影响。

例如，在 4.1 节你已经看到一个简单的调整参数（核平滑回归算法的带宽参数）是如何影响玉米产量数据模型的拟合度的。对于带宽参数较小的值，回归函数过度起伏，对数据过度拟合。相似地，对于带宽参数较大的值，回归函数过于扁平，对数据欠拟合。

本节介绍一种严格的方法，通过调整算法的参数优化机器学习模型。

4.4.1　机器学习算法和它们的调整参数

每个机器学习算法包含一系列调整参数，用于控制算法如何使用训练数据构建模型。典型的情况是，随着算法复杂度的增加，调整参数就会越多，而且更难于理解。下面是你在第 3 章学过的流行的分类算法的标准调整参数，按难度递增的顺序罗列如下：

- 逻辑回归——无。
- K-近邻算法——要平均的近邻数目。
- 决策树——划分标准，树的最大深度，划分需要的最少样本数。
- 核函数 SVM——核函数类型，核函数系数，惩罚参数。
- 随机森林——树的数目，每个结点要划分的特征数，划分标准，划分需要的最少样本数。

- Boosting 算法——树的数目，学习率，树的最大深度，划分标准，划分需要的最少样本数。

作为实例，回想一下第 3 章，你对泰坦尼克号乘客数据集应用的核函数 SVM 算法。你看到模型拟合的核函数系数有两种（称为 gamma）选择（见图 3-8 和图 3-9）。注意，这两种拟合是有区别的：设置 gamma = 0.01，在两个类别之间产生一个复杂的、分离的决策边界，而设置 gamma = 0.1 则产生一个平滑的模型。在这种情况下，拟合模型对调整参数 gamma 的选择是高度敏感的。

对每个调整参数选择恰当的值之所以困难，是因为对于给定的算法是完全依赖于问题和数据的。对于一个问题工作得很好，但不一定适合下一个问题。依靠启发式和经验法则的默认参数设置，会导致极差的预测性能。严格地调整参数选择，对于保证模型的准确度和训练数据（的准确度）一样，是至关重要的。

4.4.2 网格搜索

优化机器学习模型的调整参数选择的标准方法是强力网络搜索（grid search）。当你详细规划出以下基本网络搜索算法时，注意，这个策略是将本章前面讨论的交叉验证和模型评估结合在一起的。网络搜索算法如下：

1）选择要最大化的评价指标（例如，分类模型的 AUC，回归模型的 R^2）。

2）选择要使用的机器学习算法（例如，随机森林）。

3）选择要优化的调整参数（例如，树的数目和每次划分的特征数），以及每个参数的一组测试值。

4）定义调整参数数组之间的笛卡儿积作为网格。例如，树的数目数组为[50,100,1000]，每次划分的特征数数组为[10,15]，则网格就是[(50,10),(50,15),(100,10),(100,15),(1000,10),(1000,15)]。

5）对于网格中的每一个组合，使用训练集进行交叉验证（使用保持法或 K - 折 CV 法），并且对交叉验证的预测计算评价指标。

6）最后，选择评价指标最大值对应的调整参数进行设置，这就是最优模型。

为什么这样能奏效呢？对于每种可能的调整参数的组合，网格搜索进行了广泛搜索。对于每种组合，网格搜索通过比较交叉验证预测和真实目标变量，估计了模型对新数据的预测性能。然后，最佳估计精度的模型（对于新数据）被选择。当这个模型用于新数据时，最有可能性能最好。

让我们把网格搜索用于泰坦尼克号乘客的数据集。使用 AUC 作为优化指标，径向基函数（Radial Basis Function，RBF）核的 SVM 作为分类算法。原则上，你还可以使用网格搜索选择最佳核函数。事实上，还可以使用网格搜索选择不同的算法！

下一步，选择优化哪个调整参数。对于 RBF 核函数 SVM 算法，有两个标准调整参数：核函数系数 gamma 和惩罚参数 C。清单 4-7 示出了如何对该问题的两个调整参数运行网格

搜索。

清单 4-7　核函数 SVM 的网格搜索

```
#输入：X —— 特征，y ——目标

import numpy as np
from sklearn.metrics import roc_auc_score
from sklearn.svm import SVC

#要尝试的(gamma,C)网格
gam_vec,cost_vec = np.meshgrid(np.linspace(0.01,10.,11),
                    np.linspace(1.,10.,11))

AUC_all = []    <——— 初始化空数组存储AUC

#建立交叉验证的包
N = len(y)
K = 10                                          <——┐ 交叉验证
folds = np.random.randint(0,K,size = N)            │ 包的数目

#对网格的每个值进行搜索
for param_ind in np.arange(len(gam_vec.ravel())):

    #初始化效验验证预测
    y_cv_pred = np.empty(N)

    #遍历交叉验证的包
    for ii in np.arange(K):
        #将数据分成训练子集和测试子集
        X_train = X.ix[folds ! = ii,:]
        y_train = y.ix[folds ! = ii]
        X_test = X.ix[folds = = ii,:]

        #在训练集上构建模型
        model = SVC(gamma = gam_vec.ravel()[param_ind],
            C = cost_vec.ravel()[param_ind])
        model.fit(X_train,y_train)

        #在测试集上产生并保存模型的预测
        y_cv_pred[folds = = ii] = model.predict(X_test)

#对预测值计算 AUC
AUC_all.append(roc_auc_score(y,y_cv_pred))
indmax = np.argmax(AUC_all)
print "Maximum = % .3f" % (np.max(AUC_all))
print "Tuning Parameters: (gamma = % f,C = % f)" % (gam_vec.ravel()[indmax],
cost_vec.ravel()[indmax])
```

（代码说明如下图：（1）初始化空数组存储 AUC、（2）交叉验证包的数目）

```
#Inputs:X - features,y - target

import numpy as np
from sklearn.metrics import roc_auc_score
from sklearn.svm import SVC

#grid of (gamma,C) values to try
gam_vec,cost_vec = np.meshgrid(np.linspace(0.01,10.,11),
                  np.linspace(1.,10.,11))

AUC_all = []                              ← 初始化空数组存储AUC

#set up cross - validation folds
N = len(y)
K = 10                                    ← 交叉验证包的数目
folds = np.random.randint(0,K,size = N)
```

你发现在泰坦尼克号数据集上，调整参数向量为（gamma = 0.01，C = 6）时，交叉验证 AUC 最大，为0.670。显示网格搜索的 AUC 评价值的等高线图如图 4-25 所示，信息量丰富。从图中可以看出如下事实：

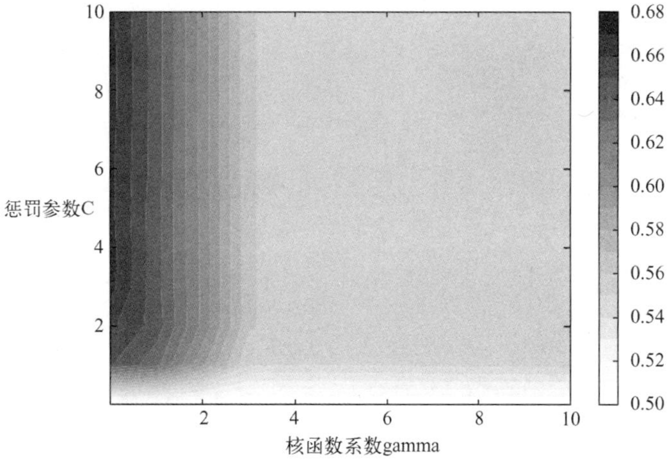

图 4-25　交叉验证 AUC 的等高线图（contour plot），AUC 作为两个调整参数 gamma 和 C 的函数。最大值集中在左上角，意味着你需要扩大搜索并密切关注这一区域

- 最大值发生在网格的边界（即 gamma = 0.01 时），这意味着你必须扩大网格重新进行网格搜索。
- 准确预测对于 gamma 参数的数值有较高的灵敏度，意味着你需要增加该参数的样本粒度。

- 最大值出现在 gamma = 0 附近，因此以指数标识（如 10^{-4}、10^{-3}、10^{-2}、10^{-1}）表示网格是明智的。
- AUC 作为参数 C 的函数灵敏度不高，因此对于该参数可采用粗粒度样本。

在修改后的网格上重新运行搜索，得到 AUC 的最大值为 0.690，发生在向量（gamma = 0.08，C = 20）处。调整参数的优化价值是显而易见的：一个任意选择调整参数的简单模型，可能得到 AUC = 0.5（比随机猜测强不到哪里去）；网格搜索优化后的模型，AUC 可提高到 0.69。

注意，网格搜索并不能绝对保证选择到的调整参数为最佳组合。因为网格的可能值是有限的，实际最佳值可能落在网格的值之间的某处。熟悉优化的读者可能会比较疑惑，更复杂的优化例程为什么不用于调整参数的选择呢？目前的回答就是，非求导、非凸优化尚未成为标准的机器学习的一部分。较长远一点的回答是，机器学习前沿领域的研究人员正在将这些方法纳入调整参数的优化策略。

4.5　总结

本章介绍了基本的机器学习模型性能评估，主要内容如下：

- 当进行模型评估时，训练数据一定不能两用，不能既用于训练又用于评估。
- 保持交叉验证是最简单的交叉验证。为了更好地评估模型的泛化性能，保留测试集用于预测。
- 在 K - 折交叉验证中，k 个包每次保留一个，提供更可靠的模型性能评估。这种提高是由高计算量换来的。如果有可能，k = 样本个数时可获得最好的估计，也就是单一保留交叉验证。
- 基本模型评价流程如下：

1）数据采集和预处理（参见第 2 章），并确定适当的机器学习方法与算法（参见第 3 章）。

2）根据可获得的计算资源，使用保持法或 K - 折交叉验证构建模型并进行预测。

3）根据机器学习方法是分类还是回归，使用选择的性能指标对预测进行评估。

4）调整数据和模型，直到得到期望的模型性能。在第 5 ~ 8 章，你将看到各种各样的方法，在实践中提高模型性能。

- 对于分类模型，我们介绍了一些性能评价指标，用于机器学习流程的第 3 步中。这些技术包括：简单准确度统计（simple counting accuracy），混淆矩阵（confusion matrix），接收者操作特性曲线（ROC 曲线）和 ROC 线下面积（AUC）。
- 对于回归模型，我们介绍了均方根误差和 R 平方估计。简单的可视化方法，如预测值对实际值的散点图（scatter plot）和残差图（residual plot）都是很有用的。
- 有关模型调整参数的优化，可使用网格搜索算法。

4.6 本章术语

本章术语见表 4-1。

表 4-1 本章术语

术　语	定　义
欠拟合/过度拟合 (underfitting/overfitting)	对于要解决的问题使用的模型过于简单或过于复杂
评价指标 (evaluation metric)	表征模型性能的一个数值
均方误差 (mean squared error)	用于回归模型的特定评估指标
交叉验证 (cross - validation)	为了更好地估计准确性，把训练集分成训练/测试集的方法
保持法 (holdout method)	在模型拟合过程中，只保留单个测试集，用于测试目的的交叉验证的一种形式
K - 折交叉验证 (k - fold cross - validation)	交叉验证的一种，将数据随机分成 k 个互不相交的子集（称为包）。一次保留一个包，对余下的包构建的模型进行交叉验证
混淆矩阵 (confusion matrix)	显示每个分类预测值是否正确的矩阵
接收者操作特性 (ROC)	代表真正（true positives），假正（false positives），真负（true negatives）或假负（false negatives）的一个数值
ROC 线下面积（AUC）	分类任务的评价指标，指的是假正和真正的 ROC 曲线的线下面积
调整参数 (tuning parameter)	机器学习算法的内部参数，如核平滑回归的带宽参数
网格搜索 (grid search)	选择调整参数最优值优化机器学习模型的一种强有力策略

在下一章，你将开始聚焦于模型特征，以提高其性能。除基本特征工程技术外，你将学习从文本、图片和时间序列数据中提取信息的高级方法，还将学习如何选择最佳特征来优化模型性能，并避免过度拟合。

第5章 基础特征工程

本章导读

- 理解机器学习项目的特征工程的重要性。
- 使用基本特征工程，包括处理日期和时间，还有简单文本。
- 选择优化特征，减少模型的统计和计算的复杂性。
- 在构建模型和预测时使用特征工程。

前4章已经学习了给定输入特征集和感兴趣的目标变量，如何拟合、评估和优化有监督机器学习算法。但这些输入特征来自哪里？如何定义和计算特征？从业者如何知道，对于他们的问题，是否使用了正确的特征集？

5.1 动机：为什么特征工程很有用

本章探索如何从原始输入数据创建特征，这一过程称作特征工程（feature engineering），并介绍一些简单特征工程的例子，为第7章中更复杂的特征工程算法打好基础。

5.1.1 什么是特征工程

特征工程就是用数学转换的方法将原始输入数据转换为用于机器学习模型的新特征。以下是这种转换的一些例子：

- 美元总数除以支付笔数，得到每笔支付的平均钱数。
- 统计文本文档中特定单词出现的次数。
- 计算机用户执行 ping 命令的时间统计汇总（如使用平均值、中位数、标准差和偏差），以评估网络健康状况。
- 以用户 ID 连接两个表（如支付表和支持表）。
- 对图像应用复杂的信号处理工具并汇总它们的输出（如梯度直方图）。

在深入演示特征工程的实战例子之前，先让我们考虑一个简单的问题：为什么使用特征工程?

5.1.2 使用特征工程的5个原因

本节介绍了机器学习应用中，特征工程有用的几个方面。列举的并不全面，只是介绍了特征工程提高机器学习模型的准确度和计算效率的几个主要方面。

把原始数据转换成与目标相关的数据

你可以使用特征工程对原始数据进行转换，使其更接近目标变量。例如，对于个人财政数据集，包含当前账户余额和每位顾客的信用额度。如果你构建模型预测，每个客户3个月后是否拖欠支付（还款），那么转换后的特征

```
Ratio of debt-to-balance = amount of debt/amount of balance
 (负债比率 = 负债金额/账户余额)
```

对目标更具有预测性。

在这种情况下，虽然未加工的输入出现在原始数据集中，但如果将转换后的特征作为输入，则机器学习模型更容易发现负债比率与将来拖欠的关系，这将提高预测的准确性。

引入额外的数据源

特征工程可使从业者向机器学习模型引入额外的数据源。想象一下，你正在提供互联网订阅服务。对于首次注册的用户，你想预测该客户的终生价值。在众多指标中，你可以捕捉每个用户的地理位置。虽然这个数据可以直接作为分类特征（例如，IP地址或邮政编码）提供，但模型基于这些（在这里，指的是一个地区的平均收入，还是城市和农村）来确定位置信息仍有困难。

通过引入第三方的人口统计数据，你可以做得更好。例如，这将允许你计算每个用户区域的平均收入和人口密度，并把这些因素直接插入到训练集中。现在，这些预测性因素立即变得更容易推断，而不是依赖模型从原始位置数据推断这种微妙的关系。更进一步地，位置信息转换成收入和人口密度的特征工程，可使你估计这些位置衍生出的特征哪一个更为重要。

使用非结构化的数据源

特征工程可使你在机器学习模型中使用非结构化的数据源。许多数据源本质上并不是结构化的特征向量，可以直接插入到前4章出现的机器学习框架中。非结构化数据，如文本、时间序列、图像、视频、日志数据和点击流等，占创建数据的绝大多数。特征工程使从业者从上述原始数据流中产生机器学习的特征向量。

本章只介绍了相对简单的文本数据的特征工程。后续章节将介绍最常用的文本、图像和时间序列数据的特征工程。

创建更容易解释的特征

特征工程使机器学习的从业者能够创建更易于解释和实用的特征。通常，使用机器学习发现数据中的模式，对于产生精确的预测十分有用，但会遇到模型的可解释性和模型的最终应用的一些限制。这些情况下，在驱动数据生成、链接原始数据和目标变量的过程中，产生

更有指示性的新特征，这样更有价值。

考虑一个简单的生产计算机硬件的机器的例子。你可以使用原始的机器数据，如测量响应信号和其他处理信号，来构建模型以预测零件次品率。但自上次机器调整的正常工作时间和硬件产量，可从另一视角洞察生产过程。

用大特征集提高创造性

特征工程使得你可以扔进大量的特征，观察它们代表了什么。你能创建尽可能多的数据，观察在训练模型中哪些更具有预测力。这使得机器学习的从业者在创建和测试特征时摆脱僵化心理，并能够发现新的趋势和模式。

虽然当几十个甚至上百个特征用于训练机器学习模型时，过度拟合成为一个问题，但严谨的特征选择算法，可减少特征使其易于管理。例如，你可以自主决定前 10 个特征的预测，与所有 1000 个特征的预测是一样好，还是优于后者。我们在本章稍后介绍这些算法，参见 5.3 节。

5.1.3　特征工程与领域专业知识

另一种概念化特征工程是一种机制，是一种将领域专业知识应用于机器学习模型的机制。这句话的意思很简单：对于手头上的任何问题，对于数据和系统研究的知识是随着时间的推移而不断积累的。对于某些问题，这些模式是非常直接的，很容易被机器学习模型学习。但对于更具挑战性的问题，机器学习模型在将领域专业知识转换成特征集的过程中，要不断地提高，这一点是十分重要的。下面是一些例子，这些专业领域的陈述可以很容易地编码成机器学习的特征：

- 网络转换总是在周二比较高（包含布尔型特征“是不是周二?”）。
- 家庭用电随着温度的升高而增加（温度可以作为特征）。
- 垃圾邮件典型地来自于自由邮件账户（设计布尔型特征“是否来自自由邮件账户”或某个邮件领域）。
- 最近开通信用卡的贷款申请人更容易拖欠（使用“信用卡开卡天数”作为特征）。
- 在其他人更换网络提供商后，顾客也会更换他们的移动服务商（设计特征统计近期将更换网络提供商的人数）。

很明显，上面的列举可以无休止地继续下去。事实上，许多公司的标准操作过程就是利用这些长长的临时规则进行决策和预测。这些商业规则，是构建机器学习模型和设计特征的完美集合!

转换一下看法，特征工程可以作为测试领域专家先入为主的观念的一种方式。如果可以确定一个特定的假设具有某些优点，它就可以被编码用于机器学习模型的特征。然后，机器学习模型的准确性可以使用/不使用这个特征进行测试，从而估计这个特征对目标变量预测的重要性。如果准确性的增益可以忽略不计，则证明了这个想法缺乏附加值。

下面我们通过几个简单特征工程的例子，演示这些处理过程是如何在实际中应用的。我们介绍特征工程如何适合整个机器学习流程，以及如何通过某些直接的特征工程过程来提高机器学习模型的预测准确性。

5.2 基本特征工程过程

在深入研究我们的例子之前，先重温一下基本的机器学习流程，观察特征工程是如何扩展截止到目前你的所见所闻的。图 5-1 所示显示了这一流程。

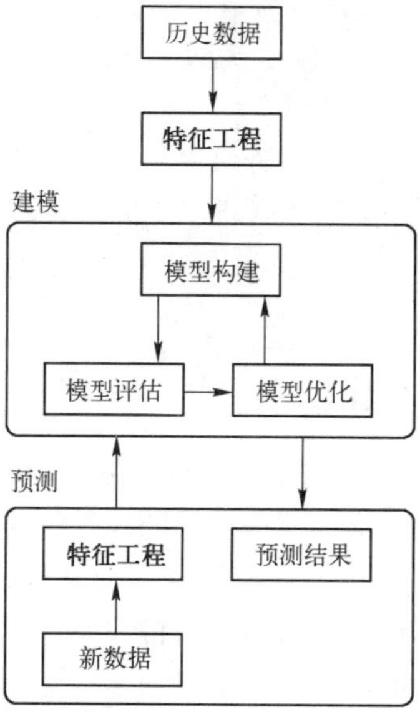

图 5-1 特征工程如何适应机器学习基本流程。在建模之前扩展了训练数据的特征。在预测阶段，需要对新数据进行同样的特征工程处理，以使预测结果有意义

特征工程扩展后的流程允许你扩充训练数据，以提高机器学习算法的准确性。为了保证恰当地应用特征工程，需要对预测数据进行与训练数据同样的工程处理。这可以保证产生的预测与训练数据应用的处理过程是相同的。

5.2.1 实例：事件推荐

为了阐释特征工程的概念，本节引入一个实际例子：来自 Kaggle（www. kaggle. com）数据科学竞赛的一个挑战实例。

假定你正在运行一个事件推荐网站，要预测某特定用户对某个事件（例如，会议、幸福时光或演讲）是否有兴趣。你有一系列的训练数据，包括哪个用户对过去的哪个事件感兴趣，以及客户的一些信息和事件本身的信息。你的目标是构建机器学习模型，来预测某个用户对特定的事件是否感兴趣——二进制分类模型。

关于挑战的数据和信息，注册后（如果没有注册过）可以在 www. kaggle. com/c/event - recommendation - engine - challenge 获得。基础数据包括 train. csv、events. csv 和 users. csv 文件，并可以通过用户和事件标识连接在一起。你从数据集中选择明显有兴趣或无兴趣的事件，并选择基本的数值和类别特征。图 5-2 所示显示了选择的初始训练集。

目标变量　　分类变量

interested	invited	birthyear	gender	timezone	lat	lng
1	0	1994	Male	420	-6.357	106.362
1	0	1976	Male	-240	43.655	-79.419
1	0	1980	Male	-480	33.888	-118.378
1	0	1980	Male	-480	33.846	-117.977
1	0	1994	Female	420	-7.265	112.743
1	0	1986	Male	-480	NaN	NaN
1	0	1984	Male	-420	33.493	-111.934

缺失数据

选择数据　　用户数据　　事件数据

图 5-2　训练事件推荐模型的数据样例

你的训练数据样本包含以下特征：

- invited——布尔型，表示个人是否被某个事件所邀请。
- birthyear——个人的出生年份。
- gender——性别。
- timezone——个人所在地的时区。
- lat/lng——事件的经纬度。

一开始，你只对于这 6 个特征构建和评估模型。很显然，这个数据集被限制在用于识别每个用户会不会对事件感兴趣上。随着本节的学习，你将使用一些直接的特征工程转换来扩充特征集，并添加新的信息。

你要通过 6 个输入特征构建初始二进制分类模型以预测目标变量 interested。按照第 1 ~ 4 章的机器学习流程，步骤如下：

1）初始数据处理（分类列转换成数值列，缺失值插补）。

2）模型训练（使用随机森林算法）。

3）评估模型（使用 10 - 折交叉验证和 ROC 曲线）。图 5-3 所示显示了交叉验证的 ROC 曲线，AUC 得分为 0.81。

5.2.2　处理日期和时间特征

接下来，你要使用特征工程改善第一个模型。除图 5-2 所示的数据之外，每个事件都有一个 start_time。这个数据是 ISO - 8601 字符串，表示事件安排的开始时间。数据的格式形如 2012 - 10 - 02 15：53：05.754000 + 00：00，表示 yyyy - mm - dd hh：mm：ss. mmmmmm + HH：MM 格式。

第 3 章介绍的机器学习模型可以支持数值型或分类类型的输入特征，但 datetime 哪个也不是。因此，你不能直接将该列插入到模型中。你要做的是，把 datetime 转换成数值型的特征，并包含 datetime 字符串的信息。这个简单但强大的特征工程，可使你把每个 datetime 字

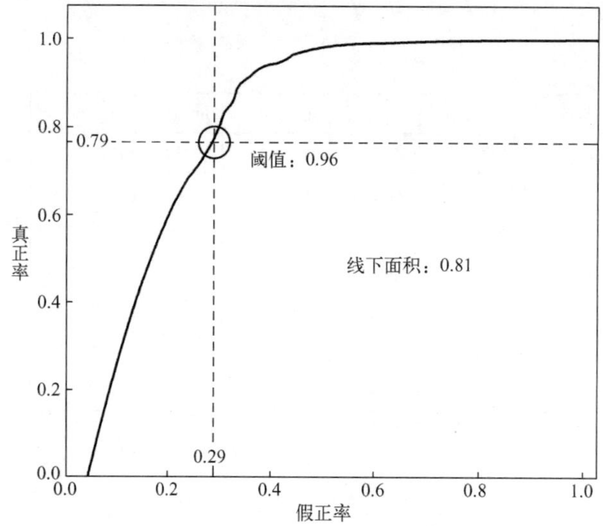

图 5-3　简单事件推荐模型的交叉验证 ROC 曲线和 AUC 指标

符串转换成如下特征：

- 一天中的几点。
- 一周中第几天。
- 一年中的第几个月。
- 一小时中的第几分钟。
- 一年中的第几季度。

把单个的 start_time 特征转换成 10 个 datetime 特征，转换后的结果如图 5-4 所示，图中只显示了前 5 行数据。

datetime_hout_of_day	datetime_day_of_week	datetime_day_of_month	datetime_day_of_year	datetime_month_of_year
13	4	26	300	10
13	4	26	300	10
13	4	26	300	10
13	4	26	300	10
13	4	26	300	10

datetime_minute_of_hour	datetime_second_of_minute	datetime_year	datetime_quarte_of_year	datetime_week_of_year
30	0	2012	4	43
30	0	2012	4	43
30	0	2012	4	43
30	0	2012	4	43
30	0	2012	4	43

图 5-4　事件推荐数据中，从时间戳提取的附加日期时间列

下一步你将在这个 16 特征的数据集上构建随机森林模型。我们的交叉验证 ROC 曲线如图 5-5 所示。

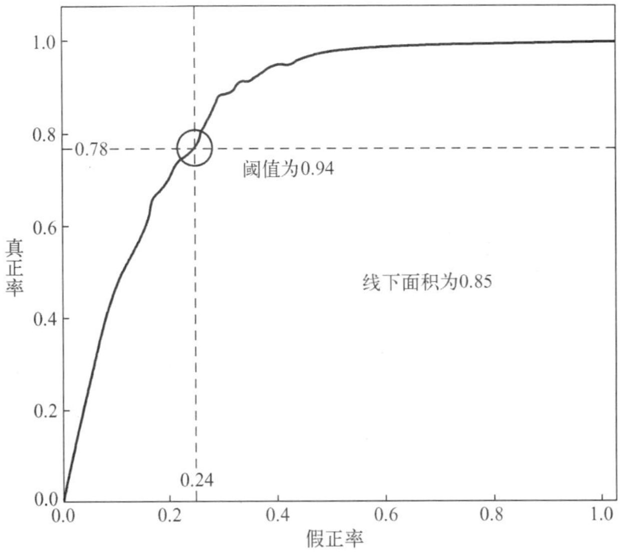

图 5-5　包含日期时间特征的模型的交叉验证 ROC 曲线

模型的 AUC 从 0.81 增加到了 0.85。很明显，在 start_time 信息中含有隐藏的价值，当通过特征工程引入到机器学习模型中时，可帮助提高模型的准确性。最有可能的是，发生在一周特定几天的和一天特定时间的事件，比其他事件更受欢迎。

5.2.3　处理简单文本特征

除事件的时间属性外，数据还包括简单自然语言处理中的基本文本特征。和 datetime 特征类似，不能直接用于模型中，因为它们既不是数值型的，也不是类别型的。任意文本不能直接用于模型算法中，除非把它们转换成算法可接收的两种类型。把文本转换成机器学习的特征，需用到称作词袋（bag of words）的方法。原理上这个思想很简单：统计文本中每个单词出现的次数，并在数据集中插入一列记录单词和出现的次数。但总的来说，你会有一些复杂的因素要处理。

你输入到机器学习算法中的特征必须是同质的：对于数据集中的所有实例，特征数目必须相同，且必须对应相同的底层含义。例如，如果第一个实例中单词 family 出现了 5 次，而第二个实例中没有单词 family，则要么在第二个实例中包括 family 列并置其值为 0，要么两个实例都不包含 family。通常你要处理整个语料库，以确定特征应包括哪个单词、不应包括哪个单词。在大多数情况下，对整个数据集构建单词包，只有顶层出现的单词才作为列出现在数据集中。对于剩下的单词，可以创建一个综合列，原则上它确定了除选中的上层单词以外的文本长度。

现在，让我们假定你选择最上面的 100 个单词，得到数据集中的 Counts（计数）列。你会得到一系列常用但没有意义的词的计数列，如 is、and 和 the。在自然语言处理领域，这些词称为终止词（stop words），在进行词袋计数之前将它们从文本中清除。

我们会在下一章介绍更高级的文本特征技术，但在这里要提到的复杂的因素是，词袋数据集会迅速变得庞大而稀疏。我们得到许多为 0（零）的特征，因为一个特定的单词通常不一定出现在随机文档中。英文词典非常庞大（使用的大约有 20 多万条），但只有一少部分用在大多数文档中。有些机器学习问题使用面很窄，其中有一些单词比常用的单词出现得更为频繁。例如，图 5-6 示出了事件推荐实例中使用最多的单词计数特征，稀疏性很明显。有些机器学习算法，如朴素贝叶斯算法可以很好地处理稀疏数据（不需要额外的存储空间存放 0 元素），但大多数算法则不能。

2	0	2	0	0	0	0	0	0	0	0	0	0	0	1	0	0	0	0	0	0	0
2	0	2	0	0	0	0	0	0	0	0	0	0	0	1	0	0	0	0	0	0	0
0	0	0	0	0	0	0	0	0	0	0	0	0	0	0	0	0	0	0	0	0	0
1	0	2	1	0	0	0	0	0	0	0	0	0	0	2	0	0	0	0	0	0	0
1	1	0	0	0	0	0	2	0	0	0	0	0	0	1	0	0	0	1	2	0	0
0	0	0	0	0	0	0	0	0	0	0	0	0	0	0	0	0	0	0	0	0	0
0	0	0	1	0	0	0	0	0	0	0	0	0	0	0	0	0	0	0	0	0	0
0	0	2	0	0	33	0	3	1	0	0	0	1	1	1	1	0	0	0	0	0	3
0	0	0	0	0	0	0	0	0	0	0	0	0	0	0	0	0	0	0	0	0	0
1	0	1	0	1	0	0	0	0	0	0	0	0	0	2	0	0	0	0	0	0	0
0	0	0	3	0	0	0	0	0	0	0	0	0	0	0	0	0	0	0	0	0	0

图 5-6　事件推荐实例的部分词袋数据。这些数字是在事件描述中单词出现次数最多的统计。由于大多数单元格是 0，因此我们说数据集是稀疏的

事件推荐实例的 events. csv 文件中，100 个特征代表出现频度最高的前 100 个单词。你要在模型中把这些作为特征，因为有些事件比其他事件易于被人接受。图 5-7 所示显示了这些特征添加到模型以后的 ROC 曲线。

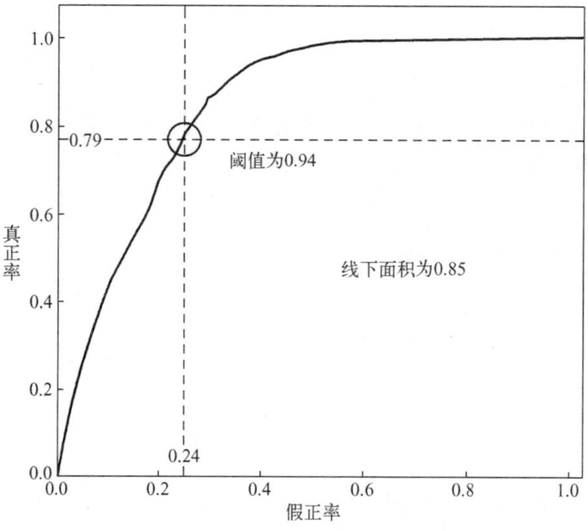

图 5-7　包含日期 - 时间和文本特征的全模型交叉验证 ROC 曲线

图 5-7 中的 AUC 指标，与前面只包括基本特征和日期 - 时间特征的模型并没有提高，这说明对于特定的事件，仅依靠事件的说明难于博得客户的兴趣。这个模型并不针对个人客户，而是针对一般的客户群。在实用推荐引擎中，你可以构建针对每个客户或每类客户的模型。推

荐引擎的其他常用方法是使用事件、客户以及客户 – 朋友之间的联系来寻找推荐事件。

5.3 特征选择

基本统计学方法与人的模式识别能力相比，机器学习算法一个主要的优点是具有处理大量特征的能力。大多机器学习算法能够处理数以千计甚至百万计的特征。通常增强模型准确性的有用策略是添加更多的特征。但机器学习中，在许多其他的情况下，更多并不代表更好。

因为更多的特征可使模型学习从特征到目标映射的更多细节，但存在模型过度拟合数据的风险。看上去提高了训练数据的准确性，但可能损害新的、未见过的数据的预测性能。图 5-8示出了过度拟合（我们在第 3 章首次讨论过度拟合）的例子。

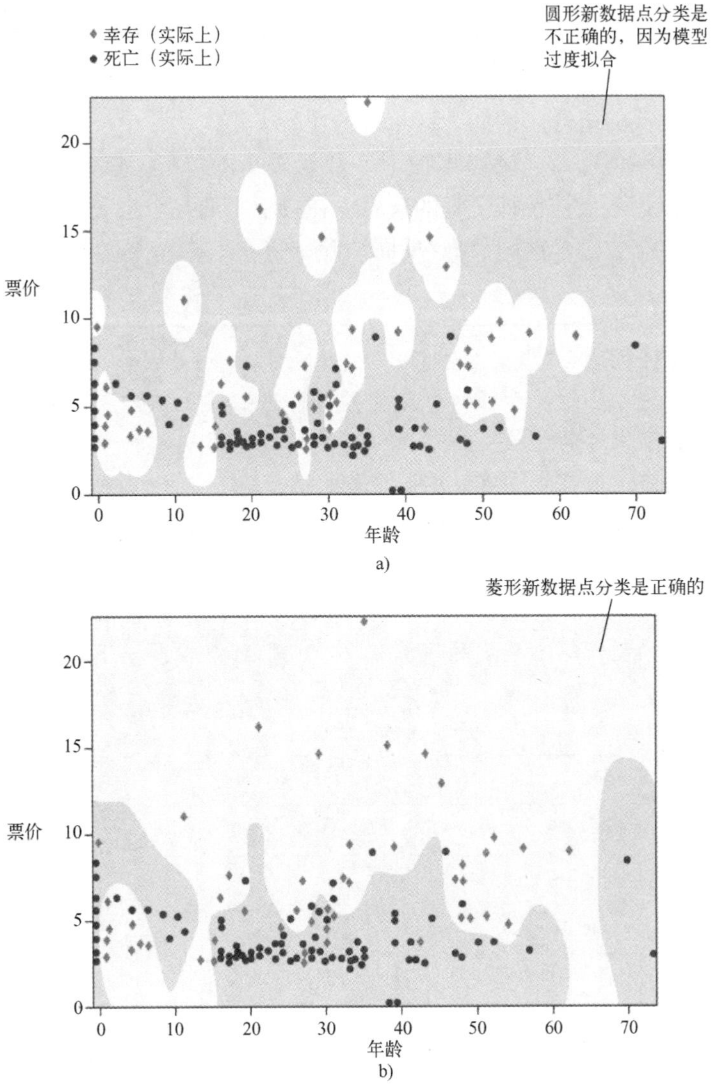

图 5-8　两个模型的决策边界拟合相同的训练数据。图 a 中的模型决策边界太详细，可能影响新数据的分类性能

在本节，你会看到选择特征子集避免过度拟合，以提高模型应用于新数据的准确性的方法。有些算法或多或少受到过度拟合的影响，如果模型准确度特别重要，则很值得花些气力进行这方面的优化。

特征数越少，模型就越小，就越有优势，因为训练和预测的计算量与特征数是相关的。在模型开发阶段多花费点时间，可以节约再训练和预测的时间。

最后，特征选择和相关概念特征重要度（feature importance），可帮助你洞察模型和用于建模的数据。在有些情况下，建模的目的不是要进行预测，而是观察一下模型的重要特征。你可以利用有关最重要的特征知识去发现一些模式，如信用状况与一定的人口统计或社会因素有关。获取特定特征的数据开销是可以的，但对于解决问题不重要的特征（的这种开销）是没必要的。特定特征的重要度可以揭示模型预测结果中有价值的信息。在很多实用场合，理解一定的预测是如何得到的，这一点非常重要，而不仅仅是得到预测结果。

看到这些，你应该受到鼓舞去深入学习特征选择和常用的方法。选择最佳特征子集的简单方法是尝试所有特征的组合。例如，对所有的特征子集构建一个模型，并用第 4 章的知识对模型性能进行测定。但非常不幸，即使对于数目较小的特征，这个方法也很快变得不可行。你必须使用可以近似最佳特征子集的技术。在接下来的几个小节中，你将学习一些这样的方法。最常用的一个方法是前向选择/反向消除，将在下一小节讲解。本章稍后的部分将介绍其他的启发式方法。

有些算法内置了特征选择

虽然本节讨论的方法适用于任何机器学习算法，但某些算法在特征选择领域具有优势，因为它们内置了相似的行为。然而在所有的情况下，这些内置方法产生的结果与通用方法不可同日而语，但可能更有效率。所以，在采用计算密集的常用方法之前先试一下内置方法是很有用的，或者把内置方法作为节约常用方法计算时间的种子。

内置特征选择方法的例子是线性和逻辑回归算法的特征加权，决策树的特征重要度和集成变种，如随机森林。如果一个特征被随机噪声替代，那么这些方法可以捕获（以计算密集的方式）模型预测准确度的下降程度。我们可以观察一下前一节中事件推荐随机森林模型的特征重要度：

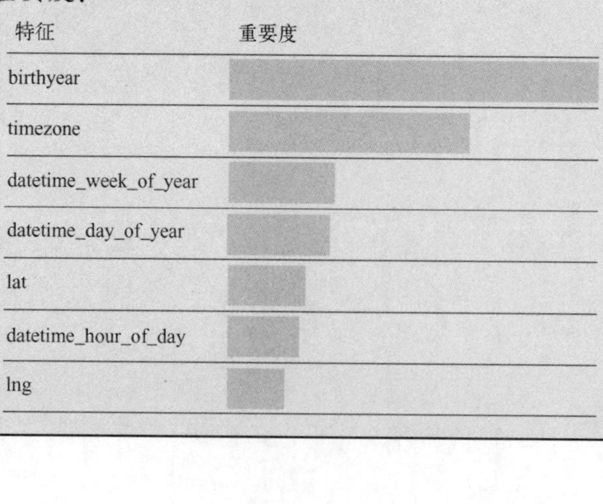

事件推荐模型中最重要的随机森林的 7 个特征重要度。通过这种测量，客户的出生年和事件的时间段，是客户对事件是否感兴趣的重要指示器。

5.3.1　前向选择和反向消除

这里你看到的迭代选择法是逼近最佳特征子集的应用最广的方法之一。基本思想是从没有特征开始，逐步寻找最好的特征进行添加，或者从所有特征开始逐步删除最不好的特征。当全部特征被添加或被移除时，或当准确度增加趋于稳定时，或当特征数目到达设定值时，搜索停止。

这些方法分别称为前向选择（forward selection）和反向消除（backward elimination）。它们不能保证找到最佳的特征子集，因此我们称之为逼近（approximation）。一个被我们忽略或删除的特征，与某特定的特征子集搭配可能更有预测性，但当这个特征被删除时还没有搜索到这个特定的子集。记住，机器学习的力量来自于通过许多特征组合发现模式的能力。换句话说，一个弱特征出现在恰当的特征集中，可能变得很强。

在实际操作中，前向选择或反向消除在寻找好的特征子集时工作得很好，而且比彻底搜索计算的复杂度要低。但当特征数量巨大时，这种方法的计算量较大。在这些情况下，有必要依靠内置的特征重要性度量，或其他启发式搜索方法，我们将在下一节介绍。

前向特征选取过程如图 5-9 所示。根据特征的数量，需要构建许多模型。如果算法执行到最后，你需要构建 $N+(N-1)+(N-2)+\cdots+(N-N+2)+(N-N+1)$，或 $\sum_{i=0}^{N-1}(N-i)$ 个模型。对于 20，100，500 或 1000 个特征，就分别需要构建 210，5050，125250 和 500500 个模型。另外，每次交叉验证需要构建 k 个模型，因此如果构建模型则非常耗时，这将变得不可控制。对于较小的特征集，或者需要运行的循环次数较少时（例如，模型准确性增长迅速、平稳），这个方法在实用中还是很有效的。

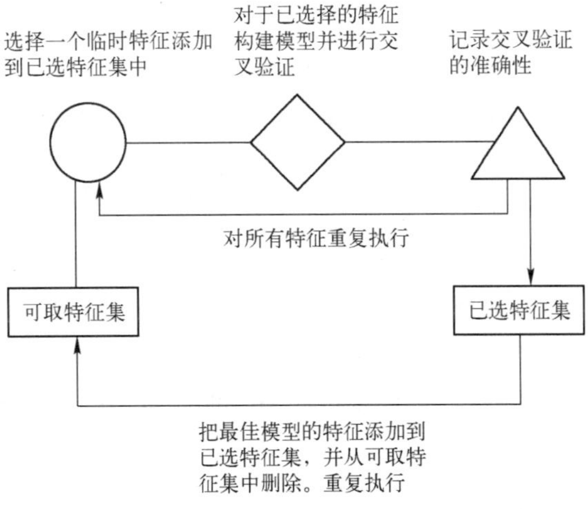

图 5-9　前向特征选取过程。从最左侧的盒子开始，特征重复添加，直到选到最佳特征集，以交叉验证评价指标为准

图 5-10 给出了对等的反向消除过程。计算量与前向选择相同，因此到底选择前向还是反向，通常根据手头的问题和选择的算法而定。有些算法，如对于太小的特征集表现不佳，在这种情况下反向消除是较好的选择。

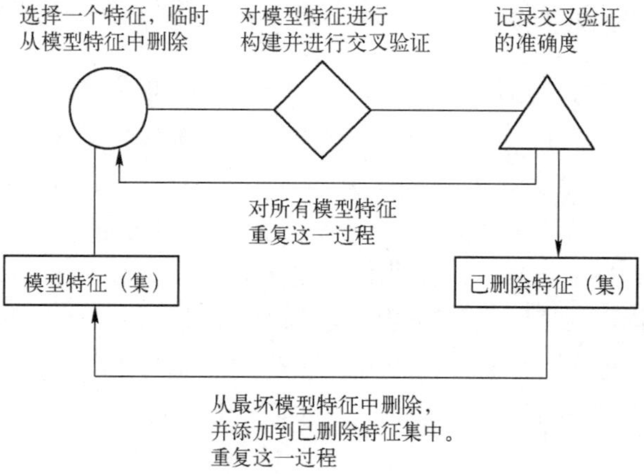

图 5-10　反向特征消除过程

对于迭代特征选择过程，一个有用的可视化方法是画出执行过程的垂直条形图，如图 5-11 所示。

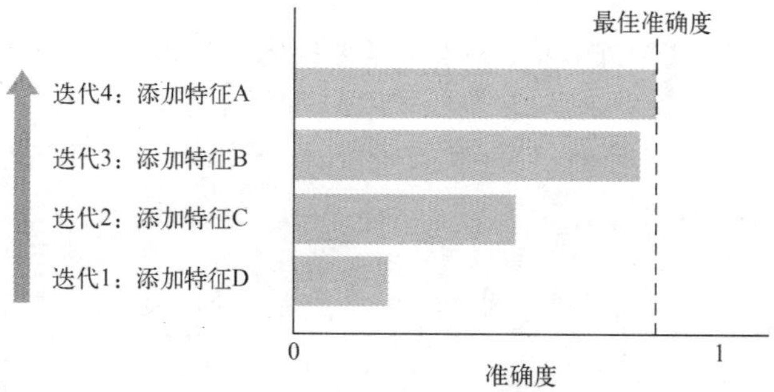

图 5-11　迭代特征选择的条形图，显示了特征选择过程中准确度的变化过程——在本例中，是前向选择算法。任何对于问题有意义的准确度测量（见第 4 章）都可以用在这里

正如我们前面所讨论的，有些机器学习算法内置特征选择方法。你可以使用杂交的方法，内置的特征重要度主要用于查找前向选择或后向消除过程中每次迭代的最好或最坏的特征，而不是使特征选择基于内置的特征排名。当特征非常多时，这可以显著地降低计算时间，但可能会产生不太精确的最佳特征子集。

5.3.2　数据探索的特征选择

特征选择不仅用于避免过度拟合或使模型更加精简，一个特征选择的强大功能是深入了解模型和训练数据。事实上，有些情况下你构建一个分类器仅仅是为了执行特征选择算法，而不是进行预测。

你可以使用特征选择来执行用于构建模型的数据的探索性分析。通过特征选择过程，你可以了解最重要的特征(集)——所有特征中对于目标变量预测最富信息的特征的集合。这就告诉你关于数据的某些东西，这些东西是十分有用的。假定你的任务是预测一个病人是否患了癌症。因为你也不确定特定癌症的发病机理，所以添加手头上的所有特征，并利用特征选择找到最重要的特征。你不仅可得到更好的交叉验证的准确性，而且使用的数据表明哪些是最可能的致病因素，或至少与诊断概率有关。讨论的这些特征选择方法不会告诉你特征正负取向（在二进制分类的情况下）的强弱，但可以很容易地通过特定特征与目标变量之间的可视化关系得到这种信息（例如，使用 2.3 节中介绍的可视化方法）。

另一个特征选择的无监督应用场合就是降维（dimensionality reduction）。处理数据的一个挑战是对于超过 3 个变量的情况，如何可视化数据。人脑对于三维世界已经非常优化，但我们耗费大量的时间也不一定能掌握其精髓。在实用数据处理中，只有 3 个特征几乎是不可能的，因此你需要采用各种技术可视化高维数据。你可以把特征选择作为显示机器学习算法如何对数据进行分类的方法，例如，简单地画出 2 ~ 3 个特征与目标变量的关系图，虽然模型构建中使用了更多的特征。图 5-12 只显示了二维决策边界的例子。

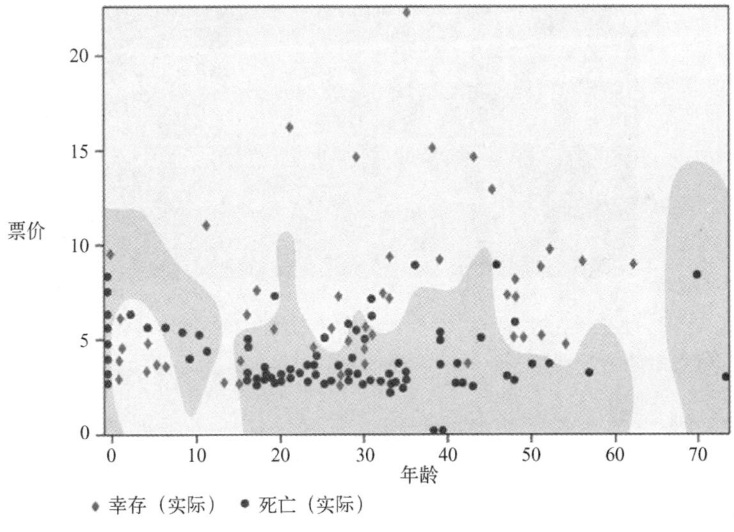

图 5-12　这个决策边界只把目标分成圆形和菱形两类。但模型构建于更多的特征，通过特征选择算法，发现票价和年龄特征对于这个特定问题（泰坦尼克号幸存预测）比较重要。这张图首先在第 3 章中介绍

在下一节，你将看到一个例子，说明特征选择对于实际问题是如何有用的。

5.3.3　实用特征选择实例

作为特征工程和特征选择的实用例子，让我们看一个来自科学界的实例。

你的任务是从数量巨大的天文图像中找到真正的超新星事件，其中有大量的所谓的虚假事件（事件看起来是真实的，其实不是）。图 5-13 显示了一些真实的和虚假的事件例子。

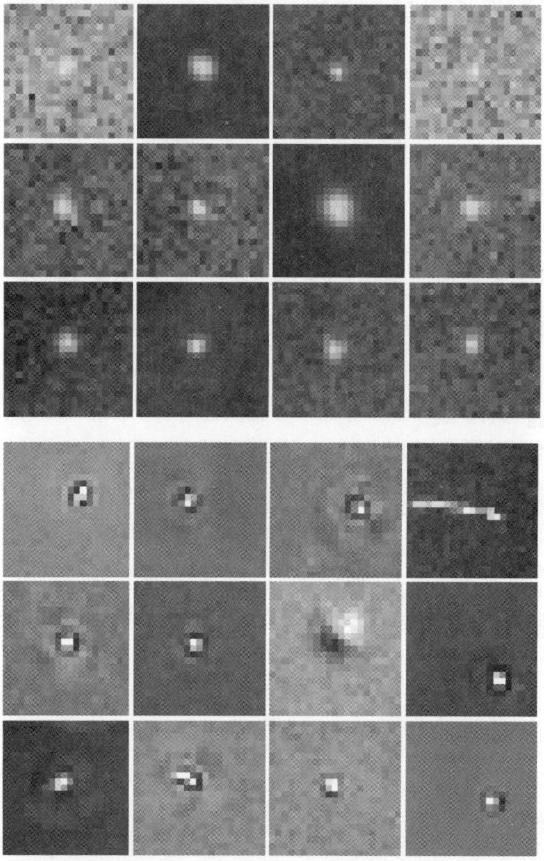

图 5-13　真实超新星事件显示在左侧，虚假事件显示在右侧⊖。分类器的任务就是根据图片中提取的特征，学习这两种备选事件的差别（这都是非常明显的例子；其他的，即使是经验丰富的人也难于辨别）

真实/虚假分类器构建，首先需要把原始的图片数据处理成一系列特征，有些将在下一章讨论。然后，将特征化的数据通过随机森林算法构建分类器，再进行各种各样的模型优化，正如第 3 章和第 4 章介绍的一样。最后一步，在将模型应用到天文望远镜的实时流之前，要做的是决定最佳的特征(集)，避免过度拟合，使模型足够小从而支持项目的实时性要求。特征选择图，比图 5-11 所示的版本稍高级一点，如图 5-14 所示。

现在已经知道了对于模型哪些特征是最重要的，你可以根据真实和虚假的事件对这些特征绘制可视化图形，观察指定特征对于解决问题的帮助。图 5-15 示出了 4 个最好特征的性能。

⊖ 本节出现的超新星图片和数据图，最先出现在 2013 年的皇家天文学会月报，435 卷，第 2 期，1047 ~ 1060 页（http://mnras. oxfordjournals. org/content/435/2/1047）。

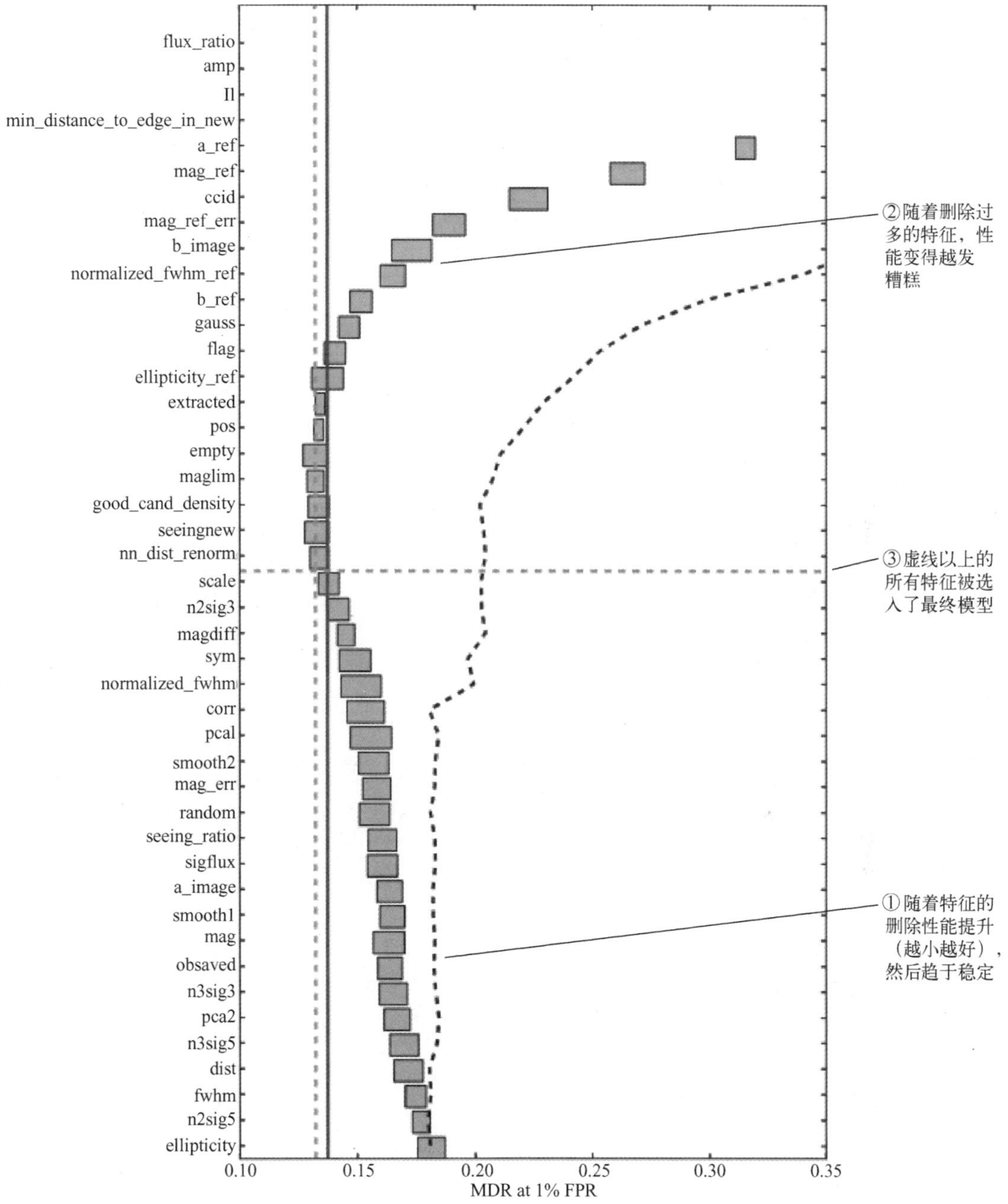

图 5-14　反向消除过程的特征选择图。随着模型的处理，自底部的每个特征被选中删除，每进行一步都对自定义评价指标 1% 假正率（FPR）下的漏测率（MDR）进行计算。每一步删除特征（以交叉验证的标准偏差为准）后的性能指标以条形表示（在本例中越小越好）。当删除 23 个特征（共 44 个）后，交叉验证性能趋于稳定，并且删除更多的特征时，交叉验证性能变得更糟。最终，通过消除噪声特征得到了重要的 5% 的点，提高了模型性能

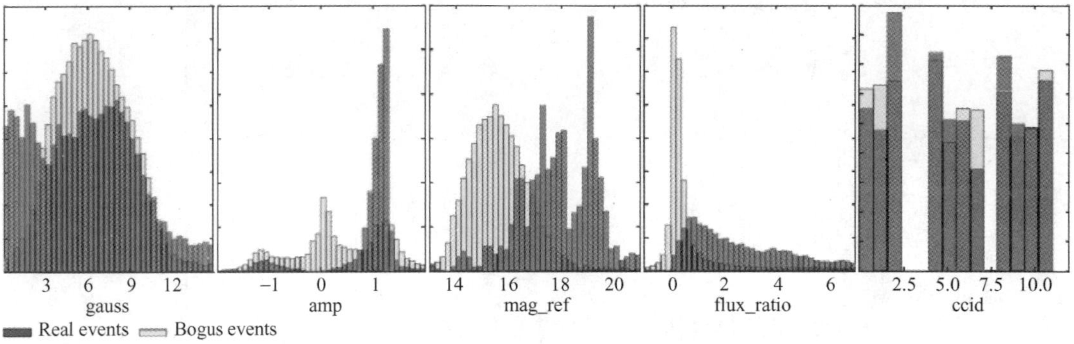

图 5-15　由我们的特征选择算法选中的 4 个独立特征的可视化性能。当选定特征的某个特定值时，直方图给出了真实或虚假事件的数量。可以看到，amp 和 flux_ratio 两个特征的真实和虚假事件分布是不同的，它们作为我们的特征选择过程中表现最好的特征

5.4　总结

本章介绍了特征工程，把原始数据进行转换从而提高机器学习模型的准确性。主要内容如下：

1）特征工程是对原始数据进行数学转换创造机器学习模型的新特征的过程。转换形式从简单到极度复杂的都有。

2）由于以下 5 种原因，特征工程是非常有价值的。

- 它可以创建与目标变量更相关的特征。
- 可使你引入外部的数据源。
- 允许你使用无结构的数据。
- 可使你创建更具解释性的特征。
- 给你创建大量特征的自由，并且通过特征选择方法选择最佳特征集。

3）特征工程和领域知识之间存在复杂的联系。

4）特征工程适合整体机器学习流程的两处地方：

- 在拟合模型之前，处理训练集。
- 在产生预测之前，处理预测数据。

5）两种简单的特征工程可用于事件推荐问题：

- 从日期 - 时间信息中提取特征。
- 处理自然语言文本的特征工程。

6）特征选择是一个严肃的过程，从数据集中选取最具预测性的特征子集。

5.5　本章术语

本章术语见表 5-1。

表 5-1　本章术语

术　语	定　义
特征工程 (feature engineering)	对数据进行转换以提取更多的价值，并提升机器学习模型的准确度
特征选择 (feature selection)	从大数据集中选择最具预测性的子集的处理过程
前向选择 (forward selection)	在当前活跃特征集的基础上，不断增加特征以提高模型最大准确度的一种特征选择形式
反向消除 (backward elimination)	在当前活跃特征集的基础上，不断删除特征以降低模型最大准确度的一种特征选择形式
词袋 (bag of words)	把任意文本转换成数值特征供机器学习算法使用的方法

第 7 章会展开论述这里出现的简单特征工程方法，因此你可以执行更高级的特征工程，如文本、图片和时序序列数据。在第 6 章，我们将应用所学到的知识解决一个完整的实例。

第 2 部分

实际应用

在第 2 部分中，你将超越基本的机器学习流程，学习从文本、图像和时间序列数据中提取特征，进一步提高模型的准确度，并改进机器学习系统以适应大规模数据。另外，你将看到 3 个完整的实例章节，见证每一部分的实际运用。

第 6 章，我们的第一个完整案例，你将尝试预测 NYC 出租车的小费行为。

第 7 章，将学习高级特征工程过程，允许你提取自然语言文本、图像和时间序列数据的价值。大多数现代机器学习模型和人工智能的应用都基于这些技术。

第 8 章，你将在另一个完整的案例中应用这些高级特征工程：预测在线电影评论的情感。

第 9 章，将学习机器学习系统规模化的知识，使系统适应大数据处理，具有更高的吞吐量和更低的预测延迟。这些都是许多现代机器学习系统部署的重要方面。

第 10 章，你将学习完整的建模案例——大数据处理，预测在线数字显示广告的单击情况。

第 6 章 案例：NYC 出租车数据

本章导读

- 介绍、可视化并准备一个现实的 NYC 出租车旅程的数据集。
- 构建分类模型以预测乘客的小费习惯。
- 通过调整模型参数和工程特征优化机器学习模型。
- 构建并优化回归模型预测小费数额。
- 使用模型获得数据和其描述行为的深层次理解。

前 5 章你已经学习了如何从原始的、凌乱的数据开始构建验证模型，并通过调整参数和捕获问题领域知识的工程特征优化模型。虽然我们在前面的章节中使用了很多小例子来支撑独立章节的观点，但现在到了你利用所学知识解决完整实际问题的时候了。这是致力于完整实用案例的 3 章中（还有第 8 章和第 10 章）的第 1 章。

本章的第 1 部分，你将近距离地体验数据和有用的可视化方法，帮助你更好地理解数据的可能性。我们从介绍数据准备开始，那么对于后续的模型实验来说数据就准备好了。第 2 部分，你将建立分类模型，并通过调整参数和提取新的特征来提升模型的性能。

6.1 数据：NYC 出租车旅程和收费信息

随着公司和组织产生的数据越来越多，近年来产生了大量的丰富的有意义的数据。另外，有些组织的数据开放（open data）理念，使得任何感兴趣的第三方都可以传播和使用数据。

最近纽约州《信息自由法》（FOIL）公开了 2013 年每辆出租车旅程的详细数据集[⊖]。这个数据集收集了每辆出租车各式各样的信息，包括乘车和下车地点、旅程的时间和时长、行驶里程和收费金额。你可以把它看作标准的现实数据，不仅仅是因为它的产生方式，而是

⊖ 最初由 Chris Wong 在博客的帖子中发布（http://chriswhong.com/open-data/foil_nyc_taxi/）。

因为它本身的凌乱程度：有缺失数据、虚假记录、不重要的列和主观偏差等。

说到数据，真可谓很多！全部 CSV 数据超过 19 GB，超过了绝大多数系统的机器学习实现的处理能力。为了简单起见，在本章你只需要使用数据很小的子集。在第 9 章和第 10 章，你将学习处理这种级别甚至超过这种级别数据的方法，因此学完本书你将知道如何分析这 19 GB 的数据。

数据可以在 www. andresmh. com/nyctaxitrips/下载，包含 12 对旅程/票价压缩 CSV 文件。每个文件包含 1400 万条记录，旅程/票价文件是逐行匹配的。

你将遵循我们的基本机器学习流程：分析数据，提取特征，建模，评价，优化模型和新数据预测。在下一小节，通过第 2 章介绍的可视化方法分析数据。

6.1.1 数据可视化

当你开始解决一个新问题时，第一步要做的就是获得对数据集的理解。我们推荐载入数据并以表格的形式观察。在本章，我们已经把旅程/票价连接成了一个单独的数据集。图 6-1 所示显示了前 7 行（图中实际上是 7 行）数据。

medallion	hack_license	vendor_id	rate_code	store_and_fwd_flag
CD847FE5884F10A28217E9FBA11B275B	5FEFD00D9773268B72EE4E879852F190	CMT	1	N
20D9ECB2CA0767CF7A01564DF2844A3E	598CCE5B9C1918568DEE71F43CF26CD2	CMT	1	N
A954A71B6D44265AE756BF807E069396	D5CA7D478A14BA3BBFC20153C5C88B1A	CMT	1	N
F6F7D02179BE915B23EF2DB57836442D	088879B44B80CC9ED43724776C539370	VTS	1	0
BE386D8524FCD16B3727DCF0A32D9B25	4EB96EC9F3A42794DEE233EC8A2616CE	VTS	1	0
E9FF471F36A91031FE5B6D6228674089	72E0B04464AD6513F6A613AABB04E701	VTS	1	0
A5D125F5550BE7822FC6EE156E37733A	08DB3F9FCF01530D6F7E70EB88C3AE5B	VTS	1	0

pickup_datetime	dropoff_datetime	passenger_count	trip_time_in_secs	trip_distance
1/8/2013 10:44	1/8/2013 10:46	1	123	0.30
1/8/2013 7:51	1/8/2013 7:51	1	4	0.00
1/7/2013 10:05	1/7/2013 10:13	1	446	1.10
1/13/2013 4:36	1/13/2013 4:46	5	600	3.12
1/13/2013 4:37	1/13/2013 4:48	2	660	3.39
1/13/2013 4:41	1/13/2013 4:45	1	240	1.16
1/13/2013 4:37	1/13/2013 4:47	5	600	2.91

pickup_longitude	pickup_latitude	dropoff_longitude	dropoff_latitude	payment_type
−73.989296	40.756313	−73.987885	40.751122	DIS
−73.945396	40.802090	−73.945412	40.802025	NOC
−73.989090	40.748367	−73.974983	40.756035	DIS
−73.996933	40.720055	−73.993546	40.693043	CRD
−74.000313	40.730068	−73.987373	40.768406	CRD
−73.997292	40.720982	−74.000443	40.732376	CRD
−73.966843	40.756741	−73.987885	40.722713	CRD

图 6-1　NYC 出租车旅程和票价数据记录的前 7 行。很多列是自解释的，接下来对其中的一部分进行详细描述

fare_amount	surcharge	mta_tax	tolls_amount	tolls_amount	tolls_amount	tipped
3.50	0.00	0.50	0.00	0.00	4.00	0
2.50	0.00	0.50	0.00	0.00	3.00	0
7.00	0.00	0.50	0.00	0.00	7.50	0
12.00	0.50	0.50	1.75	0.00	14.75	1
12.00	0.50	0.50	3.12	0.00	16.12	1
5.50	0.50	0.50	1.20	0.00	7.70	1
11.00	0.50	0.50	2.00	0.00	14.00	1

图 6-1　NYC 出租车旅程和票价数据记录的前 7 行。很多列是自解释的，但我们会在接下来的行文中详细描述其他的一部分（续）

medallion 和 hack_license 列看起来像是单独的 ID，对于书面记录很有用，但从机器学习的观点来看，则用处不大。从列名来看，其中有些列看是类别型数据，如 vendor_id、rate_code、store_and_fwd_flag 和 payment_type。对于个别分类变量，我们推荐以表格形式或条形图形式可视化它们的分布。图 6-2 所示给出了这些列的条形分布图。

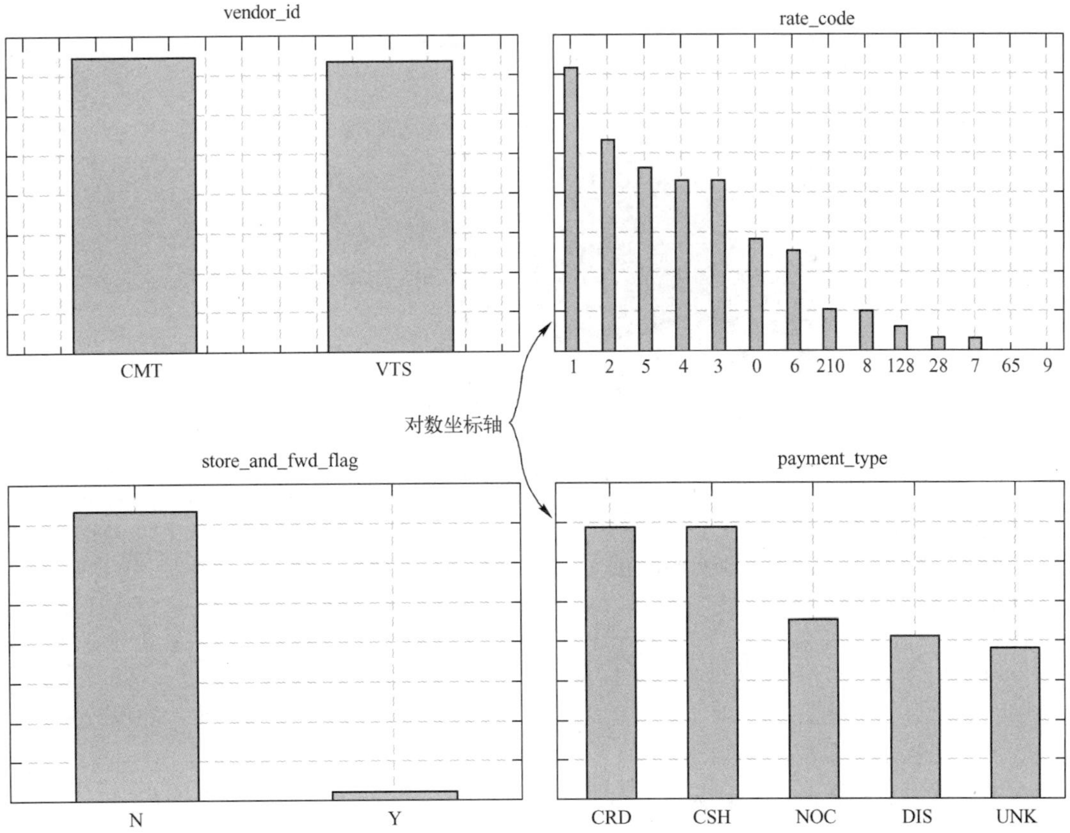

图 6-2　数据集中分类型列的分布情况

接下来，让我们看一些数据集中的数值型数据列。验证数据之间的相关性是十分必要的，如旅程时长与旅程距离和费用之间的相关性。图 6-3 所示给出了这些数据的散点图。

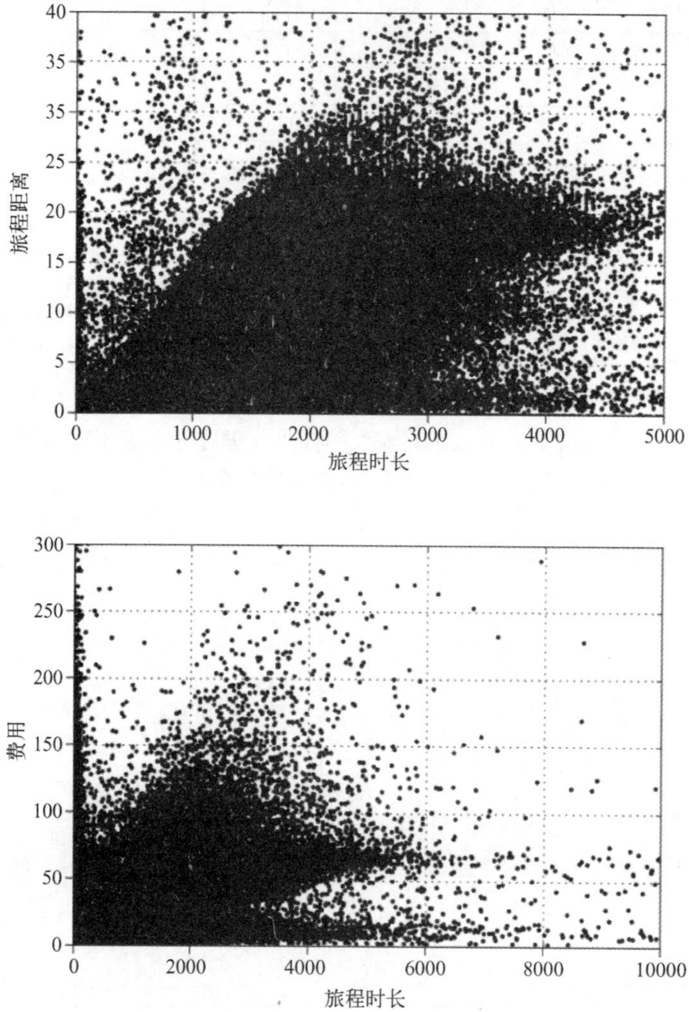

图 6-3　旅程时长和旅程距离，旅程时长与费用（美元）的散点图。和预期的一样，存在一定的相关性，但离散程度有点高。存在一些不太符合逻辑的集群，如零时间旅程，甚至过于昂贵的旅程，这表明可能是损坏的数据条目

最后，在图 6-4 中你可以看出乘车位置的纬度与经度的对应关系，定义 NYC 出租车旅程地图。这个分布较为合理，乘车最多的位置在曼哈顿的南部，在其他行政区的也较多，但令人吃惊的是在东河中部一带则非常少！

有了这些对数据集的新的认识，让我们继续假想一个问题，可以使用这个数据集通过机器学习的方式解决。

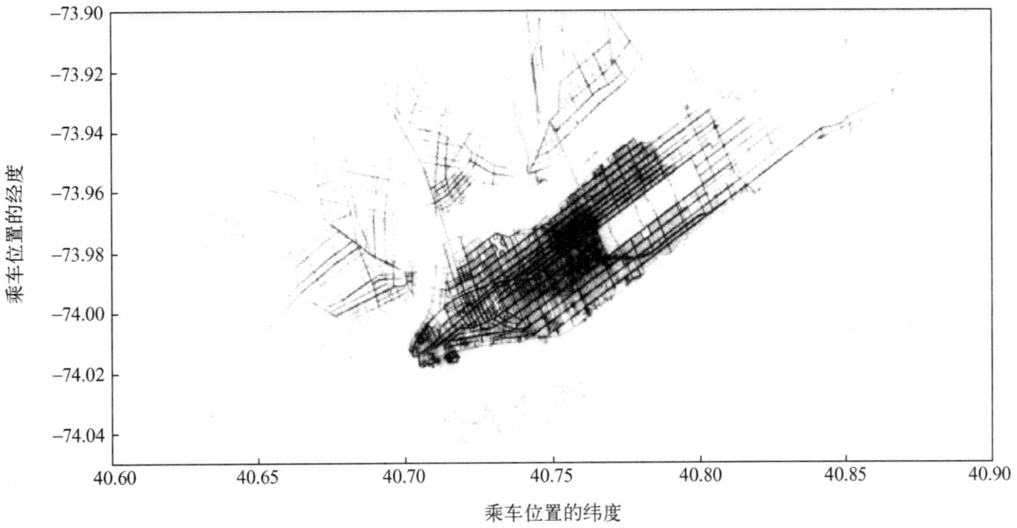

图 6-4　乘车位置的经度与纬度关系。注意与实际地图相比，X 轴是翻转的。可以看出，在曼哈顿乘车的很多，离市中心越远，数量越少

6.1.2　定义问题并准备数据

当我们第一眼看到数据时，一个特殊的列立刻引起了我们的注意：tip_amount。这个列存储了每次乘车的小费金额的信息（以美元为单位）。更详细地理解这个因素对于任何 NYC 出租车旅程的小费是最具影响力的，这一点很重要。

到了最后，你需要构建一个分类器，使用这些全部旅程信息尝试预测乘客是否会给司机小费。有了这个模型，你可以预测每次旅程是否会有小费。出租车司机可以把这个模型安装到移动设备上，得到“无小费”提示，并及时改变这种情况。当你在等待 App 安装到所有 NYC 出租车上的时候，可以使用模型帮助你了解哪个参数对于预测有无小费最为重要，从而在宏观上提高整体小费水平。图 6-5 所示显示了所有出租车旅行的小费金额的直方图。

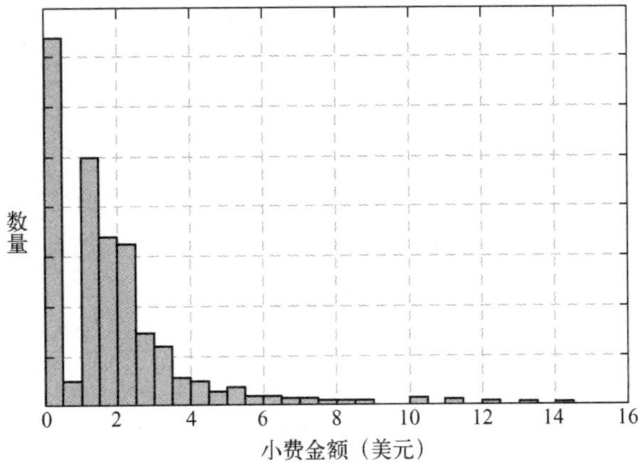

图 6-5　小费金额分布图。大约一半的旅程产生的小费为 0 美元，比我们直觉上要多

因此我们的模型要预测的是哪个旅程会没有小费，哪个旅程可得到小费。这是一项二进制分类的任务。使用这样一个分类器，你可以做如下工作：

- 帮助出租车司机预测没有小费的情况。
- 理解为什么会出现这种情况，使用数据集提示 NYC 出租车市场的背后驱动因素（一语双关）。

真实的故事

在你开始构建模型之前，我们要告诉你首次解决问题的真实故事，那真的是超级糟糕，只是我们假装很成功，是那种失败的不能再失败的失败，以及我们如何改正。这种“弯路”在实际数据工作中是很常见的，因此把它包含在这里学习一下是很有帮助的。机器学习工作最重要的是警惕两种陷阱：太好而不真实的情况和没有根据的（非来源于数据的）不成熟假设。

作为机器学习的一条总体原则，如果交叉验证的准确度高于你的期望，那很有可能是你的模型某些地方出现了异常。作为数据科学家，现实世界总会想办法给你制造一些困难。在构建有小费/无小费的分类模型时，我们很快得到了较高的交叉验证预测准确性的模型。对于新获得的数据模型性能如此之好，使我们很兴奋，我们认为可行，暂时忽略了模型欺骗的警告。一朝被蛇咬的事我们见得多了，过于乐观的结果迫使我们做进一步的调查。

我们关心的一个问题是输入特征的重要度（在后面的小节有更详细的论述）。在这个例子中，有一个特征“支付类型”控制着模型的特征重要度。

从我们自己的出租车经验来看，这是比较有意义的。用信用卡付款（前广场时代）的乘客付小费的概率更低。如果现金支付，无论怎样都会找零。因此我们开始对信用卡而不是现金付费的乘客的小费和无小费的数目进行区分。事实证明数以百万计的用信用卡付费的乘客绝大多数（超过 95%）支付小费。

理论上就是这样了。那么，到底多少人信用卡支付小费呢？所有的人吗？

事实上，现金付费的乘客一个也没有给小费的！这立即变得很明显了。当乘客现金付费也给了小费时，司机并没有记录的必要，作为我们数据的一部分。通过我们机器学习精确的分析，我们发现，在 NYC 出租车系统中存在数以百万计的虚假记录！

让我们回到对机器学习模型的影响上：在这种情况下，当数据产生时存在问题，就不能简单地相信这些数据，并用于机器学习建模。在不正常的方式下，如果结果是不正确的，那么机器学习模型学习的就有可能全是错误的，是与现实分离的。

最终，我们为了回避问题，采取删除数据集中所有现金支付的旅程。这就更改了我们的目标：只对非现金支付的乘客预测是否支付小费。舍弃数据总是让人感觉不太对劲，但在本例中，在新数据假设的支持下，所有现金付费的数据均不可信，最好的选择是使用非现金数据回答稍微不同的问题。当然，这也不能保证其他小费记录也是错的，但我们至少可以检测小费数额的新的分布。图 6-6 所示给出了滤除任何现金支付的旅程后的直方图。

排除了不良数据，分布比以前好看了些。只有 5% 的旅程没有小费。下一节我们的任务是找出这是为什么。

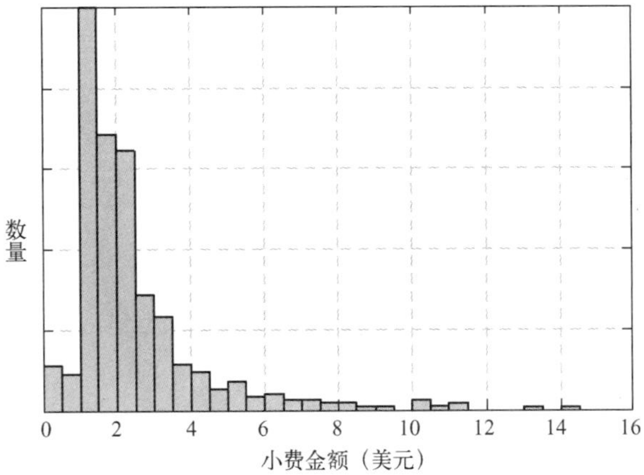

图 6-6　忽略现金支付后的小费金额分布图（因为发现现金小费在系统中没有任何记录）

6.2　建模

建模数据准备好后，你可以很容易地利用第 3 章的知识建立模型并进行评价。在下面的小节中，你将建立各种不同的模型，尝试在每次迭代中提升模型的性能。

6.2.1　基本线性模型

你将尽可能简单地开始你的建模之旅。你将使用简单的逻辑回归算法。一开始你可以限制只使用数据集中的数值型数据，因为逻辑回归模型可以很自然地处理它们，而不需要任何数据预处理。

你将使用 Python 的 scikit - learn 和 pandas 库开发模型。在建模之前，我们把数据实例进行随机洗牌，并划分成 80% 的训练数据和 20% 的测试数据，还需要对数据的度量单位进行处理，以使数据的优先级不会出现问题。如果数据已经载入了 pandas 的 DataFrame，那么构建和验证模型的代码见清单 6-1。

清单 6-1　逻辑回归小费预测模型

```
from sklearn.preprocessing import StandardScaler
from sklearn.linear_model import SGDClassifier
from sklearn.metrics import roc_curve, roc_auc_score
from pylab import *

sc = StandardScaler()
data_scaled = sc.fit_transform(data[feats])      ← 把数据转换到-1～1之间

sgd = SGDClassifier(loss = "modified_huber")      ← 使用loss函数处理极端值

sgd.fit(
```

```
    data.ix[train_idx,feats],           ← 在训练特征和
    data['tipped'].ix[train_idx]          目标数据上
)                                         拟合分类器

preds = sgd.predict_proba(              ← 在保留的测试
    data.ix[test_idx,feats]               集上进行预测
)

fpr, tpr, thr = roc_curve(
    data['tipped'].ix[test_idx],
    preds[:,1]                          ← 计算ROC曲线
)                                         和AUC统计
auc = roc_auc_score(data['tipped'].ix[test_idx], preds[:,1])
plot(fpr,tpr)
plot(fpr,fpr)
xlabel("False positive rate")           ← 绘制ROC曲线
ylabel("True positive rate")
```

清单 6-1 的最后部分绘制了第一个简单分类器的 ROC 曲线。保留集的 ROC 曲线如图 6-7 所示。

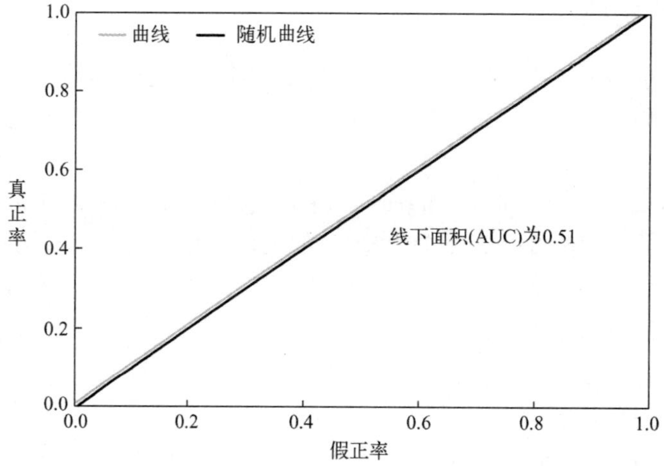

图 6-7　有小费/无小费的逻辑回归分类器的 ROC 曲线。线下面积（AUC）只有 0.51，比随机猜测好不到哪里去，这对于我们的模型不是个好现象

关于这个问题没有办法：分类器的性能不好！保留集的 AUC 只有 0.51，模型不比随机猜测好（抛掷一枚硬币，95% 为“有小费”，5% 为“无小费”，这样对每个旅程进行预测），原因很明显，但没有用。幸运的是，我们从简单的开始，并且有些方法尝试提升该模型的性能。

6.2.2　非线性分类器

你要尝试的第一个方法是选用不同的算法——非线性算法。考虑到第一次尝试的失败，好像线性模型不能搞定这个数据集，简单地说，小费是一个复杂的过程！相反，你将使用称作随机森林（random forest）的非线性算法，以它实际应用的高准确度而著称。当然也可以选择其他的算法（见附录），但我们把这个不同算法的评价和比较的任务留给，当作练习。清单 6-2 是构建模型的代码（和前一个模型有关）。

清单 6-2　随机森林小费预测模型

```
from sklearn.ensemble import RandomForestClassifier
from sklearn.metrics import roc_curve, roc_auc_score
from pylab import *

rf = RandomForestClassifier(n_estimators = 100)
rf.fit(data.ix[train_idx,feats], data['tipped'].ix[train_idx])
preds = rf.predict_proba(data.ix[test_idx,feats])

fpr, tpr, thr = roc_curve(data['tipped'].ix[test_idx], preds[:,1])
auc = roc_auc_score(data['tipped'].ix[test_idx], preds[:,1])

plot(fpr,tpr)
plot(fpr,fpr)                              <— 绘制ROC曲线
xlabel("False positive rate")
ylabel("True positive rate")

fi = zip(feats, rf.feature_importances_)
fi.sort(key = lambda x: -x[1])             <— 特征重要度
fi = pandas.DataFrame(fi, columns = ["Feature","Importance"])
```

清单 6-2 代码的运行结果如图 6-8 所示。可以看出保留集的准确度有了明显的提高，保留集 AUC 现在为 0.64，清楚地表明了数据集中存在预测性信号。某些输入特征的组合可以预测出租旅行可否从乘客那里得到小费。如果你足够幸运，进一步的特征工程和优化将进一步提高模型的准确性水平。

通过这个适度预测模型，你可以深入了解哪些特征是最重要的。这个练习是十分必要的，有以下两个原因：

- 它可以使你识别任何欺骗特征（例如，非现金支付的乘客），并深入理解任何精华问题。
- 作为进一步特征工程的起点。例如，如果你认为经度/纬度是最重要的特征，那么可以考虑从这个指标衍生其他的特征，如与时代广场的距离。相似地，如果你认为某个特征特别重要，但没有出现在最重要的特殊列表中，那么你就要对其进行分析、可视化、潜在清理或进行转换处理。

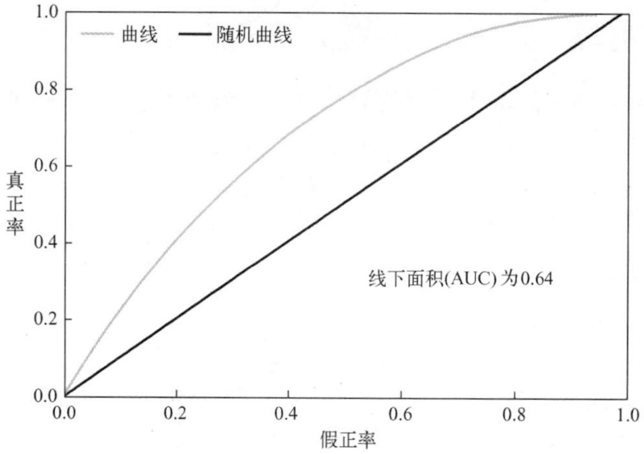

图 6-8 非线性随机森林模型的 ROC 曲线。AUC 明显变好，为 0.64，这说明在数据集中可能存在真实的信号

图6-9（由清单6-2的代码产生）所示显示了特征列表和它们对于随机森林模型的相对重要度。从图中可以看出，位置特征是最重要的，还有时间、旅行距离和票价金额。举例来说，可能是由于城市中某个地区的乘客对于缓慢、昂贵的行程缺乏耐心。你将在6.2.5节近距离观察获得的潜在见解。

	特征	重要度
0	dropoff_lataitude	0.165411
1	dropoff_longitude	0.163337
2	pickup_latitude	0.163068
3	pickup_longitude	0.160285
4	trip_time_in_secs	0.122214
5	trip_distance	0.112020
6	fare_amount	0.067795
7	passenger_count	0.017850
8	surcharge	0.014259
9	rate_code	0.006974
10	tolls_amount	0.004067
11	mat_tax	0.002720

图 6-9 随机森林模型的重要特征。下车和乘车的地理位置特征似乎主宰了模型

现在你已经选定了算法，让我们确信你要使用全部的原始特征，包含分类特征，而不仅仅是普通的数值特征。

6.2.3 包含分类特征

在没有深入特征工程领域之前，你可以进行一些简单的数据预处理以增加准确性。

在第2章你学习了如何处理分类特征。有些机器学习算法可直接处理分类特征，但要对分类特征使用常用的“布尔化”技术：要把特征中每个可能的类别创建0列或1列。这使得任何机器学习算法不需要改变算法本身，就可以处理分类数据。

转换所有分类特征的代码见清单6-3。

清单 6-3 把分类列转换成数值特征

```
def cat_to_num(data):
    categories = unique(data)
    features = {}
    for cat in categories:
        binary = (data == cat)
        features["% s:% s"% (data.name, cat)] = binary.astype("int")
    return pandas.DataFrame(features)
```

把一个分类列转换成一系列数值列的函数

```
payment_type_cats = cat_to_num(data['payment_type'])
vendor_id_cats = cat_to_num(data['vendor_id'])
store_and_fwd_flag_cats = cat_to_num(data['store_and_fwd_flag'])
rate_code_cats = cat_to_num(data['rate_code'])
```

把数据集中的4个分类特征转换成数值型

```
data = data.join(payment_type_cats)
data = data.join(vendor_id_cats)
data = data.join(store_and_fwd_flag_cats)
data = data.join(rate_code_cats)
```

把转换后的数据添加到全体数据集中，以用于训练和测试

在创建了布尔化列之后，你可以在清单 6-2 中重新运行数据，得到的 ROC 曲线和特征重要度列表如图 6-10 所示。注意，AUC 有了稍许提高，从 0.64 到 0.656。

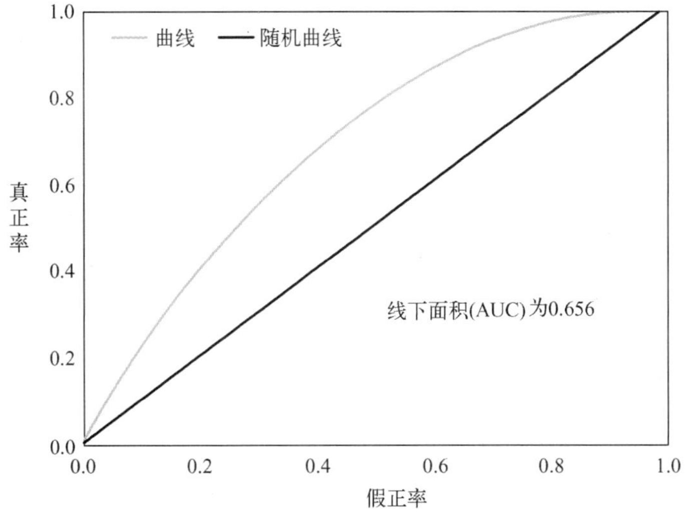

	特征	重要度
0	dropoff_latitude	0.163023
1	pickup_latitude	0.161114
2	dropoff_longitude	0.160988
3	pickup_longitude	0.158672
4	trip_time_in_secs	0.111172
5	trip_distance	0.106693
6	fare_amount	0.067567
7	passenger_count	0.019286
8	surcharge	0.010330
9	payment_type:NOC	0.008361
10	payment_type:CRD	0.008147

新特征

图 6-10　所有分类变量转换成布尔（0/1）列后的随机森林的 ROC 曲线和特征重要度列表，一个特征转换后对应一个分类。新的特征给数据表带来了新的有用信息，因为 AUC 较先前没有分类特征的模型有了提高

随着模型性能的提高，你可以考虑附加因素。当然你还没有进行任何真正的特征工程，因为到目前为止，对数据的转换还是最基本的预处理。

6.2.4　包含日期 - 时间特征

现在是产生新特征的时候了，就是你以前知道的特征工程（feature engineering）。在第 5 章，我们介绍了日期 - 时间特征转换，把日期和时间转换成数值列。你可以很容易地猜想，一天中的某个时间或一周中的某一天，可能对乘客付小费产生一定的影响。

计算这些特征的代码见清单 6-4。

清单 6-4　日期 - 时间特征

```
#日期 - 时间特征（一天中的第几小时，一周中的第几天，一年中的第几个星期）

pickup = pandas.to_datetime(data['pickup_datetime'])
ropoff = pandas.to_datetime(data['dropoff_datetime'])
data['pickup_hour'] = pickup.apply(lambda e: e.hour)
data['pickup_day'] = pickup.apply(lambda e: e.dayofweek)
data['pickup_week'] = pickup.apply(lambda e: e.week)
data['dropoff_hour'] = dropoff.apply(lambda e: e.hour)
data['dropoff_day'] = dropoff.apply(lambda e: e.dayofweek)
data['dropoff_week'] = dropoff.apply(lambda e: e.week)
```

把日期–时间列（文本）转换成实际的日期和时间

向搭乘时间添加小时、天和星期特征

向下车时间添加小时、天和星期特征

有了这些日期 - 时间特征，你可以构建新的模型。再把数据在清单 6-2 的代码中运行一次，得到的 ROC 曲线和特征重要度如图 6-11 所示。

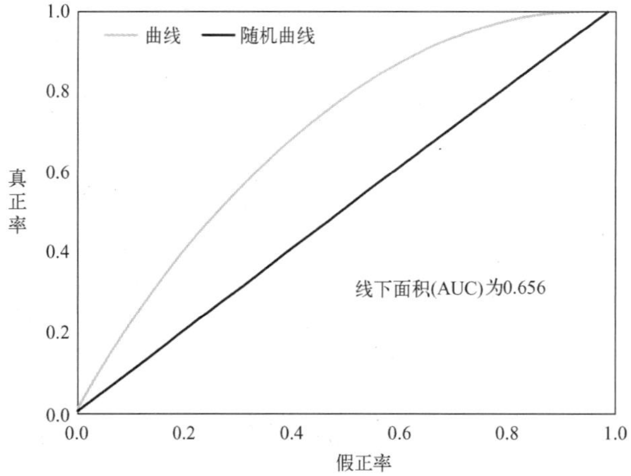

	特征	重要度
0	dropoff_latitude	1.342966e-01
1	pickup_latitude	1.332890e-01
2	dropoff_longitude	1.326898e-01
3	pickup_longitude	1.314082e-01
4	trip_time_in_secs	1.000610e-01
5	trip_distance	9.924300e-02
6	fare_amount	7.099682e-02
7	passenger_count	3.942205e-01
8	surcharge	3.924598e-02
9	payment_type:NOC	2.417833e-02
10	payment_type:CRD	2.413835e-02

新特征

图 6-11　包括所有分类特征和附加的日期 - 时间特征的随机森林模型的 ROC 曲线和特征重要度列表

可以看出，随着额外的数据预处理和特征工程，模型准确度的进化过程。现在，你可以以很高的精确度随机预测乘客是否会给驾驶员小费。到现在为止，你只是改善数据来提升模型，但还可尝试其他几种方式提升模型：

- 通过改变模型的参数，观察默认值是否为最优的。
- 增加数据量。

在本章我们已经严重削减了数据集，以便使 16 GB 内存的机器也可处理它。在第 9 章和第 10 章，我们将更多地讨论规模化方法的问题，但现在我们把对数据处理，进一步提高交叉验证的准确度的任务交给读者！

6.2.5　模型的启示

通过建模预测答案的方式获得对数据的见解，是十分有趣的。从特征重要度的列表中可以看出哪些参数最具有预测力，并使用它们重新审视数据。在我们最初失败的尝试中，就是因为观察了特征重要度列表，才发现了数据的问题所在。在当前工作的模型中，你仍然可以通过这个列表得到一些新的发现。

在本节的每次迭代中，最重要的特征是上车/下车位置。图 6-12 所示画出了下车小费情况的地理位置分布。

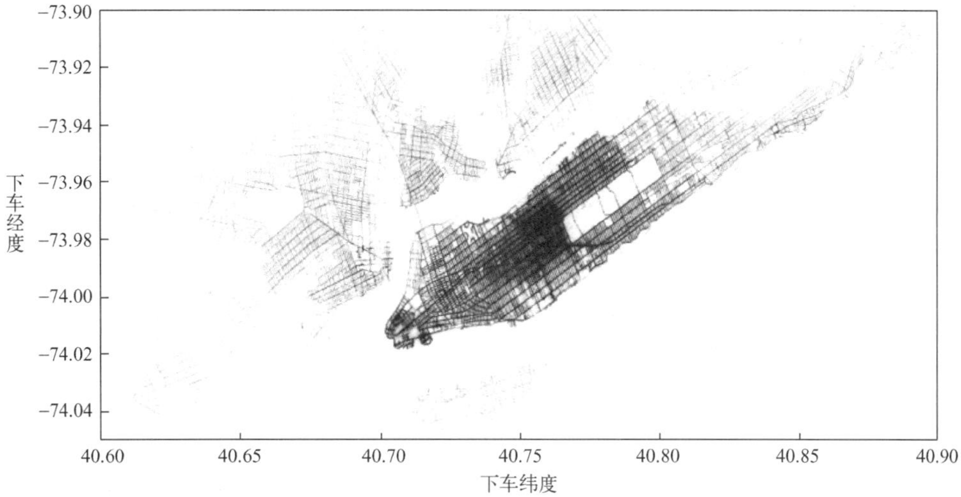

图 6-12　下车位置地理分布

图 6-12 显示了一个有趣的趋势，那就是越接近市区的下车点越没有小费。为什么会这样？一个可能的原因是，交通状况使得旅途变缓慢，乘客不喜欢司机的驾驶习惯。城市这个受欢迎的区域充满了金融工作者和旅游的人。我们认为金融一族分布在曼哈顿以南较远的地区。另一个原因，主要是旅游者导致了这种差异，我认为：许多国家的小费习惯与美国大不相同。某些亚洲国家几乎没有小费，许多北欧国家小费很少，基本上没有出租车的事。在这个数据集上你还可能看出其他有趣的事情。当然，现实世界的数据经常被用来说一些关于现实世界和人类产生数据的有趣的事。

6.3　总结

本章介绍了现实世界的数据集，并定义了一个问题，这个问题适合用前面 5 章的机器学习知识来解决。你经过了整个的机器学习流程，包括初始化数据、特征工程、多次建模迭代、模型评估、优化和预测。主要内容如下：

- 随着组织产生的大量数据，如果不公开，则组织内部可获得大量的数据。
- 2013 年 NYC 所有出租车旅程记录已经公开发布。NYC 每年会产生大量的出租车行程记录。
- 现实数据可能很混乱。可视化技术和领域知识可帮助解决这一问题。不要被太好而不实际的现象所困惑，也不要对数据做不成熟的假设。

- 如果有可能，从最简单的模型开始迭代。对于不成熟的优化不要浪费时间，逐步增加复杂度。
- 在进行中选择。例如，选择一个早期算法，在理想状态下，你需要在建模迭代过程中的每一步尝试所有的组合，但你必须解决一些问题才能取得进展。
- 深入理解模型和数据，以便于学习领域知识，进一步提升模型。

6.4 本章术语

本章术语见表6-1。

表6-1 本章术语

术　语	定　义
开源数据（open data）	由学术机构或组织获得并公开发布的数据
FOIL	信息自由法。（信息自由法案的联邦版本，也称为FOIA）
太好而不真实的场景 （too - good - to - be - true scenario）	如果模型的精确度比你想象的要高很多，那很可能是因为模型中的某些特征或数据在作怪，导致模型带有“欺骗性”
不成熟的假设 （premature assumption）	未经验证的关于数据的假设，带有个人偏见的风险

第7章 高级特征工程

本章导读

- 使用高级特征工程提升机器学习系统的准确性。
- 使用自然语言处理技术从文本中提取有价值的特征。
- 从图像中提取信息用作机器学习项目的特征。

在第5章你已经学习了特征工程的概念，并在第6章中把简单的特征工程应用于现实数据。在本章，你将学习应用当前常见数据类型的更高级的技术，文本和图像是很重要的两个方面。本章讲述从文本和图像数据中提取特征的高级技术，以便于把这些数据应用到机器学习处理流程中。

7.1 高级文本特征

在第5章你已经见过文本数据的简单特征工程。在这一节中，提供关于这一技术更为详细的思想，并给出可以进一步提高模型的更高级的概念。

回忆一下，在文本中提取特征的任务是把不同长度的文本和单词转换成特征集。在第5章学习了词袋表示。在词袋表示中，统计所有文本中单词出现的次数，并把出现次数最多的 N 个单词作为新的特征。这个把自然语言文本转换成机器可用数据的过程称为自然语言处理（Natural Language Processing，NLP）。

7.1.1 词袋模型

词袋（bag of words）是NLP中最简单，但应用最广泛的一种技术，是任何文本处理问题入门的金钥匙，也是本章后面介绍的更高级方法的基础。你将分两部分学习这个模型：首先是划分和转换，然后是向量化。

划分和转换（tokenization and transformation）

把文本拆分成更小的部分称为划分（tokenization）。通常这种划分是基于单词的，但在某些情况下（例如，对于基于字符的语言），可能基于字符对或者更高级的字符组进行划分。拆分后的每个分组称为 n 字词（n－grams）。两个或三个单词的组合分别称为双字词（bigrams）和三字词（trigrams）（它们是除单字词（unigrams）之外较为常用的分组形式）。图 7-1 中双字词的例子包括“the lazy”和“brown fox”等，三字词包括“brown fox jumps”和“jumps over the”。

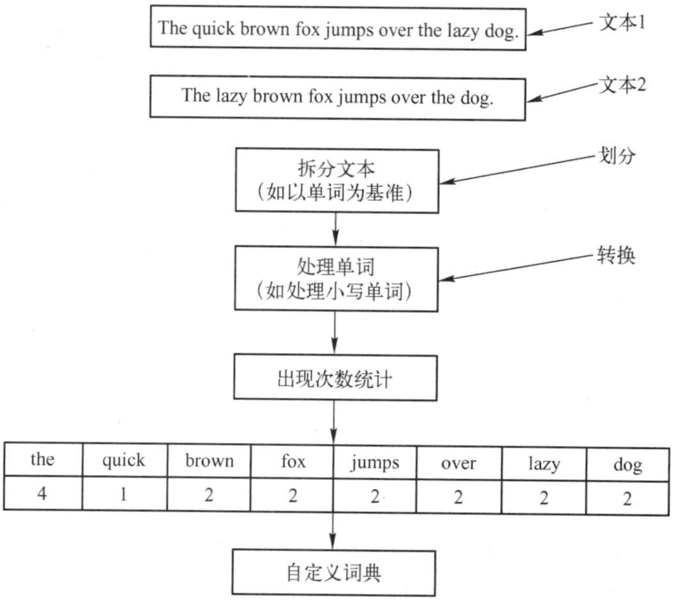

图 7-1　词袋提取算法的初始步骤

扩展到多个单词在某些情况下有益于模型，因为这样可提供更多的上下文信息。但是使用多个词的划分通常使特征的数量急剧膨胀。在实际应用中，通常从单字词表示开始。如果要升级到更多字的词，则必须确定所使用的机器学习算法是能够处理稀疏数据的。你将在接下来的小节中详细学习这部分内容。

词袋算法的下一步工作是把划分结果进行某些必要的转换（transformation）。一个很好的转换例子是把所有单词变成小写字母，这样就不会产生“fox”和“Fox”这样的结果，从而减少模型的噪声。但在某些情况下，对项目有意义的大小写（例如，文本中的名字很多，且有很高的预测性，或者所有的大写字母都有意义）就应该保留。取词干（stemming），去掉单词的前缀或后缀也是一种强大的转换方式，用于从同义词中抽取更多的信号。例如，使用取词干的方法，单词“jump,”“jumping,”“jumps,”和“jumped”在词典中只有一个表示“jump”。其他的转换方式，如自定义数字、标点符号和特征字符的处理，也十分有用，这取决于要处理的文本。

接下来，要定义产生特征的字典。对于机器学习项目，一般需要限制特征的数量，也就是词典中单词的数目。这需要对单词出现的次数进行排序，然后取出现次数最多的前 N 个单词。

向量化（vectorization）

你可以使用词袋词典产生用于模型的特征。定义词典后，可以把任何文本转换成字典中每个单词出现的次数。图 7-2 示出了这一处理过程，这个处理过程称为向量化。

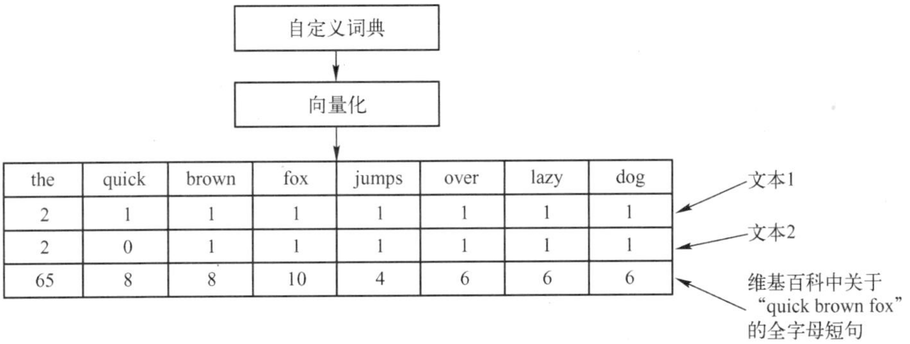

the	quick	brown	fox	jumps	over	lazy	dog
2	1	1	1	1	1	1	1
2	0	1	1	1	1	1	1
65	8	8	10	4	6	6	6

图 7-2　使用词典，你可以把每个文本表示成一系列数字。行显示了图 7-1 中两段文本和维基百科全字母短句（包括英语字母表中的所有字母）“The quick brown fox jumps over the lazy dog,”的文本统计

但还有一个问题我们没有讨论。大多数自然语言文本包含大量的单词，这些单词对于理解主题内容并不重要，但却简单地被“包含”进来。这样的单词如“the,”“is,”和“and.”，在 NLP 研究中，这些词称为终止词（stop words），它们通常从词典中删除，因为它们没有太高的预测意义，反而会稀释对机器学习有意义的单词。对单词按出现次数排序后，通常删除终止词的做法是，删除出现次数高于阈值的所有单词。图 7-2 示出了这样的一个例子，文本越长（图中第 3 行），“the”比其他单词出现的次数就越多。这里面临的挑战是如何定义阈值，在这个值以上的就是终止词，而不是有意义的单词。大多数 NLP 词典，如 NLTK Python 词典，已经内置了终止词列表，因此不用每次都做这件事情（设置合适的阈值）。但在有些情况下，对于特定项目的终止词列表可能不同，你需要选择终止词阈值（典型的选择是排除所有文档中出现次数超过 90% 的所有单词）。

虽然在图 7-2 中并不明显，但在任何现实词典中都包含许多单词，只有一小部分出现在产生特征的文档中。这种组合通常使文本特征包含大量的 0。只有少数词典单词出现在给定的文档中，因此我们称词袋特征是稀疏的（sparse）。如果你有很多稀疏特征（通常是 1000 个特征中只有百分比很少的非零元素），选择内在支持稀疏特征处理的算法，或者能够处理很多低重要特征又不损失精度的算法是比较明智的。Python scikit - learn 包中的朴素贝叶斯算法内在的支持稀疏数据的处理，因此十分适合文本分类问题。有些算法，如随机森林算法以很好地处理大量低重要特征而著称，也可以作为你的选择。你应该经常使用第 4 章讨论的评价和优化技术，对不同方法的效率进行测试。

7.1.2　主题建模

词袋方法易于理解也易于实现，但其他更高级的方法能使机器学习模型的准确度大幅增加。本节介绍 3 种这样的方法。

第一个问题是，词袋模型的本质是简单的单词记数。如果一个单词（非终止词）在词料库中很常见，例如，机器学习论文中的“data”单词，即使知道它会出现在新的文档中，也没有太大意义。相反，你应该专注于出现次数较少，但对结果有较高预测性的单词。为了处理这种情况，常用的方法是，对于语料库中的单词以出现总次数倒序的方式进行排序。因为你要最好地描述一个文本，最好的办法是只使用数字，如果一个单词在训练语料库中出现得不多，但在新文档中却大量出现，则可能更能反映新文档的含义，对于这样的单词最好予以重视。

词频逆向文件频率

解决这个问题的常用算法称为词频逆向文件频率（term frequency - inverse document frequency），简称 tf - idf。这个算法是通过词频（term frequency，tf）和逆向文件频率（inverse document frequency，idf）的乘积进行计算的。

tf 有不同的计算方法，但最简单的方法是计算特定文档中一个单词的出现次数。对 tf 因子常用的还有其他版本，如二进制版本（单词在文档中出现则记为 1，否则为 0）和对数版本（1 + log[tf]）。

逆向文件频率是文档总数除以包含单词的文档数的对数，因此相对不经常出现的单词得分越高。最简单的 tf - idf 方程形式如下：

$$\text{tf}-\text{idf}(\text{term},\text{doc},\text{docs}) = \text{count}(\text{term in doc})\frac{\text{count}(\text{docs})}{\text{count}(\text{docs with term})}$$

tf - idf 是从文本语料库中产生好的机器学习特征的强大工具，在其他领域也很有用，如研究领域。因为要对任意文档产生数字向量，你可以发现文档间的“距离”，作为 tf - idf 向量表示的距离。如果用户搜索查询的是一个文档，则可以通过这种方式找到数据集中的任何其他文档之间的距离，因此将基于查询的文档的排名列表返回给用户。下一小节中的清单 7-1 展示了如何使用 Python 的 scikit - learn 库从文档中产生 tf - idf 向量，并使用了更高级的潜在语义索引技术。

潜在语义索引

潜在语义分析（Latent Semantic Analysis）或 LSA（通常也称作潜在语义索引，或 LSI）是一种更复杂的主题建模方法。它无论从概念上还是计算上都是更高级的。它的思想是通过词袋计数，构建词语 - 文档矩阵，每一行代表一个术语，每一列代表一个文档。然后，该矩阵的元素与 tf - idf 过程类似地被标准化，以避免频繁的术语占据矩阵的幂。

LSA 算法的高明之处在于它的概念（concept）的思想。概念代表文本语料库中相似的术语。例如，“狗”的概念可能包含相关的“吠”“狗带”和“狗窝”。算法并不对“狗”这一概念进行标记，而是找出哪些单词通过在文档中同时出现而相关，然后确定这些单词是通过某个抽象的概念联系在一起的。“狗”这个词本身与“狗”这一概念密切相关。这些主题被认为是隐藏或潜在数据中的，因此被称为潜在语义分析。

LSA 使用奇异值分解（Singular Value Decomposition，SVD）[⊖]——一种知名的数学工具，把

⊖ 对于熟悉主成分分析（在本章稍后讨论）的读者来说，SVD 是一种相似的技术，它可以使你从数据集中计算 PCA 坐标。你也可以认为 LSA 是词袋技术的 PCA。

词语 - 文档矩阵（***A***）分解成 3 个矩阵（***T***，***S***，***D***）。***T*** 为关联术语（如“吠”和“狗窝”）和概念（如“狗”）的术语 - 概念矩阵，***D*** 为关联单个文档和概念的概念 - 文档矩阵，后面你将使用这些概念从 LSA 模型中抽取特征。矩阵 ***S*** 保存奇异值。在 LSA 中，这些表示了术语对文档的相对重要性。就像限制词袋和 tf - idf 算法的特征数一样，你现在可以选择顶端的奇异值，并把特征空间限制在可控范围内，记住，词语 - 文档矩阵（***A***）可能是大而稀疏的。

使用 SVD 最顶端的 N 个元素，从概念 - 文档矩阵（***D***）中抽取对应的行产生机器学习模型的 N 个特征。当有新的文档需要预测时，你可以从前面学习的 LSA 模型通过矩阵相乘的方法：$\boldsymbol{D} = \boldsymbol{A}^T \boldsymbol{T} \boldsymbol{S}^{-1}$产生新的特征。这里的 $\boldsymbol{A}^T$是使用自定义词典对新文档的单词计数（或 tf - idf），***T*** 和 ***S*** 是 SVD 中的术语 - 概念矩阵和奇异值矩阵。

虽然理解 LSA 的原理十分有用，但并不是每个人对线性代数都十分了解且懂得这些计算。幸运的是，已经有非常多的实现可以直接用在你的机器学习项目中。Python 的 scikit - learn 库包含了运行 LSA 的功能：①使用 tf - idf 产生词语 - 文档矩阵；②进行矩阵分解；③把文档转换成向量，见清单 7-1。

清单 7-1　使用 scikit - learn 进行潜在语义分析

```
from sklearn.feature_extraction.text import TfidfVectorizer
from sklearn.decomposition import TruncatedSVD

def latent_semantic_analysis(docs):
    tfidf = TfidfVectorizer()
    tfidf.fit(docs)
    vecs = tfidf.transform(docs)
    svd = TruncatedSVD(n_components = 100)
    svd.fit(vecs)
    return svd.transform(vecs)
```

用默认参数初始化tf-idf对象
从文档中创建tf-id词典
使用词典产生tf-idf特征矩阵
用100个坐标初始化LSA对象
创建SVD矩阵
对所有文档计算LSA特征

接下来你将看到 LSA 的一些高级扩展，最近这在主题建模领域中十分流行。

概率方法（probabilistic methods）

LSA 基于线性代数（关于向量和矩阵的数学），但也可以使用对等的概率方法进行分析，把每个文档看作主题分布的统计混合。这些概念都相对高级，在此我们不深入研究它们的数学细节，但概率方法对于某些数据集的模型准确度有更好的表现。

概率对 LSA 的模拟又称作 pLSA（概率的 LSA）。一个广泛使用的版本称为潜在狄利克雷分析（Latent Dirichlet Analysis，LDA），对主题分布做了一些特定的假设。你采用的假设是，文档可由较小的主题集进行描述，以及任意术语（单词）都可归结为一个主题。在实际操作中，对于各种数据集 LDA 都表现得很好。清单 7-2 中的代码说明了如何在 Python 中通过 Gensim 库实现 LDA。

清单 7-2　Python 中使用 Gensim 进行潜在狄利克雷分析

```
import gensim.models.ldamodel.LdaModel          ← 首先执行 "pip install gensim" 安装Gensim

def lda_model(docs):                             ← 设置提取的主题数目，构建LDA模型
    return LdaModel(docs, num_topics=20)

def lda_vector(lda_model, doc):                  ← 产生新文档的特征
    return lda_model[doc]
```

LDA 模型中使用的主题数是一个参数，可以根据数据和要解决的问题进行调整。我们鼓励你自定义自己的性能标准，并使用第 4 章学过的技术优化模型。值得注意的是，如果新的训练数据是连续产生的，则 Gensim LDA 可以随时更新。我们鼓励你在 Gensim 中找到更多其他有趣的自然语言处理和主题建模的算法。在第 10 章中，你将使用这些高级文本特征抽取技术解决一个实际的机器学习问题。下一节将介绍一种完全不同的文本特征抽取方法——扩展文本的内容。

7.1.3　内容拓展

我们现在转向一种完全不同的文本特征抽取方法。本节中的方法不再用数字表示文本，而是把文本内容进行扩展以包含更多的文本（将来可被特征化）或者对特定的机器学习问题引入其他有用的信息。下面是一些常用的内容扩展方法。

跟踪链接（follow links）

如果你要从推文中提取文本特征构建机器学习分类器（例如，对 Twitter 帖子的情感分析，是积极的还是消极的），将会遇到 140 个字符限制的问题。你可能没有足够的信息获取期望的模型准确度。

许多推文都包含指向外部页面的链接，以包含更多的文字信息，你可以通过链接文本扩展 Tweet 以得到更高质量的数据。你还可以更深入地跟踪 Web 页面链接构建更大的文本语料库。

基于知识的扩展（knowledge - base expansion）

文本扩展的更高级方法是检测文本中的命名实体，并利用在线的命名实体知识库来扩展原始文本信息，如维基百科。在这种情况下，命名实体可以是维基百科中的任意东西。然后，你可以从维基百科中抓取命名实体的词条，并使用 7.1.2 节的算法进行文本提取。

提取命名实体不是一个琐碎的任务，一直是几个研究小组的研究课题。其中一个问题源于命名的模糊性。如果一个单词有多重含义，那么就存在使用完全错误的信息扩展特征的风险。一个可能的解决方案是通过使用像维基百科这样的知识库来再次消除命名实体的歧义。首先，举例来说，你可以假设 Tweet 中的其他任何单词在基于知识库的文本中是很常见的。你还可以使用维基百科链接图发现两个命名实体在知识库中是如何紧密相关的。一个例子是包含“特斯拉”的推文，有些推文链接到电子汽车公司，而其他的则链接到发明家尼古拉·特斯拉。如果推文中包含“轿车”或“型号”这样的单词，那么有可能是指特斯拉公

司。如果推文中包含“埃德森”的相关实体，那么有可能是指一个人（特斯拉和埃德森 1884 年共同在 NYC 工作）。

文本元特征（text meta - features）

另一个使用有价值的数据扩展文本特征的技术是分析文本的元特征（meta - features）。和前面讨论的技术不同，这种类型的特征是与问题有关的。

还是让我们以推文为例。一条推文包含各种各样的对特定推文有价值的数据，这些数据可被提取出来，如主题标签和提示，以及推文的元信息，如推文转发和收藏计数。另一个是基于 Web 文本的例子，你可以从链接文本中抽取基本信息，如顶层域中的文本信息。在通用文本处理中，你可以在不同的语言中提取单词、字符或特定字符数目。提取语言可以是 ML 分类器本身，其将答案作为另一分类器的特征。

为了选择合适的元特征，需要开动你的想象力和有关问题的知识。记住机器学习工作流程是一个迭代的过程，你可以找到一个新特征，重新走一遍流程，并分析准确度是如何提高的。

你也可以从文本中获取其他类型的数据。文本可能包含日期和时间，这些可能对机器学习模型有用，或者在文本元数据中包含时间信息。第 5 章介绍了日期 - 时间特征的提取，可用在这种情况中。

如果你正在分析 Web 页面，或者文本中存在 URL（Uniform Resource Locator，统一资源定位符），你可能需要访问图像或音频，这对于理解文本的上下文是十分重要的。从图像和音频中提取特征是更高级的技术，你将在 7.2 节中进行学习。

7.2 图像特征

人类智慧的要素之一是我们的视觉和空间感，以及我们在图像和每天导航的 3D 场景中识别图案和物体的能力。我们思维的许多方式都基于这种能力。一方面，计算机以位和它们的视觉模拟像素来思考。由于历史原因，这个事实严重地限制了计算机的视觉模式识别能力，与人类的认知能力无法比拟。只有随着计算机视觉和人工智能的复杂算法的出现，机器学习才开始发展，研究人员和从业人员使计算机越来越接近人类水平，虽然常常是在狭窄的特定领域。另一方面，如果你可以在计算机视觉和机器学习技术方面达到接近人类模式识别的精确水平，那么你有可能收获大多计算密集型系统应有的优势：可扩展性、可用性和可重复性。

本节介绍几种从图像中提取特征的方法，可用于你的机器学习流程中。首先，你将看到简单的图像特征，包括原始像素、颜色和图像元数据。

7.2.1 简单图像特征

最简单的图像处理还是有必要提一下的，不仅仅是因为有时它足已够用，而是因为它可以彰显机器学习方法相对于传统的统计学方法的强大魅力。你把机器学习模型要处理的图像像素值作为特征。

在实用中，你把所有像素构建成一个简单的行，把二维的图像转换成一维的。如果是彩色图像，你将得到3幅基本图像（红、绿和蓝通道）。通常像素值为0.0～1.0，或0～255（对于8位图像）。你或许已经猜到了，对于现代图像，需要创建数千到上百万的特征，这不但增加了计算的工作量，还带来了潜在的过度拟合，从而影响准确度，这也是这种方法不太实用的原因。但对于某些机器学习问题，如对室内图像和室外图像进行分类，不经过复杂的特征工程，它仍然工作得很好，这可能让你比较吃惊。

原理上，所有的信息都编码为像素。如果你基于性能的原因（无论是从计算的角度还是从准确度的角度）不使用原始像素，那么针对你的特殊问题，必须找到一种用较少的特征表示图像的方法。这与你前一节解决文本特征，和其他许多特征工程技术是相同的问题。在7.2.2节的最后部分，我们介绍一些新的自动特征提取方法，但现阶段大多数的实用图像处理机器学习项目都采用本节描述的方法。

颜色特征

让我们假定你要根据图像中的景观对图像进行分类，类别有天空、山脉和草地。在这种情况下，由组成成分的颜色表示图像比较有用。你可以计算每种颜色通道中简单的颜色统计值，如平均值、中值、色调、标准差、偏度和峰度。对于普通的RGB（红、绿、蓝通道）图像，这将有$6 \times 3 = 18$个特征。

另一套表示图像颜色的特征是色彩范围。表7-1列出了覆盖色彩空间的可能的颜色范围。

表7-1 颜色范围特征的例子。把除数加1防止除以0时产生缺失值

颜色范围	定义
红色范围（red range）	红色通道中最大值减去最小值的差值
红蓝范围（red - to - blue range）	红色范围/（蓝色通道中最大值减去最小值+1）
蓝绿范围（blue - to - green range）	（蓝色通道的最小值减去最大值）/（绿色通道的最小值减去最大值+1）
红绿范围（red - to - green range）	红色范围/（绿色通道最大值减去最小值+1）

图像元数据特征

除颜色信息外，图像还包括对你的问题有用的元数据。例如，对于大多数照片，在拍摄时照相机会记录EXIF数据。如果你要构建模型预测某个用户是否会对一幅图像感兴趣或觉得漂亮，算法应该使用品牌照相机和镜头，光圈值和缩放水平。表7-2列出了比较有用的图像元数据。

表7-2 可包含在机器学习流程中的图像元素数据特征

特征	定义
制造商（manufacturer）	生产照相机的公司
方向（orientation）	照相机的方向（横向或纵向）
日期-时间（date - time）	拍摄时间（使用第5章介绍的日期-时间特征）

（续）

特　　征	定　　义
压缩方式（compression）	图像的压缩方式（通常是 JPEG 或原始方式（未压缩））
解析度（resolution）	在宽高空间中像素的数量
长宽比（aspect ratio）	通过划分高度和宽度分辨率表示的度量
曝光时间（exposure time）	曝光秒数
光圈（aperture）	表示光圈的 f 值（如 2.8 或 4.0）
闪光灯（flash light）	闪光灯是否打开
焦距（focal length）	镜头到焦点的距离

有了这些简单的特征，你就可以解决一些包含图像数据的机器学习问题。当然，你还没有表示图像中的形状和物体，很明显这是图像分类问题中非常重要的部分！下一节将介绍更高级的常用于表示物体和形状的计算机视觉技术。

7.2.2　提取物体和形状

到目前为止，从图像中提取信息时，你还没有考虑物体和形状问题。在本小节中，你将看到几种方式，用数据特征表示形状，可以通过统计和计算的方法自动地提取信息。

边缘检测

表示形状最简单的办法可能就是找到它们的边界，并通过边界构建特征。图 7-3 所示展示了图像边缘检测（edge detection）的例子。

图 7-3　对女孩照片[㊀]（左图为输入图像）应用 Canny 边缘检测算法，产生只有边缘的二进制图像（右图）

几个著名的算法可以在图像中查找边缘。比较常用的是 Sobel 和 Canny 边缘检测算法，图 7-3 展示的是 Canny 算法。

㊀ 图像在英国维基百科网站上，由 JonMcLoone 拍摄，CC BY - SA 3.0，https://commons.wikimedia.org/w/index.php?curid=44894482。

在 Python 中用 scikit - image 处理图像

我们已经在本书中多次提到 Python 的 scikit - learn 库，因为它提供了尝试许多机器学习算法的易用方式。在计算机视觉模拟和图像处理领域用的是 scikit - image 库。这是尝试本节算法的有用方式。

如果使用 pip 命令，可以很容易地安装 scikit - image 库，代码如下：

```
$ pip installscikit - image
```

下面是使用该库进行边缘检测的简单例子：

```
>>> importskimage
>>> image = skimage.data.camera()
>>> edges = skimage.filter.sobel(image)
```

现在你已经提取到了图像的边缘，可以从这些边缘中提取特征了。最简单的方法是计算图像中边缘的数目。如果 edges 是边缘图像，res 是图像的解析度，则计算公式如下：

$$\text{edge\_score} = \frac{\sum \text{edges}}{\text{res}_x \times \text{res}_y}$$

和其他特征一起，对于确定感兴趣的物体十分有用。你还可以根据实际情况定义其他基于边缘的特征。例如，你可以对图像的不同区域计算前面的边缘得分（edge_score）。

高级形状特征

更复杂的特征提取算法可用于检测特定的形状和物体。其中之一是方向梯度直方图（Histogram of Oriented Gradients，HOG）。在机器学习中，这些算法可用于检测图片中的人脸和特定动物。

HOG 算法是一个各种图像处理技术的多步处理过程。该算法的目标是描述图像区域中梯度和方向变化不太敏感的形状和物体。通过以下几步来完成：

1）计算图像梯度（图像边缘是“移动的”）。

2）将图像分割成称作格子（cells）的小块。

3）计算格子中梯度的方向。

4）计算每个格子中方向的直方图。

通常情况下，格子越小图像的分块越大，并用于格子中梯度值的规范化。通过这种方式，可以避免对光线和阴影过于敏感。每个格子被扁平化到特征列表中，用于描述图像的形状，或用于机器学习流程中。

和平常一样，你从实用的角度关心算法的有用性，因此你可以更进一步，使用已经实现的库处理 HOG 特征。Python 的 scikit - image 库包含 HOG 的易用版本。清单 7-3 中的代码显示了如何计算图像的 HOG 特征。图 7-4 所示显示了美国航天员 Eileen Collins 照片的处理结果，她是航天飞机的首位女指挥官。

清单 7-3　Python 中 scikit - image 库的有向梯度直方图

```
import skimage
```

```
image = skimage.color.rgb2gray(skimage.data.astronaut())
hog = skimage.feature.hog(image, orientations = 9, pixels_per_cell = (8,8),
    cells_per_block = (3,3), normalise = True, visualise = True)
```

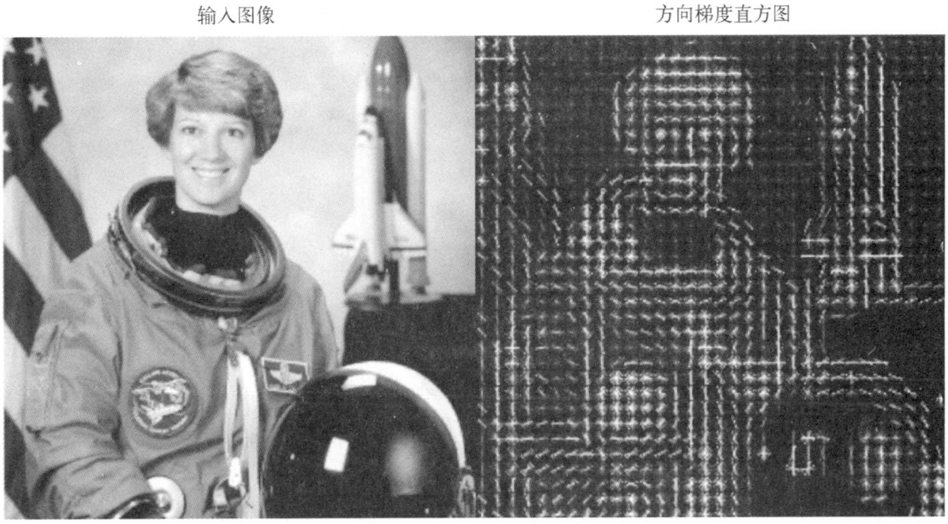

图 7-4　HOG 转换。图片来源于 scikit - image 文档⊖

定义相关的方向数、格子大小（以 px 为单位）、格子中块的大小，以及是否规范化，就可以很容易地计算 HOG 特征，并可视化结果。

有了 HOG 特征，你就有了查找图像中物体的强大武器。和任何事情一样，在某些情况下，HOG 工作得不是很好，例如，当图像中的物体方向变化太大时。你应该对机器学习系统进行适当的测试，以确定对手头问题的有用性。

降维

除了前一节中的内容扩展方法，在特征提取中我们几乎都在玩降维游戏。有几种技术常用于降维中，应用最广的就是主成分分析（Principal Component Analysis，PCA）。

PCA 允许你从一系列图片中找出“典型”的图片，用于构建表示原始图像的块。综合前几个主要成分可使你重新构建大部分训练图像，而随后的成分将覆盖较少的图像中的频繁模式。新图像的特征由与主成分图像的“距离”产生，因此可以用与每个主成分图像相关的一个数字表示新的图像。为了使你的机器学习问题有意义，可以使用尽可能多的主要成分（principal components）。

PCA 是线性算法，不能表示本质上是非线性的数据。有许多 PCA 的拓展和其他非线性类型的降维方式。我们比较有经验的例子是扩散映射（diffusion maps）。

⊖ http://scikit - image. org/docs/dev/auto_examples/features_detection/plot_hog. html#sphx - glr - auto - examples - features - detection - plot - hog - py。

自动特征提取

人工神经网络领域发生了伟大的复兴，创立于20世纪80年代，灵感来自于大脑生物学，这些网络是人工智能领域的中心，已发展到今天我们所知道的机器学习领域。十几年前它们被认为是解决某些机器学习问题的有效方法。但因为它们难于配置和解释，而且存在过度拟合的问题，计算伸缩性也不好，所以在实际应用中成为万不得已的选择。现在机器学习研究领域的几个突破主要是解决这些问题。深度神经网络（Deep Neural Nets，DNNs）被认为是许多机器学习问题的前沿，特别是处理图像、音频和声音的深度神经网络。图7-5所示显示了神经网络的结构布局。

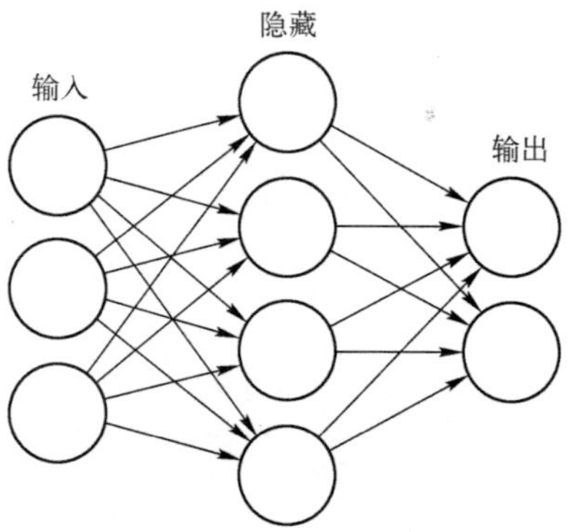

图7-5 一个简单的神经网络。深度神经网络由许多这样的简单网络（层）组成（图片来源于维基百科）

在深度神经网络中，每一层可定义为有益于问题的一系列新的特征。这些结点间的权重定义了这些特征在下一层上的重要性，以此类推。传统上这个方法易于过度拟合，但最近开发的技术允许删除结点间的某些连接，可以在保持准确度的情况下减少过度拟合的风险。

DNNs的运用，也称为深度信念网络（deep belief networks）或深度学习（deep learning），是一个相对新颖的领域。我们鼓励读者继续这种开发。

7.3 时间序列特征

许多数据是由现代数据收集系统收集的，是对一个过程的测量或时间跨度上的一系列过程，形成一个时间序列（time series）。时间序列数据是非常有价值的，因为它开启了主题随时间变化的窗口，并使机器学习从业人员不再单纯地依靠静态的主题快照进行预测。但充分提取时间序列数据的价值非难困难。本节介绍两种常见的时间序列数据——经典时间序列和点过程（事件数据），并详细介绍一些应用广泛的时间序列特征。

7.3.1 时间序列数据的类型

时间序列数据主要有两种类型：经典时间序列和点过程。经典时间序列（classical time series）包含随时间测量的一系列数值。典型的这些测量时间点分布是均匀的（每小时，每天，每周等），但也可以包含非规则的样本数据。下面是一些经典时间序列数据的例子：

- 股票市场的价值，以十亿美元为单位（例如，每小时一次，每天一次或每周一次）。
- 商业大厦或居民区的日常能耗。
- 一段时间内，客户的银行账户存款额，以美元为单位。
- 制造工厂中监视器采集的一系列诊断信息（例如，一时段时间内的不同部件的物理性能测量或产量）。

另一方面，点过程（point processes）是随时间发生的事件的集合。与测量随时间变化的数量值不同，点过程包含一系列离散的事件时间戳，（有选择的）外加事件的元数据，如分类或值。因此，点过程通常也称为事件流（event streams）。点过程的例子如下：

- Web 用户的行为，测量每次单击的时间和类型（这也称为单击流数据）。
- 全球地震，台风，疾病爆发等。
- 顾客账户的个人购买历史。
- 制造商的事件日志，记录员工每次访问系统的时间和生产过程的每一步完成时间。

聪明的读者或许注意到了，有些时间序列在传统的时间序列表示和底层的点过程之间存在一对一的关系。例如，顾客的银行账户既可以看作随时间变化的账户余额（经典时间序列），也可以看作一系列独立的操作（点过程）。这种对应关系在单个数据集上创建各种类型的时间序列特征时很有用。但这种转换并不总是可能的，例如，很难想象经典时间序列和单个 Web 单击事件之间的关系。

为了更具体一点，让我们看一个时间序列数据的例子，这个例子既可以看作点过程也可以看作时间序列。表 7-3 显示了旧金山犯罪记录的前几行，这些数据采集于 2003～2014 年（从 https://data.sfgov.org 上可以公开下载）。整个数据集包含了该城市超过 150 万条的犯罪记录。对于每条犯罪记录，包括确切的犯罪时间、类型和地点。

表 7-3　旧金山犯罪记录原始数据，作为一系列事件

事件编号	日期	时间	区域	分类
80384498	04/13/2008	0：54	北部地区	醉酒
80384147	04/13/2008	0：55	中部地区	非犯罪的
80384169	04/13/2008	0：56	BAY VIEW	袭击
80384169	04/13/2008	0：56	BAY VIEW	吸毒
80384153	04/13/2008	0：57	BAY VIEW	其他
80384175	04/13/2008	1：00	中部地区	袭击
80384943	04/13/2008	1：00	中部地区	盗窃
80392532	04/13/2008	1：00	INGL ESIDE	盗窃
80384943	04/13/2008	1：00	中部地区	欺诈
80384012	04/13/2008	1：15	北部地区	可疑的 OCC

你可以有多种方式把这个原始数据集成到经典时间序列数据中：按年份、按月份、按周等，对于每个地区或类别有不同的时间序列。清单 7-4 显示了按月份把旧金山犯罪记录的原始事件数据整合到时间序列中。按犯罪记录数/月的时间序列图如图 7-6 所示。数据显示自 2003 年的每月 13,000 件犯罪记录，往后有明显的下降，但近些年犯罪活动有所上升。

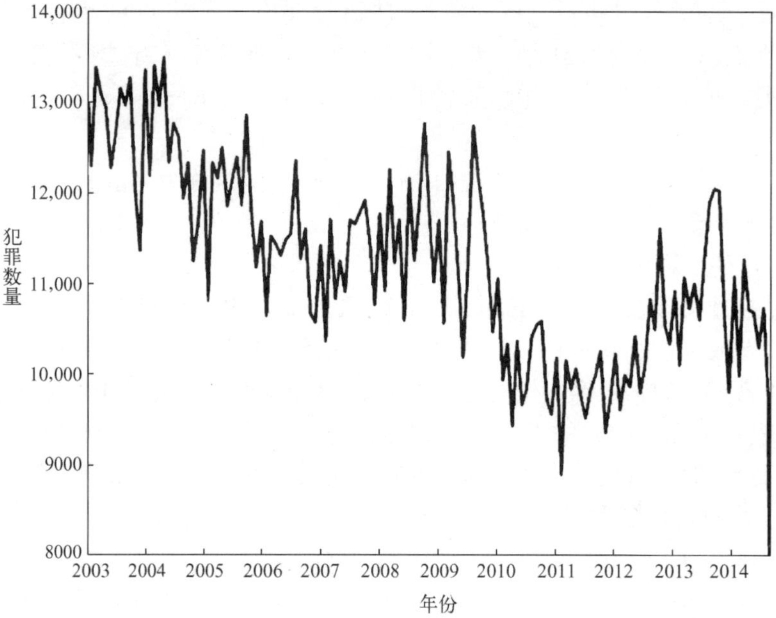

图 7-6　旧金山每月犯罪率的经典时间序列。这个数据是由原始事件数据处理得到的。对于机器学习建模，你可以从事件数据产生特征，也可以从经典时间序列产生，或者两者都使用

清单 7-4　把旧金山犯罪事件数据转换成经典时间序列

```
import pandas as pd
from datetime import datetime
from matplotlib import pyplot as plt

df = pd.read_csv("sfpd_incident_all.csv")

df['Month'] = map(lambda x: datetime.strptime("/".join(x.split("/")[0::2]),
    "% m/% Y"),df['Date'])
df_ts = df.groupby('Month').aggregate(len)["IncidntNum"]

plt.plot(df_ts.index,df_ts.values,'-k',lw = 2)
plt.xlabel("Month")
plt.ylabel("Number of Crimes")
```

创建经典时间序列（指向 df_ts = … 行）

时间序列绘图（指向 plt.plot … 各行）

7.3.2　时间序列数据的预测

就像时间序列数据有两种类型一样，对时间序列数据的预测也有两种类型。第一种称为时间序列预测（time - series forecasting），基于过去的测量结果预测时间序列将来的值（或将来事件的时间点）。时间序列预测问题包括如下内容：

- 预测明天的股票价格。
- 预测亚利桑那州菲尼克斯明天的气温。

- 预测丹麦明年的能源消耗量。
- 预测北美洲下一次重大飓风的日期。

前 3 个任务是预测经典时间序列的值，而第 4 个任务是点过程数据的预测。每个任务都有一个共同点，那就是对单个时间序列的值进行分析，并预测将来的值。绝大多数的时间序列预测的学术报告都集中于时间序列的分析，而对这一点却涉及很少（虽然现在正在改观）。对于更详细的细节，任何谷歌或亚马逊搜索都将显示大量的结果！

第二种常用的时间序列预测类型称为时间序列分类或回归（time - series classification or regression），其目标是对成百上千的时间序列进行分类（或在成百上千的时间序列的基础上预测一个真实的输出值），而不预测单个时间序列的将来值。此种预测类型包括：

- 使用每个用户的在线单击流事件预测用户是否会单击特定的广告。
- 利用一定时期内的 QA 检测结果确定下个月的产品中哪批产品（如灯泡）最可能不合格。
- 通过注册一周内的用户使用 App 的行为，预测在线 App 用户的生命周期。
- 通过医疗数据预测哪些病人将会出现术后并发症。

与时间序列预测不同，机器学习对时间序列分类和回归有很大影响。接下来的小节里主要关注创建用于分类/回归的时间序列特征，但其中很多的方法也可应用于时间序列预测。

7.3.3　经典时间序列特征

本节将介绍几种常用于经典时间序列的特征工程的方法。我们从最简单的时间序列度量开始，逐步介绍更复杂、更深奥的方法。

简单时间序列特征

最简单的时间序列度量竟然忽略全部的时间轴，这听起来似乎有些荒唐！在不考虑时间戳的情况下，分析测量的分布可获得对分类、回归和预测有用的信息。为了讨论的需要，我们列出 4 条简单的（但强大的）测量指标，只涉及时间序列测量的边缘分布：

- 平均值（Average）——可以提示时间序列平均值趋势的平均值或中间值。
- 扩散性（Spread）——分布的扩散性测量，如标准差、平均绝对偏差或四分位差，可以反映测量的整体变化趋势。
- 离群值（Outliers）——落在时间序列测量正常范围之外的频率（例如，比平均大两倍、3 倍或 4 倍的标准差），在很多情况下有很强的预测能力，如流水线中断或事故的预测。
- 分布性（Distribution）——时间序列测量的边缘分布的高阶特性估计（例如，偏差或峰度），或者更进一步，对命名分布进行统计测试（如标准或统一性），在某些情况下比较有预测力。

计算窗口统计（windowed statistics）使事情变得更复杂，这需要计算指定时间窗口内的前汇总指标。例如，最后一周测量数据的平均值或标准差有较高的预测性。你也可计算窗口差异（windowed differences），指的是这些指标从一个时间窗口到下一个时间窗口的差异。清单 7-5 给出了计算这些特征的代码样例。

清单 7-5　窗口统计和差异的计算

```
import pandas as pd
from datetime import datetime
import numpy as np

window1 = (datetime(2014,3,22),datetime(2014,6,21))

idx_window = np.where(map(lambda x: x > =window1[0] and x < =window1[1],
    df_ts.index))[0]

mean_window = np.mean(df_ts.values[idx_window])
std_window = np.std(df_ts.values[idx_window])

window2 = (datetime(2013,3,22),datetime(2013,6,21))

idx_window2 = np.where(map(lambda x: x > =window2[0] and x < =window2[1],
      df_ts.index))[0]
 mean_wdiff = mean_window - np.mean(df_ts.values[idx_window2])
std_wdiff = std_window - np.std(df_ts.values[idx_window2])
```

窗口=2014年春

查找哪些数据点落在窗口中

计算窗口平均值和标准差

自2013年春计算窗口差异

计算平均值和标准差的窗口差异

高级时间序列特征

接下来你要移步学习更复杂的经典时间序列特征了。自相关（autocorrelation）特征测量时间序列与其自身滞后版本的统计学相关性。例如，时间序列的 1 - 自相关特征，把原时间序列与自身左移一个时间空格（没有重叠的部分被移除）的时间序列相关联。通过这种时间序列的推移，你可以捕捉时间序列中周期性的存在和其他的统计学结构。自相关函数的形状（在时间滞后网格上计算的自相关）捕获时间序列结构的本质。在 Python 中，StatsModels 模块中包含易用的自相关函数。图 7-7 所示显示了自相关是如何计算的，并绘制了旧金山犯罪数据的自相关函数。

傅里叶分析（Fourier analysis）是时间序列特征工程中最常用的工具之一。傅里叶分析的目标是将一个时间序列分解为在一系列频率上的正弦和余弦函数的和，这些频率在许多真实世界数据集中是自然出现的。通过这种分解可使你很快发现时间序列中的周期性结构。通过使用离散傅里叶变换来实现傅立叶分解，离散傅立叶变换计算时间序列的频谱密度（spectral density），它在每个给定频率处与正弦函数相关——作为频率的函数。时间序列的分解结果是其自身的分量频谱密度，称为周期图（periodogram）。图 7-8 所示显示了用 scipy. signal. periodogram 函数（几个 Python 模块中都有周期图估计功能）计算得到的旧金山犯罪数据的周期图。从周期图中可以计算出各种机器学习特征，如指定频率的频谱密度，频率段内频谱密度之和，或最高频谱密度的位置（其描述了时间序列振荡的基本频率）。清单 7-6 示出了计算周期图和特征的示例代码。

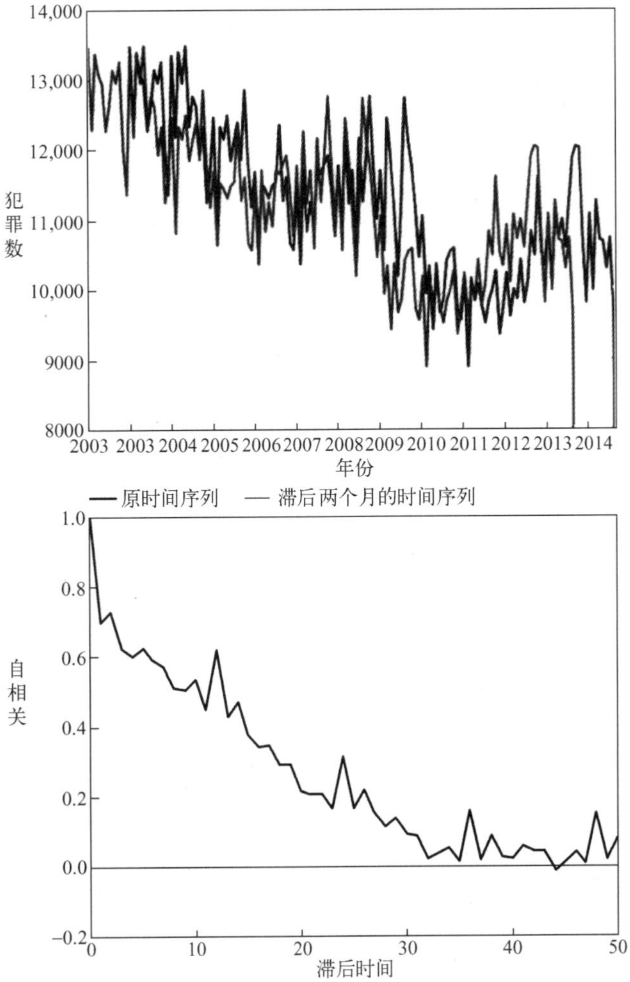

图 7−7　上图：原时间序列和滞后 12 个月的时间序列的相关性定义了 12 个月的自相关性。下图：SF 犯罪数据的自相关函数。对于短期时间自相关性很高，表示任何月份的犯罪数与前月的犯罪数有很高的依赖性

清单 7−6　周期图特征计算

```
import pandas as pd
import numpy as np
import scipy.signal

f, psd = scipy.signal.periodogram(df_ts, detrend ='linear')

plt.plot(f, psd,'-ob')
plt.xlabel('frequency [1 /month]')
plt.ylabel('Spectral Density')
plt.show()

#特征:
period_psd1 =1./f[np.argmax(psd)]

sdens_gt_12m = np.sum(psd[f >1./12])

sdens_ratio_12m = float(sdens_gt_12m)/np.sum(psd[f < =1./12])
```

计算周期图

特征1：最高psd峰值周期。对于这个数据，应为47.0个月

特征2：高于1/12个月的频谱密度之和

特征3：比少于1/12个月高的频谱密度之比

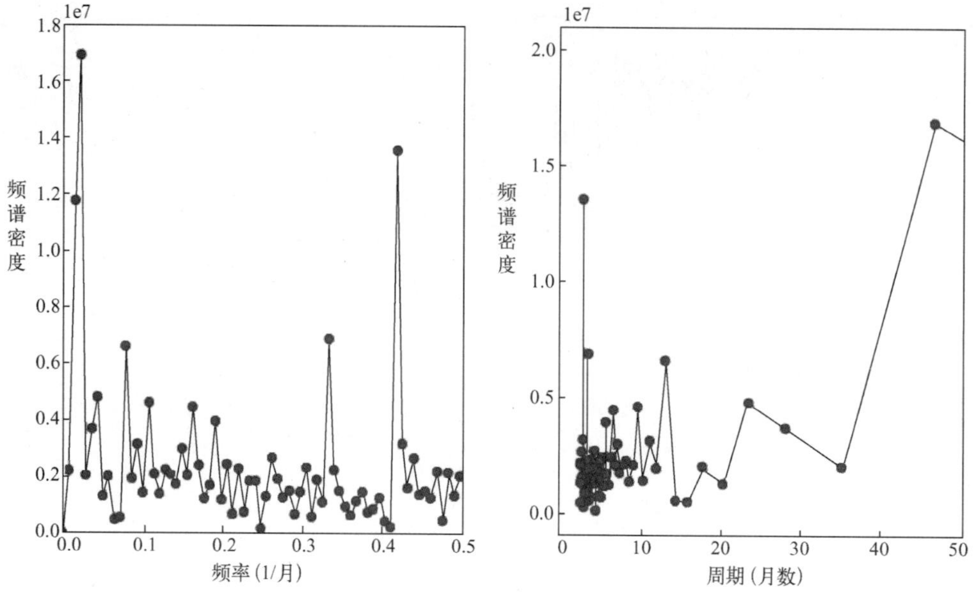

图 7-8　左图：旧金山犯罪数据的周期图，显示了频谱密度作为频率的函数；右图：相同的周期图，只是把 X 轴由频率换成了周期

几个经典时间序列模型常用于时间序列分析中。这些模型的目的是把时间序列中的每个值描述成时间序列中过去值的函数。这些模型本身已经在时间序列预测中广泛应用了几十年。现在机器学习成为时间序列数据分析的主流，它们经常用于更复杂的机器学习模型，如 SVM、神经网络和随机森林联合使用进行预测。时间序列模型的例子如下：

- 自回归（AR）模型（Autoregressive（AR）model）——时间序列中的每个值被建模为最后 p 个值的线性组合，p 是要估计的自由参数。
- 自回归移动平均（ARMA）模型（Autoregressive - moving average（ARMA）model）——每个值被建模为两个多项式函数的和：AR 模型与移动平均模型（MA）的和，移动平均模型是前 q 年误差项的线性组合。
- GARCH 模型——财务分析中常用的模型，使用 ARMA（自回归滑动平均）模型描述时间序列中的随机噪声。
- 隐马尔可夫模型（Hidden Markov Model，HMM）——描述从一系列隐藏状态中抽取的时间序列的观测值的概率模型，其本身遵循马尔可夫过程。

你可以使用这些模型以各种方式计算时间序列特征，包括：

- 把每个模型的预测值（和预测差异）作为特征。
- 把模型的最佳参数（如 ARMA（p，q）中的 p 和 q 的值）作为特征。
- 计算模型适度拟合的统计值（如均方误差）并作为特征。

以这种方式，可以实现经典时间序列模型和最先进的机器学习方法的混合，获得两全其美的效果：如果对于某个时间序列，ARMA 模型预测得很好，那么使用这些预测结果的机器学习模型也会非常成功。但如果 ARMA 模型拟合得不好（对于大多数实际数据集），则机器学习模型提供的灵活性仍然可以产生高度准确的预测。

7.3.4　事件流的特征工程

本节将简要介绍事件流的特征工程。如前面清单 7-4 所示的那样，事件数据可被转换成经典时间序列。这就使得你可以利用前两节介绍的特征工程过程，对点过程数据提取经典时间序列数据。但对于事件数据可提取附加的特征，因为它的粒度更好。

与前面 7.1.3 节描述的窗口统计方法类似，你可以对事件数据计算简单的窗口和统计差异。因为点过程数据中的每个事件都带有时间戳，因此你可以计算任意你想要的时间窗口，直到有足够的粒度。更进一步的是，诸如“最后一次事件距现在的时间”“过去 48 h 内发生的事件数”和“事件之间的平均时间长度”等统计指标突然变得可获得了。

最后，就像经典时间序列经常用统计学模型 ARMA 和 HMM 建模一样，点过程数据经常使用如泊松过程和非齐次泊松过程进行描述。简言之，这些模型描述的是即将到来的事件发生率与时间的函数，这可使你预测到下一次事件发生时的预期时间。你自己随意、自由地探索这些方法吧！与经典时间序列模型一致，从点过程模型产生机器学习特征有 3 种方式：使用模型的预测结果，模型的参数和模型适度拟合的统计学数据。

7.4　总结

在本章，你看到了从文本和图像中产生特征的方法。可以使用这些特征进行机器学习算法建模，使得这些模型的“读”或“看”的能力具有人类的感知水平。主要内容如下：

1）对于文本数据，你需要把变长文档转换成长度固定的特征数，主要包括以下方法：

- 简单词袋方法，对每个文档的特定单词进行计数。
- tf - idf 算法，该算法考虑单词在整个语料库中出现的频率，避免词典偏向不重要但却常用的词。
- 更高级的主题建模算法，如潜在语义分析和潜在狄利克雷分析。
- 主题建模能够把文档描述成一系列主题，而把主题描述成一系列单词。除了对机器学习的有用性之外，还允许理解文档的复杂语义，并能够帮助构建高级搜索引擎。
- 你可以使用 Python 的 scikit - learn 和 Gensim 库进行许多文本提取领域的有趣试验。

2）对于图像，你需要把图像的特性表示成数值特征：

- 可以通过定义颜色范围和颜色统计提取图像的色彩信息。
- 可从图像文件中提取潜在的有价值的图像元数据，如挖掘大多数图像文件的 EXIF 数据。
- 在某些情况下，需要从图像中提取物体和形状，可使用如下方法：
  - ➢ 简单的边缘检测算法使用 Sobel 算子和 Canny 边缘检测滤波器。
  - ➢ 复杂形状提取算法，如方向梯度直方图（HOG）。
  - ➢ 诸如 PCA 等降维技术。
  - ➢ 通过深度神经网络自动提取特征。

3）时间序列数据分为两类：经典时间序列和点过程。可以从这些数据估计过多的机器学习特征。

- 对于时间序列数据，机器学习的主要任务有两个：
  - ➢ 单个时间序列的值预测。
  - ➢ 对一系列时间序列分类。
- 对于经典时间序列，最简单的特征包括计算时间窗口统计汇总和窗口差异。
- 更复杂的特征涉及时间序列的统计学特性，自相关和傅里叶分析工具的使用。
- 各种经典时间序列模型可用于产生特征，包括 AR、ARMA、GARCH 和 HMM。
- 对于点过程数据，你可以计算所有的这些特征，并得到更多的特征，因为数据的粒度更精细。
- 点过程数据的常用模型包括泊松过程和非齐次泊松过程。

7.5 本章术语

本章术语见表 7-4。

表 7-4 本章术语

术语	定义
特征工程（feature engineering）	从输入数据中提取更多有价值的信息，提高机器学习模型的预测准确度
自然语言处理（natural language processing）	致力于计算机理解自然语言的领域
词袋（bag of words）	把文本转换成数字的一种方法，对文档中的特定单词的出现次数进行统计
终止词（stop words）	经常出现但不能作为特征的词（如“the”“is”和“and”等）
稀疏数据（sparse data）	绝大多数为 0，只有少数数据时，我们称数据为稀疏的。许多 NLP 算法产生稀疏数据，你需要在机器学习算法中使用这些数据，或转换后使用
tf - idf 算法	术语频率，逆向文档频率。一种使用全语料库中的文本规范化的词袋方法
潜在语义分析（latent semantic analysis）	在文档中查找感兴趣的主题的方法，并把主题与一系列单词联系起来
潜在狄利克雷分析（latent Dirichlet analysis）	LSA 的扩展，对绝大多数实际文本问题非常有效
内容拓展（content expansion）	把原来的内容扩展成更多的数据的过程（例如，通过文档中的连接扩充内容）
元特征（meta - features）	不是由内容本身，而是由相关的元数据提取到的特征
EXIF 数据（EXIF data）	定义图像元数据的标准，包含照片的信息（如照相机制造商、解析度和光圈等）
边缘检测（edge detection）	检测图像中边缘的过程，去除大部分图像的噪声
HOG	方向梯度直方图。图像中理解特定形状和物体的特征方法

（续）

术　语	定　义
PCA	主成分分析。一种通过简单的、典型的图形表示图像的方法，可以降低图像的维度。一幅图像可用两个数值到两个主要成分的距离近似地表示，而不是用100 个像素（进行表示）
深度神经网络（deep neural nets）	人工神经网络的扩展。人工神经网络最近用于机器学习处理音频和视觉的领域，表现不错
经典时间序列（classical time series）	随时间变化的一系列测量数值
点过程（point process）	随时间变化收集的一系列事件，每个事件都有精确的时间戳
时间序列预测（time - series forecasting）	单个时间序列的将来值预测
周期图（periodogram）	作为振荡频率的函数的时间序列的傅里叶频谱密度图，该技术可以提示振荡的根本模式，是一个时间序列数据有用的特征工程工具

第 8 章 NLP 高级案例：电影评论情感预测

本章导读

- 使用真实数据预测电影评论中的情感。
- 研究数据的应用场景和恰当的建模策略。
- 用 NLP 特征构建初始模型并进行参数优化。
- 提取高级 NLP 特征以提高准确性。
- 模型实用中的规模和其他部署问题。

本章将应用前面章节学习的高级特征工程知识解决一个实际问题。更具体一点，你将使用高级文本和 NLP 特征工程过程，构建和优化一个基于用户提交的电影评论模型。

和以往没什么不同，首先你应观察、研究数据集，了解特征和目标，对特征提取和机器学习算法的选择做出最好的决策。然后，用最简单的特征提取算法构建一个初始模型，观察如何用简单的几行代码快速得到有用的模型。下一步，对特征提取和机器学习算法库进行深入研究，进一步提高模型的准确性。研究各种部署和规模问题，对模型应用于实践得出结论。

8.1 研究数据和应用场景

在本章，你将使用来自 Kaggle 竞赛的数据——数据科学挑战网，在这里来自全世界的数据科学家对企业提出的定义明确的问题进行解决并获取奖励。你将处理这些数据，以便学习前面章节开发的工具，解决实际的机器学习问题。

本章使用的数据来自 Kaggle 情感分析（Bag of Words Meets Bags of Popcorn）竞赛（网址为 www. kaggle. com/c/word2vec - nlp - tutorial）。你需要在 Kaggle 上注册才能下载数据，但这可能是件好事，因为你可能想在大奖赛上试试新学到的机器学习技巧！

在接下来的章节中，我们先描述一下数据集，包括它每一列的意义，以及数据是如何产生的。下一步，我们更进一步地提出数据的属性，并对数据做一些初步的观察。我们采用头脑风暴的方法找到数据集可能的应用场景，并对数据需求进行评估，以及每个潜在应用场景的具体实现。最后，选择一个本章要解决的简单应用实例。

注意，虽然在本章中我们先介绍和研究数据，然后再指出可以解决的实例，但典型的应用却是相反的顺序。通常，机器学习者先研究应用实例，假设或要回答的问题，然后再搜索和研究可以解决问题的数据。这是首选的方法，因为它强制从业者在分析数据集之前，好好考虑应用实例和所需的数据。也就是说，数据集处理和被要求建立一些很酷的东西并不少见！

8.1.1　数据集初探

我们的数据集是包含电影评论的网络电影数据库 IMDb（www. imdb. com）。测试数据包含 5 万条评论，也就是每部电影的评论都不超过 30 条。对于每条评论，结果变量被编码为二进制特征，如果对 IMDb 评论的人，评分大于 6 则为 1，小于 5 则为 0。数据集中不包含评分为 5 ~6 的中间情况。

这个数据集的挑战是设计机器学习系统学习模式和积极评论及消极评论的语言结构。关键是要训练模型只从评论中学习，而不是从诸如演员、导演、体裁和发布年份等环境数据中学习。或许这些数据能使模型预测得更加准确，但这些在数据集中并不存在。

除训练数据集外，还有训练数据集中没有出现的、独立的、2,500 条电影评论作为测试数据。原则上，这些数据可用于验证模型的性能，并可用于评估模型应用于实际环境中的表现。但 Kaggle 并未在测试数据中提供标签。因此，你需要构建自己的测试数据集，将 Kaggle 的测试数据进行拆分，70% 的数据用于训练，30% 的用于测试。

注意，保证训练集中的电影不出现在测试集中是很重要的[㊀]。如果相同的电影既包含在训练集中又包含在测试集中，那么你的模型将会通过电影名称确定好坏，而不是集中通过积极和消极的语言进行确定。而在实际产品中，若将此机器学习模型应用于新的未见过名字的电影，这种从训练样本到测试样本的疏漏将导致对新的电影评论进行预测时，得出过高的评价。因此，我们推荐使用最新的数据构建测试集，也就是说，测试集中要包含比训练集更新的数据。

8.1.2　检查数据

数据集中的每条评论长度不同，从简单一句话到几页长度的都有。因为评论是从几十个影评人的评论中抽取的，所以评论的词汇变化也非常大。关键是构建机器学习模型探测积极评论与消极评论的差别，并准确地预测新评论所包含的情感。

机器学习的第一步是观察数据，并对其他步骤进行考虑，如模型类型和特征化。在开始这个过程之前，先来看一下图 8-1 所示的最短的 10 条评论。看下第一行（ID = 10962_3），

㊀ 在训练集中，没有包含评论是针对哪部电影的指示器。因此，我们假设训练集数据按日期预排序，并且对训练集或测试集数据进行分组，使得对相同电影的评论集中在一起。

这条特殊的评论说明了问题的微妙之处：虽然评论明确表示"这部电影很糟糕"，但又说"但也有好的可取之处"。尽管使用了"好"这个单词，但任何人都很清楚地知道这是一条负面的影评。这里的挑战是教给机器学习模型，即便使用了诸如"好"这样的正面词汇，但"这部电影很糟糕"代表了一切！

ID	二进制情感评分	影评
10962_3	0	这部电影很糟糕，但也有好的可取之处
2331_1	0	哪怕每晚只要 1 美元，我都不会租
12077_1	0	残忍的明是一部低成本、很糟糕的电影
266_3	0	即使已经看过了，你最好还是选择保罗·范霍文这部电影
4518_9	1	亚德里安·帕斯达在这部电影中很出彩，塑造了一个迷人的女人
874_1	0	冗长、无聊，好不容易看到最后
3247_10	1	我不知道为什么喜欢这部电影，总是乐此不疲地观看
7243_2	0	没有评论，很愚蠢的电影，演技低下……剧本毫无意义……略过
5327_1	0	1 分的评级并不能表达这部电影如何沉闷、令人沮丧和如何差劲
2469_10	1	这是 Hamlet 终极电影版，布拉纳没有消减什么，毫无浪费情节

图 8-1　训练集中选出的最短的评论。对于每条评论，仅提供了 ID、二进制情感评分和影评。

同样，这 10 个样本的评论包括负面陈述的几个例子。像"乐此不疲"和"毫无浪费情节"等词语，很明显表明电影质量是很好的，即使组成词语在意义上是负面的。这表明要做好情感预测，就必须综合多个（相邻）词语的意思。

看一下其他（稍长）的评论，很明显，典型地包含冗长的、描述性的和华丽的辞藻，语言讽刺幽默。在证明机器从真实数据中学习微妙模式的能力和在不确定的情况下预测准确性方面，它是不错的数据集。

8.1.3　应用场景有哪些

机器学习的从业者（非实用）往往一头扎进问题里而不考虑模型的实用性，这是错误的，因为应用场景的选择有助于确定问题的结构和解决方案，包括以下内容：

- 如何对目标变量进行编码（如二进制、多类别还是真实值）？
- 优化哪些评价标准？
- 考虑哪些学习算法？
- 采用/不采用哪些输入？

因此在机器学习建模之前，需要先确定使用数据集解决什么样的实际问题。

对 3 个可能的应用场景，需要考虑以下内容：

- 为什么这个应用是有价值的？
- 需要什么样的训练数据？
- 哪种机器建模策略更合适？
- 预测评价标准是什么？

- 现有数据是否足以解决这个问题？

基于对上述问题的回答，你会选择一个简单的应用实例，并解决它。

应用实例 1：新电影评级

电影数据集的第一个也是最明显的应用就是基于评论文本实现对新电影自动分级：

- 为什么这个应用是有价值的？

这是决定周末看什么电影的强大工具。对个人评论打分是一个方面，但很显然更有价值的应用是基于所有的积极评论对每部电影进行打分。诸如烂番茄等网站的点击量很大就是因为它们能够对每部电影进行可靠打分。

- 需要什么样的训练数据？

最基本的是需要评论文本、每个评论的情感指标和每个评论的评价目标（哪部电影）。有了这 3 个组成部分，就能构建电影评价系统。

- 哪种机器学习建模策略更合适？

有两种选择：①把每部电影看作一个机器学习实例，整合每部电影的个人评论，把评论情感归结为平均值或多级模型；②把每个评论看作机器学习实例，基于每个评论的积极因素进行打分，然后对每部新电影给出一个平均分。我们倾向于方案②，因为对每部电影整合所有的评论，将使机器学习模型产生不确定性，特别是如果单个评论是高度极端化的！对每个评论打分，把它们平均到“原分数”中是一种比较直接的方式。

- 预测评价标准是什么？

假定对于每个评论得到一个二进制结果，并且机器学习算法对每个可能的积极评论赋予一个分数，然后得到每部电影的情感评分。这里所关心的是你的评分与电影真实评分（例如，积极评论的百分比）的接近程度，这将引导你对电影做出评价，如属于 R^2级。

但你可能希望使用不同的评价标准，更注重评价列表顶部的评论。事实上，你可能更希望从电影评论列表的顶部找到周六要看的电影。因此，你需要另选一个标准，它更专注于选择评价列表中合适的顶部评论的比率。在这种情况下，你将选择一个度量，如在低假阳性（如 5% 或 10%）基础上的真阳性的比率。

- 现有的数据是否足以解决这个问题？

很不幸，不能。你已经拥有了一切，除了每个评论描述的是哪部电影！

应用实例 2：对每个评论从 1 ~ 10 进行分级

第二个可能的应用是，基于每部电影的用户评论集，自动地对每个评论进行 1 ~ 10（IMDb 评分）的评分：

- 为什么这个应用是有价值的？

任何新影评都会自动赋分而无须人工干预，这将节约 IMDb 网站维护和电影评论打分的大量人工劳动，或者，如果用户对他们的评级给出了一个分数，则它将基于用户的评论文本提供更确切的分数。

- 需要什么样的训练数据？

对于每个评论只需要评论文本和一个从 1 ~ 10 的分数即可。

- 哪种机器学习建模策略更合适？

还是有两种选择：①把结果变量看作实际值并适合回归模型；②把结果变量看作分类值并适合多分类模型。此处我们倾向于方案②，因为它与分类不同，把分数当作数值来考虑。

- 预测评价标准是什么？

如果你选择回归模型，则典型的回归评价指标，如 R^2 或均方误差是自然的选择。

- 现有数据是否足以解决这个问题？

还是不行。你只有每个评论的布尔分类（正面的还是负面的）而没有按照数值进行细分。

应用实例 3：评论的定性划分

最后一个应用是从剩下的评论中分出积极的评论。

- 为什么这个应用是有价值的？

本实例是实例 2 的粗粒度版本，因此每个新的评论自动被划分为积极的或消极的（而不从 1 ~ 10 进行评分）。这种分类对 IMDb 来说很有用，可以让这些评论出现在第一页上或者（更有用的是）出售给电影发行商引用在他们的海报上。

- 需要什么样的训练数据？

仅需要评论文本和二进制的积极或消极的指示器。

- 哪种机器建模策略更合适？

你应该拟合二进制分类模型。你可以对每个新评论的积极程度预赋一个分数。

- 预测评价标准是什么？

这和你要如何使用你的预测有关。如果只是自动地挑出每周前 10 的积极评论（例如，用于显示在 IMDb 第一页上），那么低假阳性率（如 1%）基础上的真阳性率将是一个不错的评价标准。但如果目标是找出所有的积极评论而忽略消极评论（如自动对每个评论情感进行标记），那么诸如准确性或 AUC 会比较适合。

- 现有数据是否足以解决这个问题？

是的！你已经有了电影评论文本集合和二进制情感变量。在本章的余下部分，你将构建出该实例的机器学习解决方案。

回顾一下，你首先学习了数据集的基本细节：来自 IMDb 的手写电影评级，然后深入研究了数据中的某些模式和趋势，最后，考虑了可能的机器学习应用实例。对于每个实例，探究了机器学习解决方案的价值、基本的数据要求，以及如何把解决方案组装在一起。

接下来，你将构建划分电影积极评论和消极评论的机器学习解决方案。

8.2 提取基本 NLP 特征并构建初始模型

因为电影评论集只包含评论文本，所以你需要使用文本和自然语言特征构建有意义的情感数据集。在前面的章节中，我们介绍了从文本提取特征的各种方法，本章讨论在机器学习和自由格式文本中的实际运用，需要经过以下几个步骤：

1）用词袋方法从电影评论中提取特征。

2）用朴素贝叶斯算法构建初始模型。

3）用 tf - idf 算法提升词袋特征。

4）优化模型参数。

8.2.1　词袋特征

也许你还记得，在前一章节讨论 NLP 特征时，我们对自然语言数据抽取特征采用了简单的词袋技术。该方法分析整个语料库的文本，构建所有单词的字典，并将数据集中的每个实例转换成一个数字列表，计算文档中每个单词出现的次数。为了加深你的印象，在图 8-2 中我们重温一下词袋技术。

the	quick	brown	fox	jumps	over	lazy	dog	
2	1	1	1	1	1	1	1	文本1
2	0	1	1	1	1	1	1	文本2
65	8	8	10	4	6	6	6	维基百科关于"快速棕色狐狸"的全字母短句

图 8-2　词袋向量化算法。从单词字典中，可将任何新文档（如图中的文本 1 和文本 2）转换成用于计算文档中每个单词出现次数的数字列表

在清单 8-1 中，载入数据，进行 7:3 的训练 - 测试划分，并使用简单的单词记数法提取特征。此过程很重要的一点是：测试集的单词不能污染词袋字典。这也正是你为什么要在构建向量词典之前，把数据分成训练和测试子集——为了对不可见的数据估计模型的准确性。

清单 8-1　从电影评论数据集构建单词记数特征

```
import pandas
d = pandas.read_csv("movie_reviews/labeledTrainData.tsv",delimiter = "\t")

split = 0.7
d_train = d[:int(split * len(d))]
d_test = d[int((1 - split) * len(d)):]

from sklearn.feature_extraction.text import CountVectorizer
vectorizer = CountVectorizer()

features = vectorizer.fit_transform(d_train.review)
test_features = vectorizer.transform(d_test.review)
i = 45000
j = 10
words = vectorizer.get_feature_names()[i:i + 10]
pandas.DataFrame(features[j:j + 7,i:i + 10].todense(),columns = words)
```

加载数据

将数据分成训练集和测试集

初始化单词记数向量化器

匹配词典并产生训练集的特征值

产生测试集的特征值

图 8-3 所示显示了产生的特征值的一个子集。

词典中的单词

	producer	producer9and	producers	producers	producing	product	production	productions	productive	productively
0	0	0	0	0	0	0	0	0	0	0
1	0	0	0	0	0	0	0	0	0	0
2	0	0	0	0	0	0	0	0	0	0
3	0	0	0	0	0	1	1	0	0	0
4	0	0	0	0	0	0	1	0	0	0
5	0	0	0	0	0	0	0	0	0	0
6	0	0	0	0	0	0	0	0	0	0

数据集中的行

次数不为0的元素

图 8-3　一个 7×10 的特征单词记数的子集，你将用于构建模型。全部数据集是一个 17,500×65,005（训练集中的 17,500 个文档乘以训练集中的 65,005 个唯一的单词）的稀疏矩阵。大部分为 0 的稀疏矩阵是很有用的，它是基于词袋特征的大多数情况。在单词的全词典中，一个单词不可能出现在特定的文档中

从图 8-3 中可以很清楚地看到数据集中的值大多数情况下是 0，只有几个特殊情况。我们把这种情况称为稀疏（sparse）集，这是 NLP 数据集的共性。这对于在下一节我们讨论构建实际模型预测影评情感之前，在机器学习模型中使用特征集是非常重要的。

8.2.2　用朴素贝叶斯算法构建模型

现在已经有了合适的特征值数据集，你可以像往常一样构建模型了。对于这样高度稀疏的数据集，有些机器学习算法比其他算法要好些。更具体点，有些算法内建对稀疏数据的支持，无论是内存使用率还是 CPU 占用率，还是时间方面，这些算法都是普遍高效的。如果观察一下清单 8-1 产生的特征值，你会发现数据集中只有 0.2% 的元素是非 0 的。使用数据集的密集表示法将显著增加内存中的数据量。

朴素贝叶斯分类器基础

朴素贝叶斯（NB）分类器算法是用于文本分类的机器学习算法，与其他更高级的通用算法相比，也是很有竞争力的。这个算法因为将带有“朴素”独立性假设的贝叶斯公式应用于数据处理而得名。

这个假设使该算法对于通常（稠密）问题不太有用，因为特征不是在任何情况下都是独立的。对于稀疏文本的特征，这个假设仍然不能成立，但在实际应用中却表现很好。NB 分类器是机器学习算法中为数不多的用几行就能推导出的算法之一，在本栏中我们解释其中重要的部分。

在本章，我们的目标是对一个影评进行分类，基于每个实例的特征 x 找出评论是“好”（$k=1$）还是“坏”（$k=0$）的可能性 $p(C_k \mid x)$。在概率理论中使用贝叶斯公式可写作：

$$p(C_k \mid x) \sim p(C_k)p(x \mid C_k)$$

$p(x \mid C_k)$是实例属于 C_k 的特征 x 的条件概率。因为独立性假设（朴素部分）没有特征交叉的可能，因此它就变成了每个特征在给定分类条件下概率的乘积：

$$p(C_k \mid x) \sim p(C_k)p(x1 \mid C_k)p(x2 \mid C_k)p(x3 \mid C_k)p(x4 \mid C_k)\cdots$$

$$=p(C_k)\prod_i^N p(x_i \mid C_k)$$

因为 $p(C_k)$为边界类分布，所有评论被分成“好”的和“坏”的两种，这很容易从数据中找到，你仅需要算出 $p(x_i \mid C_k)$是多少就可以了。这个表达式可以读作“特定特征在特定分类下的概率”。例如，你希望包含单词“great”的评论比“不好”情感的评论概率要高。

你可能想通过统计每个分类中特征（单词）在所有文档中出现的次数来计算这个值。产生这种数量统计的概率分布称为多项式分布，那么 $p(x_i \mid C_k)$将变为：

$$p(x_l \mid C_k) \sim \prod_i p_{k_i}^{x_i}$$

把这个带入前面的等式，并进行对数化以便于应用：

$$\log[p(C_k \mid x_i)] \sim \log[p(C_k)\prod_i p_{k_i}^{x_i}]$$

$$=\log[p(C_k)] + \sum_i^n x_i \log(p_{k_i})$$

$$=b + w_k x$$

此处，b 就是 $\log[p(C_k)]$（可从数据中获得），x 表示要预测的实例的特征，w_k是指 $\log(p_{k_i})$——指单词在“好”和“坏”的文档中出现的次数，可从模型构建时学习到。注意，在计算中我们忽略了各种常数，并且在从头编写算法代码时要考虑多种实现细节，但在此罗列的基础是正确的。

对于稀疏自然语言特征处理（NLP），一个比较有用的分类算法就是朴素贝叶斯算法，特别是多项式算法（见上栏）。清单 8-2 中的代码是从清单 8-1 的特征构建模型。

清单 8-2　多项式朴素贝叶斯算法构建第一个影评情感模型

```
from sklearn.naive_bayes import MultinomialNB
model1 = MultinomialNB()
model1.fit(features,d_train.sentiment)
pred1 =model1.predict_proba(test_features)
```

为了评价模型的表现，定义清单 8-3 中的函数，并在初始模型中调用它。本章的准确性度量报告包括通用分类准确性（文档中正确分类的部分）、受试者工作特征曲线 ROC 和对应的 AUC（ROC 线下面积）数值。这些已经在第 4 章介绍过，并且应用在了许多实例中。

清单 8-3　初始模型评价

```
from sklearn.metrics import accuracy_score,roc_auc_score,roc_curve
def performance(y_true,pred,color = "g",ann = True):
acc = accuracy_score(y_true,pred[:,1] >0.5)
auc = roc_auc_score(y_true,pred[:,1])
fpr,tpr,thr = roc_curve(y_true,pred[:,1])
plot(fpr,tpr,color,linewidth = "3")
xlabel("False positive rate")
ylabel("True positive rate")
if ann:
annotate("Acc:% 0.2f" % acc,(0.2,0.7),size =14)
annotate("AUC:% 0.2f" % auc,(0.2,0.6),size =14)
performance(d_test.sentiment,pred1)
```

代码运行结果如图 8-4 所示。

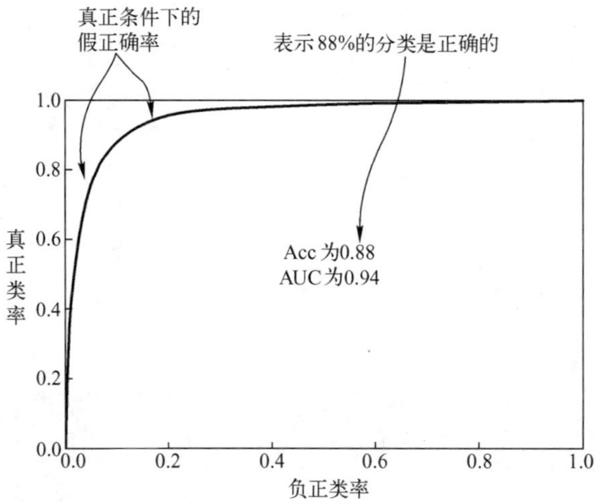

图 8-4　简单词袋模型的分类性能的 ROC 曲线。图中显示了分类准确性、评论正确分类部分和 AUC 度量。准确性表示你对模型期望的正确分类是 88%，但通过 ROC 曲线，你可以交换真正类率（TPR）和负正类率（FPR），或者相反。如果根据这个分类标准，需要太多的人工干预，就需要降低 FPR 的比率，但这也会降低真正检测的比率

观察图 8-4 发现，这个最基本的模型表现还是不错的。对 88% 的评论分类是正确的，但你还可以对假正（误报）[1]和真正[2]的比例进行调整，这取决于你倾向于更多噪声还是更好的检测率。

---

[1] 被模型预测为正的负样本。——译者注

[2] 被模型预测为正的正样本。——译者注

我们把一些新的评论样本传递给向量化器和模型进行新的情感预测：

```
>>>review = "I love this movie"
>>>printmodel1.predict(vectorizer.transform([review]))[0]
1
```

积极评论用 1 表示，这样看来是正确的，让我们试试另一个：

```
>>>review = "This movie is bad"
>>> printmodel1.predict(vectorizer.transform([review]))[0]
0
```

消极评论用 0 表示，测试结果也是正确的。好的，我们给模型开个小小的玩笑：

```
>>>review = "I was going to say something awesome,but I simply can't because the movie is so
bad."
>>> printmodel1.predict(vectorizer.transform([review]))[0]
0
```

不是靠运气，仍然是正确的。或许你可以在消极评论中添加一些积极的词语？

```
>>>review = "I was going to say something awesome or great or good,but I simply can't be-
cause the movie is so bad."
>>> printmodel1.predict(vectorizer.transform([review]))[0]
0
```

不，这是一个非常聪明的模型。单词“bad”应该对分类有很大影响，因此或许你可以欺骗模型，把它用在积极的评论中：

```
>>>review = "It might have bad actors,but everything else is good."
>>> printmodel1.predict(vectorizer.transform([review]))[0]
0
```

最终，你成功欺骗了机器学习模型。这个小练习很有趣，但它也证明了机器学习模型理解影评等自然语言的能力。在下一节，通过研究更好的特征参数和建模方法，对我们简单的单词计数特征进行改进。

8.2.3　tf - idf 算法规范词袋特征

在前一章，我们介绍了 tf - idf 算法作为简单词袋特征的升级。本质上，tf - idf 算法基于每个单词在文档中出现的频率规范单词计数。主要思想是，常用单词权重较小，而较少出现的单词权重较大，这使得你可以对数据集中罕见的单词进行深入挖掘。

在本节你对特征应用 tf - idf 算法看是否可以得到更高的准确性。这个改变对于 Scikit - Learn 来说是非常容易的，因为你只需要把 CountVectorizer 换成 TfidfVectorizer 即可，具体见清单 8-4。

清单 8-4　在模型中使用 tf-idf 特征

```
from sklearn.feature_extraction.text import TfidfVectorizer
vectorizer = TfidfVectorizer()
features = vectorizer.fit_transform(d_train.review)
model2 = MultinomialNB()
model2.fit(features,d_train.sentiment)
pred2 = model2.predict_proba(vectorizer.transform(d_test.review))
performance(d_test.sentiment,pred2)
```

（使用TfidfVectorizer构造特征；用这些特征对朴素贝叶斯算法进行训练并预测；结果图形化）

tf-idf 模型的性能如图 8-5 所示，你可以看到 tf-idf 特征是如何轻微提高模型准确度的，尤其是 ROC 曲线表明它在避免负正率方面表现更佳。假定你有数不清的评论需要分出不好的以供人工审核。较低的负正率会使实际上积极的评论到达人工审核的数量减少，因此他们可以很快地完成工作。

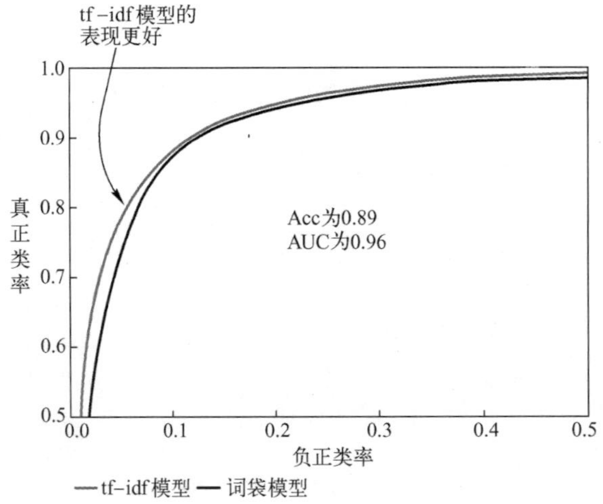

图 8-5　tf-idf 模型的 ROC 曲线在词袋模型之上。可以看出在分类准确性和 AUC 方面都有些许提高。tf-idf 模型尤其是在低 FPR 方面有了提高；对于相同数目的正确分类的评论，模型的负正类率更低。如果人工干预主要是在分类阶段，则最好使用较低的噪声进行筛选

无论是 tf-idf NLP 特征提取算法还是朴素贝叶斯模型算法，都可以对数据集中的特定细节进行调整。我们把这些可调整特性称作超级参数（hyperparameters）。这源于一个事实，那就是模型的变量（即特征）可以被看作参数，而这些算法的参数工作在较高的层次上。在接收你的模型性能之前，尝试这些参数不同的值是非常重要的，这也是下一节的主要话题。

8.2.4　优化模型参数

查找一个模型最优参数的最简单方法，是用不同的参数构建一系列模型，对感兴趣的性能度量进行观察。但问题是，你不能保证参数间是相互独立的——改变一个参数可能会影响

其他参数的优化。解决这个问题的“粗暴”的办法是创建一个任意参数组合的模型。但如果参数太多，这将会变得很棘手，特别是花大量的时间构建的模型只能用一次。我们在第 4 章讨论了一些解决方案，但你会吃惊地发现，很多机器学习的从业者还是靠“粗暴”的办法来解决问题。你需要建立一种直觉，哪些参数更独立，哪些参数对数据集中的哪些类型影响较大？对于这个练习，有 3 个参数需要优化：两个 tf - idf 参数（max_features 和 min_df）和一个朴素贝叶斯参数（nb_alpha）。

首先，你需要一个可重复调用的函数，用它来构建模型，并返回参数和感兴趣的度量指标（这里是 AUC）。清单 8-5 定义了这个函数。

清单 8-5　参数优化的模型构建方法

```
def build_model(max_features = None,min_df = 1,nb_alpha = 1.0):
  vectorizer = TfidfVectorizer(max_features = max_features,min_df = min_df)
  features = vectorizer.fit_transform(d_train.review)
  model = MultinomialNB(alpha = nb_alpha)
  model.fit(features,d_train.sentiment)
  pred = model.predict_proba(vectorizer.transform(d_test.review))
  return {
    "max_features":max_features,
    "min_df":min_df,
    "nb_alpha":nb_alpha,
    "auc":roc_auc_score(d_test.sentiment,pred[:,1])
}
```

有了清单 8-5 所示的可重复构建模型的函数，你可以更进一步地定义参数所有可能的值（随机选取或通过直觉）并连续运行了，见清单 8-6。

清单 8-6　参数优化循环

```
from itertools import product
param_values = {
  "max_features":[10000,30000,50000,None],
  "min_df":[1,2,3],
  "nb_alpha":[0.01,0.1,1.0]
}
results = []
for p in product(*param_values.values()):
  res = build_model(**dict(zip(param_values.keys(),p)))
  results.append( res )
  print res
```

定义想要优化的参数值

对每个参数值组合

构建模型并保存结果

你要优化的参数如下：

- max_features——tf - idf 算法创建的最大单词列数。通过这个参数，可以知道所有单词数量可达 65,000 列，因此你可以在范围内尝试一个近似的数。None 表示使用全部单词。
- min_df——在数据集中单词出现的最少次数，低于这个值的单词将不会出现在特征集中。这是潜在的参数依赖性的例子，因为字典中的单词数（还有 max_features）可以通过改变 min_df 而改变。

- nb_alpha——朴素贝叶斯分类器的 α（平滑）参数。在这个特定的机器学习算法中，这是一个唯一可调整的参数。这个值的选取需要深入研究参数的意义和其他情况下别人是如何使用的。

清单 8-6 最后一个需要说明就是 itertools 模块中 product 函数的用法——便于处理数据的 Python 函数的集合。该函数以聪明的方式产生一组列表的所有组合（笛卡儿积）。清单 8-6 代码的运行结果如图 8-6 所示。

图 8-6 所示显示了部分优化结果。对于 36 种不同的值的组合，只有 3 个参数，因此运行时间不超过 10 min，因为朴素贝叶斯算法的训练时间是相对较短的，但你可以想象要尝试更多的参数和参数值，则优化时间会很长。另一个发现优化参数的技巧是，以宽泛的参数值开始，然后对不同参数值的优化运行结果进行深入研究。从图 8-6 中可以明显看出不同的参数是如何提升模型的 AUC 的。使用下面的值在第 27 次循环时结果最佳：

- max_features—NaN（默认为所有单词）。
- min_df—1（默认）。
- nb_alpha—0.01。

	AUC	max_features	min_df	nb_alpha
17	0.955985	30000	3	1.00
18	0.970304	50000	1	0.01
19	0.967335	50000	2	0.01
20	0.963369	50000	3	0.01
21	0.968388	50000	1	0.10
22	0.965254	50000	2	0.10
23	0.962516	50000	3	0.10
24	0.958776	50000	1	1.00
25	0.957700	50000	2	1.00
26	0.956112	50000	3	1.00
27	0.973386	NaN	1	0.01
28	0.967335	NaN	2	0.01

第27次循环的
AUC值最高

图 8-6　参数优化循环中的部分结果。第 27 次循环中的参数组合产生的结果最好

因此，有趣的是，你还可以通过寻找贝叶斯算法 α 参数更好的值进一步提升模型性能。让我们看一下当改变某个参数（其他参数固定）时 AUC 是如何变化的，如图 8-7 所示。

其中，每幅图只是 AUC 进化的一个方面，因为你需要一个四维图形绘制所有参数的 AUC 函数。但仍然可以观察模型对于每个值的改变的反应。例如，max_features 值越大，结果越好（最大可能值胜出），min_df 值越小越好（最小的可能值胜出），最后，nb_alpha 值越小越好。因为没有理论上的下限，这就提示你可以以更低的值进行另一次运行，我们把这作为你的练习（但据我们所知，已经找不到更好的值了）。

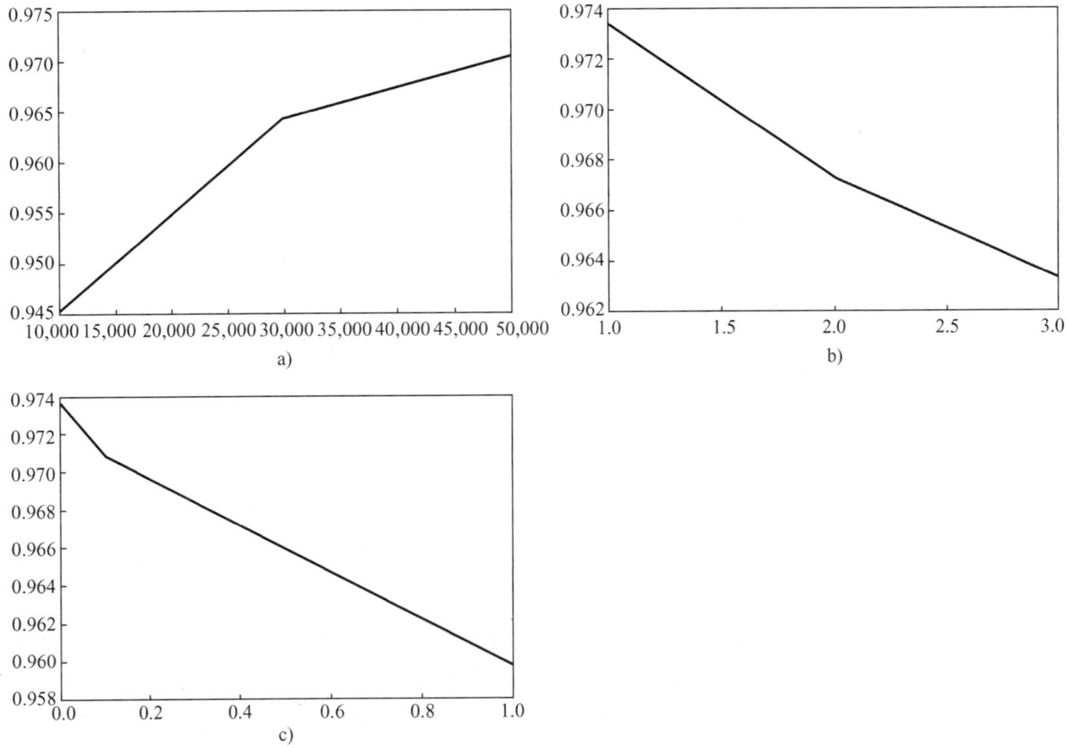

图 8-7　通过改变特征的 3 个参数和机器学习算法来提升 AUC。你可以看到：max_features 越高 AUC 越好，min_df 越低 AUC 越好，nb_alpha 越低 AUC 越好。但这不能说明最好的值组合在一起就是最佳参数组合。通过我们的运行结果，最佳参数组合是 max_features = NaN（所有单词，默认），min_df = 1（最小值，默认）和 nb_ alpha = 0. 01（提升的主要原因）

a）AUC 与 max_features　b）AUC 与 min_df　c）AUC 与 nb_alpha

图 8-8 示出了优化模型的 ROC 曲线。无论是从度量方面还是 ROC 上的点，都能看出模

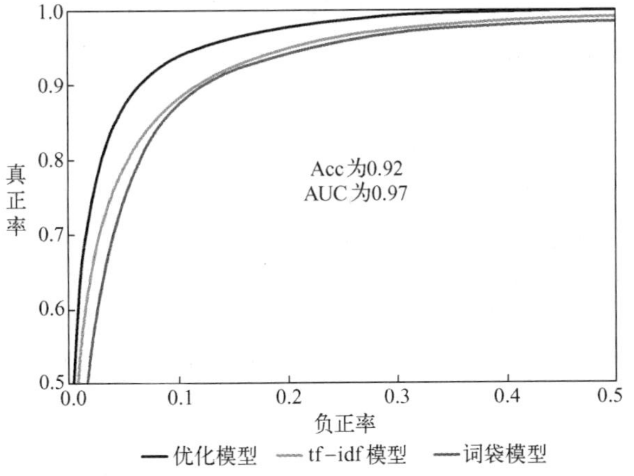

图 8-8　优化模型与前面模型的 ROC 曲线比较。在我们测试集评估中，这个模型貌似是最好的（就曲线上的每个点来说），准确率也有了显著提高

型性能的实质性提升。这是一个通过调整超级参数获得更强预测能力的很好的例子。这里需要说明的最后一件事是：你可以想象，新的模型参数选择反过来会影响特征和建模算法（例如，单词计数还是 tf - idf）的性能，并且每个算法会有新的潜在的参数需要优化。从最严格的情况来说，你需要优化算法和参数的所有选择，但这在实际应用中是不可能的，这里折中的方法是里程碑式优化。例如，首先修正使用的 NLP 算法，然后是机器学习模型，再优化这些参数。你的项目可能需要不同的里程碑——在你构建后续的机器学习模型时，要不断地积累经验。

图 8-8 所示的 ROC 曲线总结了我们最初的建模经验。从基本的算法加上很少代码，你已经构建了一个准确率较高的自然语言处理模型。在下一节，将对特征工程和建模进行更进一步的研究，并看到将这样一个模型部署到实际应用系统中的各个方面。

8.3 高级算法和模型部署的考虑

在前一部分，我们关注了采用相对简单的特征和机器学习算法构建学习模型。这些模型对我们来说，准确性已经足够了。你可以尝试下一个优化模型的想法，但在时间花费和准确性提高带来的潜在价值之间总有一个权衡。我们鼓励对任何一部分提高以进行控制，例如，节约人工审阅时间，以及你能负担得起多少钱。如你所见，我们的第一个模型在许多情况下可以理解评论情感，并足以作为一个好模型的开端。如果有可能，把一个准确性稍低的模型应用到产品上，并从系统中得到鲜活的反馈，是一件更有意义的事情。

让我们抛开这些建议，进一步优化这个模型。下一步，你将看到通过新的自然语言建模技术产生特征值，那就是由 Google 开发的 word2vec。当提取了 word2vec 特征值之后，你将转向随机森林算法以更好地支持这些新特征。

8.3.1 word2vec 特征

一个相对较新的处理自然语言的方法是 Google 开发的 word2vec 项目。word2vec 本身是一个机器学习模型，由深度神经网络构建。神经网络是机器学习的一个分支，是机器学习的最新成果，特别是在人类相关处理方面，诸如自然语言、语音和图像识别。

要构建你自己的训练集 word2vec 模型，你将使用 Python 的 Gensim NLP 库，内置了绝好的 word2vec 实现。在前面的第 7 章中，已经在 LDA 中用过 Gensim，LDA 是类似于 word2vec 的另一主题模型。

使用 Gensim 需要对建模用的文档进行一些额外处理，因为 Gensim 工作于句子（已分解的一系列单词）而不是任意文档。这需要更多的前期工作，但也更好地理解了模型的输入。在清单 8-7 中，构建了剔除终止词和标点符号，并转换成小写的函数。注意，这在 Scikit - Learn 单词向量化器中已经自动完成了。我们可以使用类似功能或 Python NLTK 自然语言处理工具完成这个功能，但为了教学需要，我们还是选择自己编写。

清单 8-7　文档划分

```
import re,string
```

```
stop_words = set(['all',"she'll","don't",'being','over','through',
'yourselves','its','before',"he's","when's","we've",'had','should',
"he'd",'to','only',"there's",'those','under','ours','has',
"haven't",'do','them','his',"they'll",'very',"who's","they'd",
'cannot',"you've",'they','not','during','yourself','him','nor',
"we'll",'did',"they've",'this','she','each',"won't",'where',
"mustn't","isn't","i'll","why's",'because',"you'd",'doing','some',
'up','are','further','ourselves','out','what','for','while',
"wasn't",'does',"shouldn't",'above','between','be','we','who',
"you're",'were','here','hers',"aren't",'by','both','about','would',
'of','could','against',"i'd","weren't","i'm",'or',"can't",'own',
'into','whom','down',"hadn't","couldn't",'your',"doesn't",'from',
"how's",'her','their',"it's",'there','been','why','few','too',
'themselves','was','until','more','himself',"where's","i've",'with',
"didn't","what's",'but','herself','than',"here's",'he','me',
"they're",'myself','these',"hasn't",'below','ought','theirs','my',
"wouldn't","we'd",'and','then','is','am','it','an','as','itself',
'at','have','in','any','if','again','no','that','when','same',
'how','other','which','you',"shan't",'our','after',"let's",'most',
'such','on',"he'll",'a','off','i',"she'd",'yours',"you'll",'so',
"we're","she's",'the',"that's",'having','once'])
    def tokenize(docs):
      pattern = re.compile('[\W_]+',re.UNICODE)
      sentences = []
      for d in docs:
          sentence = d.lower().split(" ")        # 全部转换成小写字母后把文档分隔成单词
          sentence = [pattern.sub('',w) for w in sentence]    # 删除任何非单词字符，如标点符号
          sentences.append( [w for w in sentence if w not in stop_words] )    # 删除英语终止词
      return sentences
```

通过这个函数，你可以标记任何文档列表，现在就可以构建自己的 word2vec 模型了。要获取更多关于该算法的参数信息，请参考 Gensim 文档[⊖]。

word2vec 模型的构建代码见清单 8-8。

清单 8-8　word2vec 模型

```
from gensim.models.word2vec import Word2Vec
sentences = tokenize(d_train.review)        # 切分函数产生句子
model = Word2Vec(sentences,size=300,window=10,min_count=1,
    sample=1e-3,workers=2)        # 构建并规范word2vec模型
model.init_sims(replace=True)
print model['movie']        # 打印word2vec产生的单词movie的向量
#>array([0.00794919,0.01277687,-0.04736909,-0.02222243,…])
```

⊖ https://radimrehurek.com/gensim/models/word2vec.html。

你可以看到一个单词是如何表示成一个向量（这里是 300 个数字的向量）的。为了使用 word2vec 模型产生机器学习算法的特征，需要将评论转换成特征向量。如果你知道如何把单个单词转换成向量，那么一个简单的想法就是把评论文档（单词的列表）表示成文档中所有单词的平均向量。清单 8-9 中，你所构建的函数就是做这个工作的。

清单 8-9　word2vec 特征

```
def featurize_w2v(model,sentences):
  f = zeros((len(sentences),model.vector_size))
  for i,s in enumerate(sentences):
      for w in s:
        try:
      vec = model[w]
        except KeyError:
      continue
      f[i,:] = f[i,:] + vec
    f[i,:] = f[i,:]/len(s)
  return f
```

现在需要为你新产生的 word2vec 特征构建模型了。你可能会想起 8.2.2 节讨论的机器学习算法，朴素贝叶斯分类器对稀疏数据工作得很好，但不太适合稠密数据。word2vec 已经将大约 65,000 个稀疏单词记数特征转换成了只有几百个的稠密特征。深度学习模型已经学习了模型的高级主题（见清单 8-8），每个文档可被看作若干主题的组合（见清单 8-9）。

8.3.2　随机森林模型

前面介绍的多项式朴素贝叶斯算法不适合 word2vec 特征，因为它们不能被认为是由多项式分布产生的。你仍然可以用其他分布使用朴素贝叶斯算法，但需要依靠我们的老朋友——随机森林算法。在清单 8-10 中，你将对 word2vec 特征，构建 100 棵树的随机森林模型，并在测试集上分析它的性能。

清单 8-10　对 word2vec 特征构建随机森林模型

```
features_w2v = featurize_w2v(model,sentences)

model4 = RandomForestClassifier(n_estimators = 100,n_jobs = -1)
model4.fit(features_w2v,d_train.sentiment)

test_sentences = tokenize(d_test.review)
test_features_w2v = featurize_w2v(model,test_sentences)
pred4 = model4.predict_proba(test_features_w2v)
performance(d_test.sentiment,pred4,color = "c")
```

word2vec 的随机森林模型的性能与之前的模型比较如图 8-9 所示。从图中可以看到，对于你选择的度量指标，新模型的准确性是如何提高的，并且超过了 ROC 曲线上的所有点。

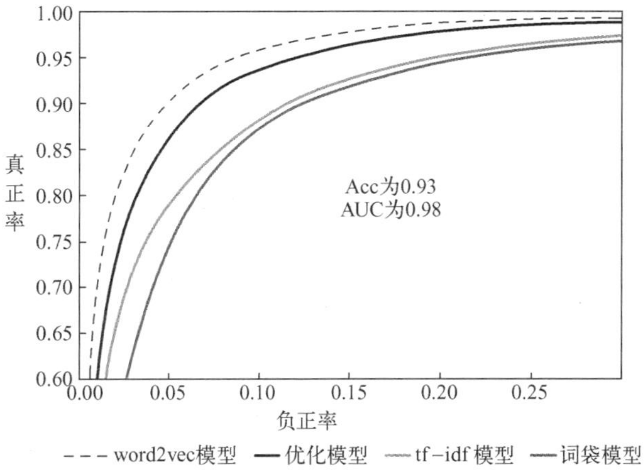

图 8-9　word2vec 模型与前面模型的 ROC 曲线。可以看出，所有 ROC 曲线的值都有所提高，并反映在准确性和 AUC 数值上

鉴于图 8-9 所示的最终模型的表现，你已经对性能十分满意并准备停止优化工作。但你可以进一步尝试其他事情以提高准确性。即使是人也不可能对所有评论的情感进行正确的分类，可能存在不正确的标记或者某些评论的情感难于理解。

但模型可以做得比现在更好。我们将把这些留给你，亲爱的读者，这最初的事情列表，大体上以优先级为序：

- 使用未标记数据构建更好的主题模型。

Kaggle 竞赛网的数据部分包含未标记的评论集合，可用于模型训练。因为你正在构建的是监督学习模型，它们看起来不太有用。但因为你正在构建的 word2vec 模型，需要学习 IMDb 电影评论的细微差别，特别是不同单词和概念之间的联系，这将有利于你在建立模型之前，使这些特征进入你的训练集（带有标记的），从而提升 word2vec 模型的性能。

- 优化参数。

对于本章最初的模型，在找到更好的超级参数值之后，模型性能有了极大的提高。因此，我们介绍了新的 NLP 模型（word2vec）和机器学习算法（随机森林），还有很多新的参数需要优化。

- 检测短语。

Gensim 库包含对文本中检测短语的支持，如“纽约”，这在我们只切分单词的函数中是没有的。英语倾向于包含多词概念，因此在你的句子产生函数中包括这一点是很有意思的。

- 多语言处理。

如果不能确定所有评论都出自同一语言（在这里是英语），那么你必须在模型的各个环节中进行多语言处理。首先，你需要先知道评论出自哪种语言，或者是否需要进行语言检测（有性能不同的几个库可用）。然后，你需要在切分过程中使用此信息，以便于使用不同的终止词和标点符号。如果很不幸，那么你还可能处理结构完全不同的句子，如中文文本，这样你就不能仅凭空格进行分词。

现在假定你对模型已十分满意。如果这是一个实用模型，则你要把模型做成产品。根据不同的实际情况，需要考虑以下两个方面：

- 你有多少训练数据，且更多的训练数据是否使模型更好？

这将影响机器学习算法的选择，因为你需要选择对训练数据规模性好的模型。例如，朴素贝叶斯分类器支持部分训练，也称作在线学习（online learning)，而随机森林算法则很难适应大数据集。

- 预测容量如何，是否需要实时预测？

我们下一章将进一步讨论关于规模化预测的容量和速度问题，但这是算法选择和基础架构部署的结果。

8.4　总结

在本章你学习了从头到尾的实用机器学习实例、自然语言处理基础和模型参数优化。本章包含以下关键内容：

- 正确选题是十分必要的。对于任何可能的应用，你应该先问："解决这个问题的价值何在?"
- 对于每个用例，你需要观察数据，并系统地确定数据是否足以解决当前问题。
- 如果有可能，要用最简单的算法构建初始模型。在我们的例子中，我们预测评论情感的正确率达90%。
- 对备用模型和模型参数组合的测试和评估，可提高模型的准确性。
- 在不同的模型参数和评价标准之间往往需要权衡。我们看到了由模型的ROC曲线表示的负正率（false positive）和假负率（false negative）之间如何权衡。
- 最新自然语言和机器学习模型技术，如word2vec，是高级特征工程如何提升模型的很好的案例。
- 算法选择不仅要考虑模型的准确性，还要考虑诸如训练时间、新数据的处理代价或者预测时间的实时性等因素。
- 在实用中，模型总是可以提升的。

8.5　本章术语

本章术语见表8-1。

表8-1　本章术语

术　语	定　义
word2vec	自然语言处理（NLP）建模框架，最初由Google发布，用在许多最新的涉及自然语言的机器学习系统中
超级参数优化（Hyperparameter Optimization)	选择参数的各种技巧，控制机器学习算法的执行，以使性能最大化

第9章 扩展机器学习流程

本章导读

- 决定何时放大机器学习流程的模型准确度和预测吞吐量。
- 避免不必要的复杂的扩展策略和重型基础设施的投资。
- 扩展线性机器学习算法以适应大数据量训练数据的方法。
- 非线性机器学习算法的扩展性——一种更大的挑战。
- 减少预测延时并增加吞吐量。

在实用机器学习应用中，扩展性问题是一个主要方面。许多基于机器学习的系统要求快速地处理新数据并做出相关预测，因为预测在稍后的几毫秒之后将会变得毫无作用（例如，试想一下诸如股票市场或单击流数据的实用预测程序）。另外，其他机器学习应用程序在训练阶段要学习 GB 级乃至 TB 级的数据（考虑从互联网规模的图像语料库中学习模型）。

在前面的章节中，你主要集中学习数据的处理，收集足以拟合的数据，然后处理并在单个机器上建模。对于许多现实问题，这些知识可能足以解决问题，但大量的应用需要扩展到多台机器上，甚至云中的几百台机器上。本章介绍关于确定扩展策略和学习所涉及的技术。

本章先介绍面对大数据或高预测吞吐量时应考虑的各种问题，并介绍几种方式，你可以避免在全面扩展方法中投入太多的时间和资源，以及几种在万不得已的情况下选用的技术。在接下来的部分中深入探讨扩大机器学习流程，用于在大数据集上训练模型。最后，集中介绍扩展预测流程，以提高预测吞吐量和减小延迟。

在下一章，你将使用所学到的一切知识来解决现实的大数据实例，不过在此之前你需要耐心地完成本章基础知识的学习。

9.1 扩展前需考虑的问题

对于任何给定的问题，所需的扩展类型最终都取决于应用实例和计算条件的限制。本节从介绍现代机器学习中经常需要的扩展类型开始。你将通过各种维度来考虑和确定哪些可能是你代码中的瓶颈。当确定了需要的规模化类型之后，你将学习标准的技术，以保证你的机器学习应用程序可以处理现实的数据频率和容量。

我们先从一个更高的角度进行介绍，而不是一下子深入到特定的机器学习应用扩展方法中。以机器学习流程为指导，让我们开始系统地了解机器学习的扩展性问题。

9.1.1 识别关键点

让我们先把机器学习流程分解成两个主要的例程：模型训练和模型预测。对于这两个系统，资源约束如何影响流程？如何限制或破坏系统？请考虑表 9-1。

表 9-1 因缺乏扩展性，在建模阶段可能出现的问题以及最终后果

规模化问题	后 果
训练数据过大，不能拟合模型	没有模型可以拟合，无法进行预测
训练数据太大，模型拟合缓慢	模型优化不可行（或不实际），只能使用次优化模型，牺牲准确度

建模期间你将面临的扩展性问题源于大训练数据集。一个极端的情况是，如果训练数据太大，以至于不能拟合模型（例如，数据不能装入内存），那么你必须找到一个方法以回避这个问题。有 3 种方法可以选择：①选择一个较小的数据集进行学习；②使用更大内存的机器；③使用更高效的内存学习算法。

稍后，我们介绍几种快速方法来减少数据集大小，而不会显著影响模型的质量。接着，我们讨论数据系统的可扩展性，如何扩展计算周期拟合你的问题。然后，我们介绍可扩展的学习算法，它们允许在不依靠截断数据或额外硬件的情况下，扩展机器学习模型以适合你的数据。

对于稍小的数据集，可能只适合相对简单的模型（如线性/逻辑回归模型）来代替更复杂的模型（如需要改进的情况），原因是后者额外的计算复杂性和内存占用。在这种情况下，你只能牺牲准确度，不去拟合更复杂的学习算法，但至少你可以拟合一个模型。针对这种情况，前面出现的相同的选择是可以尝试的方法。

在相关的情况下，你巨大的训练集会导致模型拟合缓慢，进而影响模型的优化。与前面的情况类似，这将导致你使用不太准确的模型，因为你被迫使用粗调参数优化策略或完全放弃调优。但与前面的情况不同的是，这个困境可通过更多结点加速（水平扩展）和在不同的机器上拟合模型（通过不同的调整参数选择）得到解决。我们将在 9.1.3 节详细介绍水平扩展。

在预测流程中，你面临的扩展性问题源自：数据输入太快，预测或特征工程过程是 CPU 密集型的，或者预测数据批量很大。请考虑表 9-2。

表 9-2 缺乏扩展性的机器学习预测问题，以及它们的最终结果

扩展性问题	后 果
数据速率（流）太快，机器学习系统无法应对	积压的数据越来越多，最终崩溃
特征工程代码和/或预测过程过慢，不能及时产生预测	潜在的预测值丢失，特别是实时应用场合
数据（批）量太大，模型不能处理	预测系统死机，无法产生预测

幸运的是，所有这 3 种挑战可用相同的策略解决：使用更多机器加速。与模型训练相

比，预测的优点是，在大多数情况下，对于每个数据实例预测可以独立进行[㊀]。为了产生预测，在任何时间，你只需要在内存中保存单个实例的特征（和你构建的模型）。这种情况与模型训练场景相比，典型地，全部训练集必须加载到内存中。因此，与模型训练扩展性问题不同，预测扩展性问题不需要（内存）更大的机器，只是需要更多的机器——当然还需要有效的数据管理系统来控制它们（后文将详细讨论）。

无论你需要产生更快的预测，处理大容量数据实例，还是处理缓慢的特征工程或预测过程，解决方案就是增加机器数量，把不同的数据实例的子集发送到每个结点进行处理。然后，假定拟合的模型分布在所有结点上，你可以在所有机器上并行产生预测，并把预测结果存储到中央数据库中。

在 9.3 节，你将深入研究预测系统。在那里你将探索一些方法，用于构建快速的、具有可扩展性的机器学习预测系统。

9.1.2　选取训练数据子样本代替扩展性

在有些情况下，对于全部的训练数据和 CPU 资源，模型训练无法进行。如果你遇到这种挑战，而且没有其他办法可选，那么还有最后一招，你可以考虑在建模之前，选取训练数据的子样本。

虽然一般情况下我们不推荐选取子样本（这样可能丢失重要信号），但有些舍弃数据的方法比其他方式要好，有些甚至可以提升你的模型，这与使用的机器学习算法有关。你有两种方法舍弃数据：舍弃特征或舍弃样本实例。对于每种选择，我们将介绍一种严谨的统计学方法，通过它可以减小训练数据的大小。

特征选择

通常数据集的宽泛性容易引发计算瓶颈。例如，在基因数据中，训练数据集可能包含数以百万计的基因数据（特征），但只有几百个病人实例。相似地，对于文本分析，n - grams 的特征数据可能包含高达数百万的特征。在这些情况下，你可以首先消除处理中不重要的特征以控制模型训练的规模，这称之为特征选择（feature selection）。图 9-1 所示为特征选择工作的示意图。

正如我们在第 4 章和第 5 章讨论的一样，特征选择在某些情况下可使模型更好。通过智能删除特征，你可以使机器学习算法锁定重要的信号，而不被无关紧要的特征干扰。特征选择的得与失取决于机器学习模型的选择，以及由于舍弃数据造成信息丢失的情况，因此需要经常验证模型对数据的改变进行测试。在本节，我们主要讨论大数据集的特征选择。

对于大规模训练集，我们推荐的特征选择方法是 Lasso 算法。Lasso 算法是一个高效的线性学习算法，可以自动地搜索特征中最具预测性的子集。跟踪整个算法的执行轨迹是非常有用的，可以让用户洞察到所有特征在线性模型中预测能力的排序情况。另外，还可产生线性模型预测的最佳特征子集。

㊀ 注意，在有些机器学习用例中，预测不能在孤立的数据实例上进行。例如，时间序列预测模型、财政或犯罪模型，产生一个预报需要多个时间戳的预测结果。

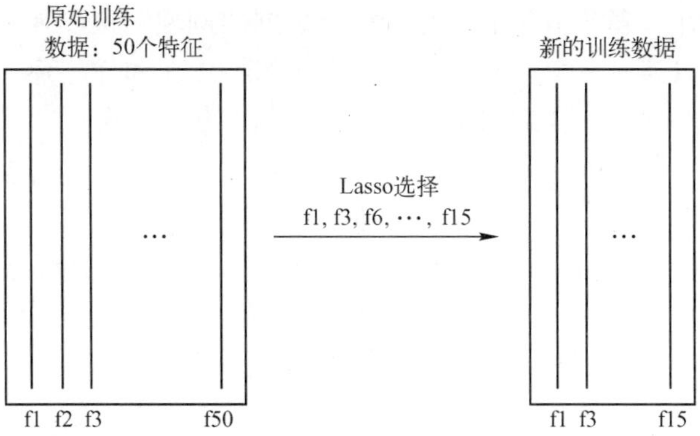

图 9-1　Lasso 特征选择降低大数据集维度，进行机器学习模型训练

如果你幸运（或不幸）地拥有这样一个庞大的数据集，甚至不能适应 Lasso 模型，你可以考虑将 Lasso 拟合到训练集中的实例子集（并且可能在算法运行中取平均值）。这可以让你很好地了解哪些特征可以从模型中删除而不会降低机器学习算法的统计性能。

Lasso 特征选择明显的不足是，它使用线性模型来衡量每个特征的重要性。被 Lasso 选出的特征，可能与目标变量存在事实上的非线性关系，可能错误地被 Lasso 算法捕获。作为选择，特征选择存在非参数方法，如随机森林特征的重要性，但这些方法典型地不能被放大到大数据集。

实例聚类

如果通过特征选择，你的训练数据仍然太大不能拟合模型，你可以考虑进行实例选择。作为万不得已的方法，可以选择统计聚类算法来识别和移除训练实例的冗余。

对于这种数据精简，我们推荐使用一种集聚层次聚类算法。这种方法将初始化每个训练集实例作为其唯一的集群成员。然后，两个最近的集群顺次合并（使用预先定义的距离确定“最近”）。相近集群合并直到满足指定的终止条件（如集群数目）。我们推荐尽早结束这一过程，这样你不会丢失太多的数据信息。最终精简后的训练集中，每个集群只包含一个实例。

9.1.3　可扩展的数据管理系统

与你选择的扩大机器学习流程的策略无关，首先你要做的是处理数据。在过去的十几年里，一种称作大数据（big data）的技术引起了人们的注意。在本书中，我们使用大数据术语表示单个机器无法在有效时间内处理的数据。这里我们介绍一些最成功的大数据项目，以及如何应用到我们的机器学习框架中。

现代大数据系统的基本原则是，通过添加更多的机器以便能够处理更多的数据，这称为水平（horizontal）扩展。与之相对，另一种处理大数据的方式为垂直（vertical）扩展，对现有的机器进行升级，扩充硬盘、内存或 CPU 核数。图 9-2 所示为水平和垂直扩展的对比。

有时，可能比你想象得还要普遍，升级机器就足以扩大你的机器学习流程。像前一节开始的那样，当你的分类或回归问题的数据处理准备好之后，这些数据可能不够大，不足以保

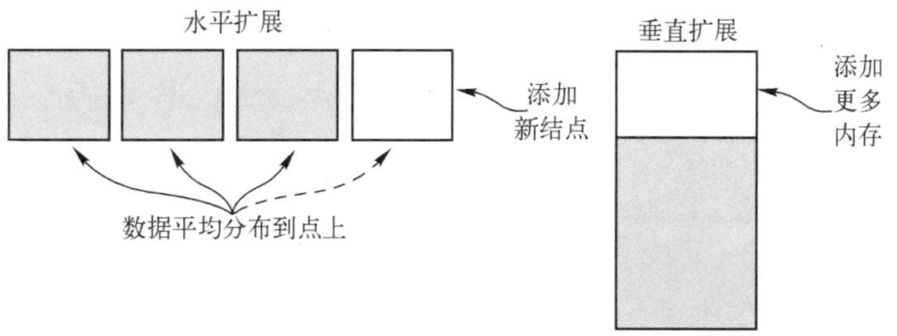

图 9-2　大数据系统的水平和垂直扩展。在水平扩展系统中，向基础设施中添加新的结点（机器），处理或计算更多的数据，因为负载均衡地分布在所有结点上。这种系统的一个很好的例子是 Apache 的 Hadoop。在垂直扩展的系统中，对已经存在的机器添加更多资源来应对更高的负载。这种方法开始时可能比较有效，但可添加的资源有限。这种方法的数据库例子是 SQL 服务器，如 PostgreSQL

证真实大数据系统的复杂性。但在某些情况下，当处理流行网站、移动 App、游戏或大量物理传感器时，有必要使用水平扩展的系统。从现在开始我们假定扩展指的是水平扩展。

水平扩展大数据系统主要有两层：存储和计算。在存储层（storage layer）存储数据以及把数据发送到计算层（computational layer），数据在这里得到处理。一个应用最广的大数据软件项目是 Apache 的 Hadoop，现在仍然广泛地应用于科学研究和工业领域，它的思想来源于早在 2000 年由 Google 和其他 Web 级公司达到的、前所未见的扩展性。

Hadoop 的存储层称为 Hadoop 分布式文件系统（Hadoop Distributed File System，HDFS）。数据集被分成若干部分分布到多个机器上，因此可以并行处理。而且，每部分数据是允许重复的，因此数据不会因为硬件或软件的错误而丢失。

Hadoop 的计算层是一个称作 MapReduce 的算法，将计算分布到集群中的结点上。在 MapReduce 框架中，映射步骤将数据从 HDFS 分发到以某种方式变换数据的工作器（worker）上，通常保持数据行的数量相同。这与前面章节中的特征工程过程类似，对每个输入的数据行添加新的列。在精简步骤中，映射的数据被过滤并聚合成其最终形式。许多数据处理算法可被转换成 MapReduce 作业。当算法被转换到这种框架后，诸如 Hadoop 这样的系统将负责在集群的任意数目的机器上分配工作。

原则上，存储层和计算层不需要集成在一起。许多组织使用云提供商的存储系统，如亚马逊网络服务（Amazon Web Services，AWS）云设施的 S3 服务，连接 Hadoop 的 MapReduce 框架进行计算。这样做的优点是，AWS 管理你的庞大数据，但也失去了 HDFS 和 MapReduce 紧耦合的优点：数据局部性（data locality）。数据局部性可使你的系统更高效，因为计算任务所处理的数据离存储位置很近。

Hadoop 社区已经开发了称为 Mahout 的机器学习库，实现了一系列流行的机器学习算法，可以工作在 Hadoop 框架的 HDFS 和 MapReduce 上。如果你的数据存在于 Hadoop 中，则 Mahout 是机器学习值得研究的。Mahout 不再采用简单的 MapReduce 框架，而是采用更高级的基于 Apache Spark 的分布式计算方法。Apache Spark 是基于 Hadoop 思想的一个更新的和更流行的框架，力图对内存数据处理有更好的性能。Spark 有自己的机器学习算法库，称为

MLlib。图 9-3 示出了 Apache Spark 系统的结构图。

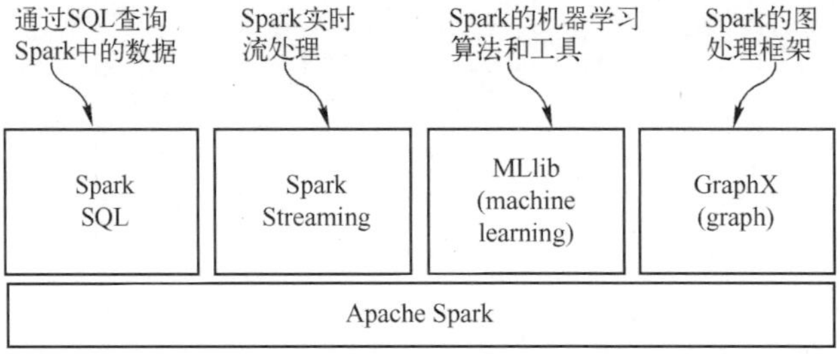

图 9-3　基于分布式计算核的 Apache Spark 结构图。Spark 的 SQL 允许你使用 Python 的 pandas 或 R 的数据帧处理表格数据。Spark Streaming 允许在数据到达时实时处理，与 Hadoop 和经典 Spark 的批处理性质不同。MLlib 是针对 Spark 引擎优化了的机器学习算法库。GraphX 是一个允许在大图形上高效计算的库，如社交网络的社交图

可扩展机器学习算法在本质上通常是线性的。Mahout 和 MLlib 都包含几乎大多数的线性机器学习算法或非线性算法的逼近版本。在下一节，你将看到这两种类型的算法是如何扩展的。

9.2　机器学习建模流程扩展

在本章的第一部分，你看到了在扩大机器学习流程处理更大数据集中应该知道的事情。在本节，我们假定你已经决定扩大你的机器学习流程，并选定了要使用的大数据处理系统。图 9-4 所示为修改后的机器学习流程图，使之适合于大数据处理。

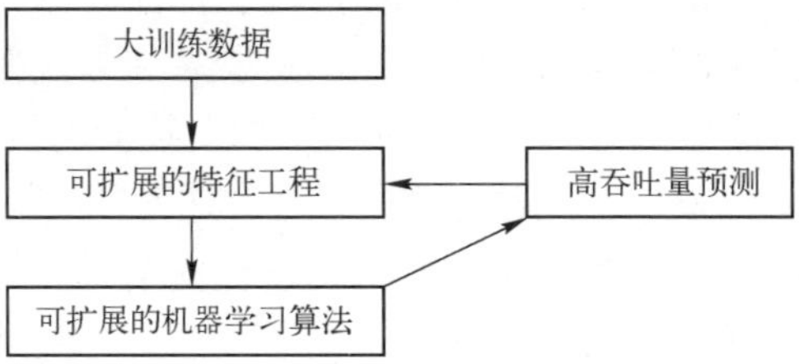

图 9-4　修改后的可扩展的机器学习建模流程图

在 9.1.3 节，我们介绍了一些大数据处理系统，它们可用于管理和处理任意大小的数据。因为它们的工作是基于实例的，我们到现在为止介绍的特征工程处理过程，可通过这些系统中的简单的映射调用获得。接下来，你将看到一些流行的线性和非线性机器学习算法在面临大数据时，是如何扩展的。

在本章的开始部分，你看到在学习阶段，最基本的扩展性挑战是大训练数据的内存问题。为了规避这个问题，一个选择是实现这样的机器学习算法实现相同功能，但内存占用更小的算法，或可以在分布式系统中进行训练的算法，每个结点只需要整个数据集的一个子集。

大多数常用的机器学习算法有无数这样的实现。从 scikit - learn 到 mlpack，这些实现不断地刷新着内存效率的前沿（因此可以在内存固定的单个机器上训练更大的数据集）。然而，数据量的增长速度远远超过了机器学习软件和计算机硬件的发展速度。对于某些训练集，唯一的选择就是机器学习的水平扩展。

最常用的分布式学习算法是线性（和逻辑）回归。Vowpal Wabbit（VW）库普及了这种方法，并且一直是在多台机器上进行可扩展线性学习的主要支柱。分布式线性回归算法的基本工作方式是，首先发送训练数据的子集（数据行的子集）到集群中的各台机器上。然后以迭代的方式，每台机器对数据子集进行优化，并把优化结果送回到主结点。在这里对所有信息加以整合，形成最佳解决方案。经过为数不多的几次这样的迭代，最终模型保证接近于整体最佳模型（如果单个模型一次拟合所有数据）。因此，分布式线性模型可以拟合 TB 级甚至更多的数据！

正如我们在本书中多次讨论的一样，线性算法不一定足以对数据的细微差异进行建模并准确预测。在这种情况下，求助于非线性模型是比较有帮助的。非线性模型要求更多的计算资源，水平扩展对于非线性模型不一定适合。可以这样理解，非线性模型还要考虑特征间复杂的相互作用，因此需要在任何给定的结点上驻留更多部分的数据。

在许多情况下，升级硬件，或寻找更高效的算法，或者对选定的算法更高效的实现，是比较可行的。但其他情况下，需要扩展非线性模型，下面我们讨论几种这样的方法。

多项式特征

模拟非线性特征相互作用的一个应用最广的方法是，创建现存特征的新的组合特征，并训练包含非线性特征的线性模型。一种常用的组合特征的方法是将不同组合的特征相乘，如特征 1 乘以特征 2、特征 2 的平方，或者特征 1 乘以特征 2 再乘以特征 5。假定数据集中包含两个特征，f1 = 4 和 f2 = 15。除了在模型中使用特征 f1 和 f2 之外，你可以产生新的特征 $f1 \times f2 = 60$，$f1^2 = 16$ 和 $f2^2 = 225$。数据集经常包含更多的特征，而不仅仅是两个，因此这种技术可以产生数量巨大的新特征。这些特征是现有特征的非线性组合，我们称之为多项式特征（polynomial features）。清单 9-1 显示了如何通过 Python 的 scikit - learn 库实现这种组合。运行清单代码的结果显示，把多项式特征添加到标准的鸢尾花分类模型时得到的精度如下：

```
Accuracy(linear):0.95(+/-0.12)
Accuracy(nonlinear):0.98(+/-0.09)
```

清单 9-1　通过使用多项式特征使线性模型非线性化

```
from sklearn import datasets
from sklearn.linear_model import LogisticRegression
from sklearn.preprocessing import PolynomialFeatures
from sklearn.cross_validation import cross_val_score

iris = datasets.load_iris()
```

装载样本数据。每个实例描述了模型需要学习分类的鸢尾花图片

```
linear_classifier = LogisticRegression()
linear_scores = cross_val_score(linear_classifier,\
    iris.data,iris.target,cv = 10)
print "Accuracy(linear):\t% 0.2f( + /- % 0.2f)" %  \
    (linear_scores.mean(),linear_scores.std() * 2)
```

构建并打印线性模型的交叉验证结果

```
pol = PolynomialFeatures(degree = 2)
nonlinear_data = pol.fit_transform(iris.data)
```

向数据集中添加两度的多项式相互作用的特征

```
nonlinear_classifier = LogisticRegression()
nonlinear_scores = cross_val_score(nonlinear_classifier,\
    nonlinear_data,iris.target,cv = 10)
print "Accuracy(nonlinear):\t% 0.2f( + /- % 0.2f)" %  \
    (nonlinear_scores.mean(),nonlinear_scores.std() * 2)
```

构建并打印线性模型对非线性数据的交叉验证结果

集成了多项式特征提取功能的另一个例子是 Vowpal Wabbit 工具箱。VW 可用于在单个机器上对大数据进行建模，因为所有的计算是迭代的核外（out of core）运算，意味着只有特定迭代需要的数据需要驻留在内存中。VW 使用随机梯度下降和特征散列，以可扩展的方式处理非结构化和稀疏数据。VW 通过提供 - q 和 - cubic 标志产生二次或三次特征的方式产生非线性模型，对应于多项式特征，是所有的二元组或三元组相乘。

数据和算法近似

正如你在前一节中看到的一样，多项式特征方法可明显地提高模型的准确度，但也会使特征数呈多项式级增长。这对于大量的输入特征可能是不可行的，因此这里你将看到一些具有用于可伸缩实现的、熟知的、近似的非线性算法。其他算法可能有自己的近似的规模性实现，因此，我们鼓励你对于喜欢的算法做进一步研究。

广泛应用的非线性学习算法是随机森林，你已经在前面的章节中学习过。随机森林包含大量的决策树，乍看起来，通过在每个结点上构建决策树的子集的方法，把它扩大到许多机器上是微不足道的。请注意，如果每个结点可用的数据子样本不够相似，则模型的准确性可能会受到影响。但是建立更多的树或更智能地分割数据可以减少准确性的损失。

用于扩展随机森林和其他算法的另一个近似方法是直方图近似（histogram approximation）：数据集中的每个列都将替换为该列的直方图，这将显著地降低值的数量。如果直方图中的块的数量过少，将丢失许多细微信息，从而影响模型的性能。

另一个自然近似的算法是 K 近邻算法，特定的近似树结构可用于增加模型的扩展性。支持向量机也有许多近似方法使非线性模型更具有扩展性，包括预算随机梯度下降（BSGD）和自适应多平面机（AMM）。

深度神经网络

神经网络研究最近的一次革命产生了深度学习这一新的领域，可以产生高质量的非线性模型，并可以证明可扩展到非常大的数据集。在机器学习初期，神经网络（NN）被大量研究并广泛用于科学和生产中。后来，随着易于数学推理的算法出现，NN 用得越来越少。最近 NN 增加了一些重要的革命性步骤，使得它在大型数据和多样化数据处理方面焕发出新的活力，并进入深度学习领域。

深度学习（deep learning）指的是对传统神经网络扩展的算法家族。通常这些模型包括许多神经网络的隐藏层，或者是许多单个网络层的组合。图 9-5 示出了一个神经网络的例子。

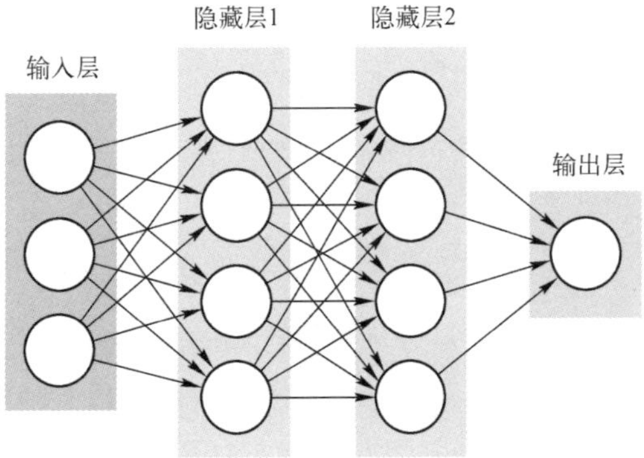

图 9-5　两个隐藏层的神经网络。对人类大脑进行模拟，神经元（每层中的圆圈）由模型训练阶段学习到的权重进行连接。输入变量通过这些权重的连接处理获得预测输出变量。在深度学习中，对经典神经网络概念进行了扩展，包含更多的各种形状的隐藏层和各种度的层之间的连接

深度神经网络的一个缺点是，即使在 GPU 硬件上构建和优化模型，所需要的资源也会耗费很长时间。实际上，你能获得的最佳表现与其他算法基本相同，如随机森林算法，但其他算法需要的时间要少得多，这与数据集和要解决的问题有关。神经网络的另一个缺点是，很难理解内部工作机理。有人称之为黑盒模型（black - box models），因为你只能相信模型的统计学分析，而不能窥探它的内部工作机制，这一点与使用场合有关。例如，如果你正在处理图片，神经元可以直接地表示针对特定预测的各种视觉模式。

许多深层学习方法表现出可以扩展到大数据集的特性，有时需要使用现代图形显示卡（GPU）进行某些计算。Python 中支持 GPU 的深度学习算法库可参考 Theano（http://deeplearning. net/software/theano/）或 Keras（http://keras. io/，它是基于 Theano 的）。

9.3　预测扩展

机器学习扩展不仅是对大数据的扩展。假定你正在构建电子邮件服务，并突然增加了几百万的用户。你构建了一个完美的垃圾邮件检测模型，它甚至可以扩展到大数据集，但现在你每天需要进行上亿次的预测，每秒超过一万次预测！图 9-6 所示显示了这一常见的模式。在本节中，我们讨论几种方法，以扩展预测容量，并在实时应用中提高预测速度。

举例来说，为了处理数据巨大的电子邮件客户端，你首先需要研究用于扩展预测容量的基础设施。接下来，你应该研究如何扩展预测速度并保证在规定的时间内给出结果。当机器学习模型用于实时处理时，这是十分重要的，如对于人类或移动设备的 Web 行为进行预测。

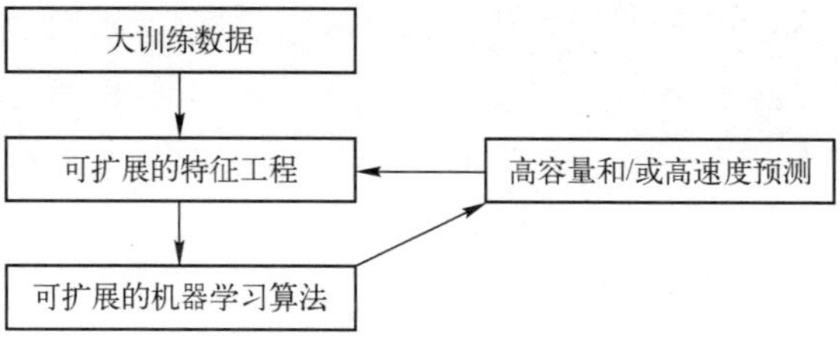

图 9-6　将机器学习的预测流程扩展到高容量或高速度预测

9.3.1　预测容量扩展

为了处理大量预测，你可以使用从计算架构已知的模式来扩展工作者线程以支持任意数量的请求。传统的做法是建立预测作业队列，一定数目的工作者结点从中取出预测作业，加载模型（如果需要）进行预测，并对应用返回任何有意义的预测结果。图 9-7 所示显示了扩展预测容量的结构。

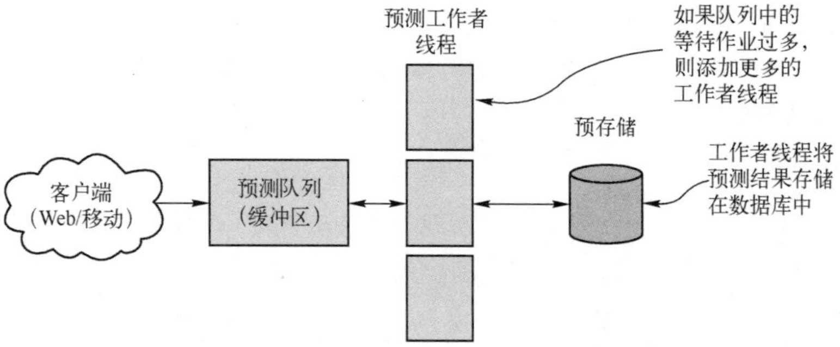

图 9-7　可扩展预测服务的可能架构。预测请求由消费者发送到队列，代表预测工作者线程的作业。工作者线程把预测存储在数据库中，完成时返回到客户端。如果工作者线程不能处理队列中的作业而造成队列堵塞，则可加入更多的工作者线程

这个方法要求模型加载到所有工作者结点，当然还需要足够的工作者线程（或者实地自动扩展方案）处理输入的预测作业。如果知道每个工作者的平均预测时间和要求的速率，则可以很容易地计算所需要的工作者数目：

```
n_workers = request_velocity * prediction_time
```

例如，如果每秒内有 10 个预测作业，工作者需要 2 s 完成一次预测，那么你至少需要 20 个工作者线程来处理这些预测请求。这里优化的自动扩展解决方案能够根据一段时间内的队列中作业的等待数目扩充新的工作者线程（或结点）。

9.3.2　预测速度扩展

在有些情况下，你的预测需要在客户端提交预测请求后的规定时间内返回。例如，当对用户的操作进行响应预测时，预测速度可能是十分重要的。用户期望实时反馈，并且甚至几秒钟的等待都可能不利于用户的体验。想象一下，如果 Google 搜索需要 20 s，你可能早就

"跑"了。或者如果你要对财政处理做出预测，仅仅百万分之一秒就可能意味着赚或赔好多钱。

有许多方法可加快你的预测速度，如升级你的机器硬件，或使用更高效的算法，或研究算法的高效实现。你还可以优化网络结构，使客户端在地理位置上尽可能地接近服务器。另外，你不应该调用其他有可能增加延迟的服务，如向数据库记录预测结果，或者等待数据写入磁盘并在集群中备份。在下面的例子中，我们假定你已经考虑到了这些问题。现在你将看到实时预测服务的两种架构。

第一种快速预测的架构类似于前面介绍的容量扩展结构，但需要更多的工作者线程（或结点）。基本思想是同时将预测请求发送给多个工作者线程（或结点），预测最快的返回给客户户。图 9-8 所示显示了这种架构的一个例子。

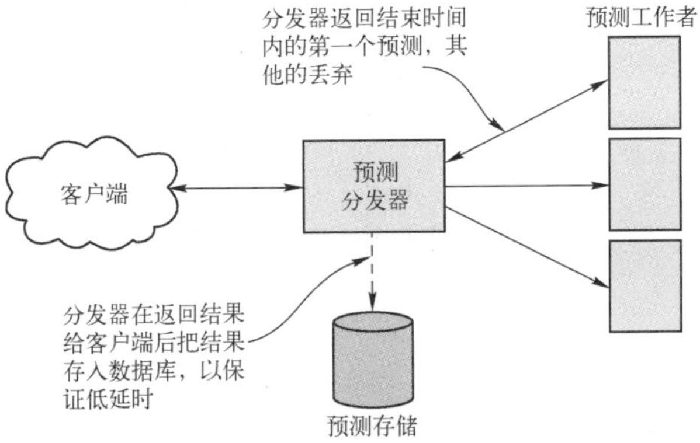

图 9-8　一种低延迟预测流程架构。预测分发器将预测作业发给多个工作者，希望至少有一个能按时返回。它将返回第一个预测结果给客户端，然后再把结果存入日志或数据库中，以备检查和分析（后台可能正在处理下一个预测）

另一种实时预测方法是进行部分预测，因此计算可以分布到多台机器上。整体方法包括一类能够很好地适用于这种方法的算法。这里我们再一次使用随机森林算法的例子。

随机森林模型由决策树的集合组成。算法从每棵树进行预测，并根据每棵树的投票计算最终概率。例如，在 10 棵树中对某个预测实例有 6 棵投赞成票，则森林返回 6/10 或 60% 作为结果。通常查询的树越多，准确度越高，结果越可信。它可被用于实时预测系统，具备一定的速度和精确度。如果每个预测结点负责一棵树或森林中一个树的列表，则每个结点都可以进行预测。当某个结点完成自己的预测时，就把结果返回给收集器，由它收集来自所有结点的预测并形成最终的预测结果。如果有必要，收集器会根据时间限制，在任何时候返回当前状态的预测结果。例如，1000 棵树中只有 20 棵返回了结果，这时用户获得的结果不如等待 1000 棵树全部完成返回的结果准确。

图 9-9 所示显示了这种结构的实用结构图。

有些系统可以支持这些可扩展的实时系统。其中之一是前面提到的 Apache 的 Spark 系统：Spark 流。通过 Spark 流，你可以得到一系列工具和库，易于构建实时的、面向流的数据处理流程。不要忘记，任何预测（数据）都要经过与模型构建时相同的特征工程处理。

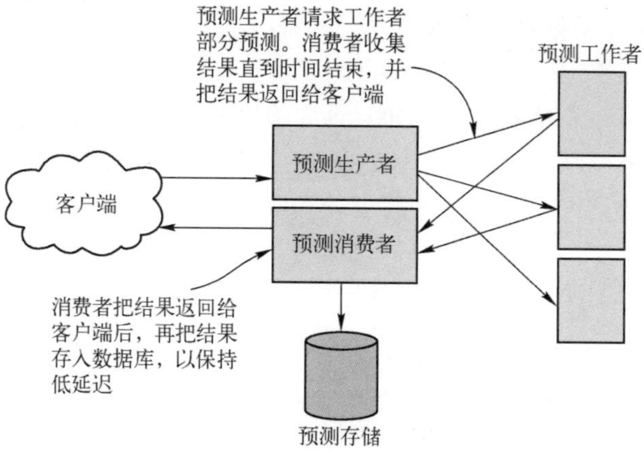

图 9-9 保证在规定时间内返回结果的，建议使用预测流程结构，如果某些部分预测不能及时返回结果，则可能会潜在地牺牲预测精度。预测请求由生产者输送给工作者，同时消费者在时间结束后，收集部分预测结果返回给客户端

其他项目包括 Apache Storm、Apache Kafka、AWS Kinesis 和 Turi。每个项目对于特定的应用都有优缺点，因此我们鼓励读者根据自己的需求采用合适的工具。

9.4 总结

在本章，你已经学习了扩展机器学习系统的各种方法，通过数据转换适应大数据处理，或者构建水平的可扩展的多机器架构。主要内容如下：

1）有时需要扩展你的机器学习系统。以下是一些常见的原因：

- 训练数据不能拟合单个机器。
- 训练模型的时间太长。
- 输入的数据容量太大。
- 预测需求延迟很低。

2）有时你可以通过以下做法，避免在扩展基础设施中花费时间和资源：

- 在不损失精确度的情况下，选择更快的或更瘦的（即需求资源更少的）机器学习算法。
- 取数据的子样本。
- 垂直扩展（机器升级）。
- 如果比扩展系统更廉价，则可以牺牲精度或降低约束条件。

3）如果水平扩展不可避免，应用广泛的系统可用于扩展数据管理和基础处理架构：

- 带有 Mahout 机器学习框架的 Hadoop 系统。
- 带有 MLlib 机器学习库的 Spark 系统。
- Turi 框架（前身是 GraphLab）。
- 流技术，如 Spark Streaming、Apache Storm、Apache Kafka 和 AWS Kinesis。

4）扩展建模流程可考虑以下方法：

- 选择可扩展的算法，如逻辑回归和线性 SVM。
- 通过数据和算法的近似扩展其他（如非线性）算法。
- 使用分布式计算基础架构构建你喜欢的算法的可扩展版本。

5）预测可从两个方面进行扩展：容量和速度。有用的方法如下：

- 构建允许你扩展工作者线程（或结点）的基础架构，以适应预测容量。
- 把相同的预测作业发送到多个工作者结点（或线程），返回第一个预测结果，从而优化预测速度。
- 选择允许在多个机器上进行预测的算法。

9.5　本章术语

本章术语见表 9-3。

表 9-3　本章术语

术　语	定　义
大数据（big data）	一个广泛使用的术语，表示不适于单个机器的数据的管理和处理问题
水平/垂直扩展（horizontal/vertical scaling）	水平扩展意味着添加更多的机器以处理更多的数据。垂直扩展意味着升级我们机器的硬件
Hadoop，HDFS，MapReduce，Mahout	Hadoop 系统被广泛用于科学研究和工业生产，用于处理大数据。HDFS 和 MapReduce 分别是分布式存储和并行处理系统，Mahout 是 Hadoop 系统的机器学习组件
Apache Spark，MLlib	Apache Spark 是一个更新的项目，力图把数据放在内存中，以使比基于磁盘的 Hadoop 有更高的效率。MLlib 是 Spark 的机器学习库
数据局部化（data locality）	在数据驻存的地方进行计算。数据传送一般成为大数据项目的瓶颈，因此避免数据传输可在资源需求方面获益
多项式特征（polynomial features）	扩展线性模型以包括非线性多项式特征交互项而损失线性学习算法的可扩展性的技巧
Vowpal Wabbit	对大数据高效建模的机器学习工具，无须使用诸如 Hadoop 之类的大数据系统
核外运算（out - of - core）	只需要内存中驻留当前迭代所需数据的计算，称为核外运算
直方图近似（histogram approximation）	把所有列转换成学习过程的直方图的训练数据近似方法
特征选择（feature selection）	选择和保存最佳（最具预测性的）特征子集的、精简训练数据的过程
Lasso	选择最具有预测力的特征子集的线性算法。对于特征选择十分有用
深度神经网络（deep neural nets）	神经网络的一种进化，可扩展到大数据集，并实现最新准确度。在实用中比其他算法需要更多的知识和计算资源，这与数据集和解决的问题有关
预测容量/速度（prediction volume/velocity）	扩展预测容量意味着能够处理很多数据。速度扩展是指足以应对特定的实时应用场合
准确度和速度（accuracy vs. speed）	对于实时预测，有时可以在预测准确度和速度之间寻找一个平衡
Spark Streaming，Apache Storm，Apache Kafka，AWS Kinesis	即将推出的用于构建实时流系统的技术

第 10 章 案例：数字显示广告

本章导读

- 实用数据集的准备与可视化。
- 构建用户单击数字显示广告的概率预测模型。
- 对比几种算法的训练和预测性能。
- 降维和并行处理扩展。

第 9 章介绍了可使你扩展机器学习流程的技术。在本章，你将应用这些技术处理大规模的现实问题：优化在线广告系列。我们首先简要介绍在线广告的复杂世界，驱动它的数据，以及广告客户使用广告支出回报率（Return On Advertising Spend，ROAS）的一些方法。然后我们展示如何将第 9 章中的一些技术用于这个典型的大数据应用程序。

在我们的案例中使用了几个数据集。不幸的是，只有为数不多的这种类型的大数据集是公开获取的。案例中使用的主要数据集没有提供下载，即使能够下载，也远远超过了个人的计算能力。

可以下载并用于非商业用途的一个数据集来自由 Criteo 赞助的 Kaggle 显示广告挑战赛，该公司的业务是优化广告活动的性能。Criteo 数据集包含超过 450 万条 39 个特征的观测数据，其中 13 个特征是数值型的，26 个特征是类别型的。不幸的是，和常用于数据科学竞赛的数据一样，特征意义被模糊化。变量名从 V1 ~ V40。V1 是标签，V2 ~ V40 是特征。在实用中，知道每个特征的度量和表示的意义是非常有益的。但是，随着比赛的证明，你可以探索他们的预测价值，并创建有用的模型。

Criteo 数据集可从 https://s3 - eu - west - 1. amazonaws. com/criteo - labs/dac. tar. gz 上获得。

10.1 显示广告

John Wannamaker 说，我投到广告中的钱有一半是浪费的，但问题是，我不知道是哪一半。

广告狂人的日子里，这是一个不争的事实。但是随着数字广告的发展，通过收集用户与在线广告的交互数据，已经有机会发现哪些广告起作用，哪些不起作用。

在线广告通过各种媒体传播。显示广告（display ads）显示在浏览器解析的网页中，通常是个人的计算机或笔记本式计算机。因为对于移动浏览器的用户识别和 Cookie 处理手段不同，移动广告技术基于不同的技术，产生不同的历史数据。原生广告（native ads）嵌入在游戏或移动 App 中，与在显示网络视频内容之前展示的广告，基于不同的传递技术，并且需要针对它们特定的流程进行定制分析。我们的案例仅限于传统的显示广告。

许多显示广告的术语来自平面广告业务。可以购买广告的网站称为出版物（publications），其中的广告空间按大小和格式，或广告单位（ad unit）进行调整，网站或网页上的位置称作广告位（placement）。每则广告的描述称为展示（impression）。广告大多以 1000 次展示销售，价格称为 CPM（每千次展示费用）。

每当用户浏览一个网页，假定是 xyz. com，看起来是 xyz. com 的发布者传递了整个网页。事实上，页面包含许多通过复杂的网络中介填充的广告占位符。每个投递广告的服务器维护一些日志，包含以下信息：每则广告的展示信息，包括发布者、用户的 Internet 地址和网络 Cookie 信息，可能存储了前一次广告投递服务器的信息。在下一节，你将看到在广告展示活动中记录的各种数据。

10.2　数字广告数据

Web 服务器记录每个用户的请求信息，包括以下内容：

- 客户地址（client address）——发送请求的计算机的 IP 地址。
- 请求（request）——URL 和请求参数（例如，http://www. abc. com? x = 1234&y = abc01）。
- 状态（status）——服务器发送的服务状态码，通常为 200，表示响应成功。
- 引用页（referrer）——将用户导向当前页面的链接。
- 用户代理（user agent）——标识发送请求的浏览器和操作系统的字符串。
- Cookie——浏览器访问网站时保存在本地的一小段文本。当再次访问相同的网站时，该文件随请求发送到服务器。

另外，许多现代的广告与度量程序一起服务——捕获如下内容的一小段 JavaScript 程序：

- 可见性（viewability）——广告是否显示以及显示多长时间。
- 用户 ID（user ID）——浏览器的 Cookie 用于留下用户的唯一标识，当再次遇到客户时便于标识。
- 可见时间（viewable seconds）——广告可见的时间长度，以 s 为单位。

图 10-1 所示显示了一次活动的数据样本。可见性数据从查询字符串中提取，用户 ID 根据用户的前一次访问随机产生。

	时间戳	是否单击	浏览标识	时长	用户ID	操作系统	域名
0	2015-09-28 09:01:35	否	否	0	9b644f47729749cc80ac9a67df399cb0	Windows	D10037853.com
1	2015-09-21 00:25:42	否	否	3	f5b295de8cf1448c8fde3b4cb1650873	Windows	D10031681.com
2	2015-09-08 00:08:49	否	否	0	06c757b7637647fb96b2d911303d5ed5	Windows	D10013014.com
3	2015-09-15 09:37:24	否	否	0	0dfabf89-5da8-459d-a4f7-3dfea37497f5	Windows	D10013014.com
4	2015-09-25 06:23:47	否	否	0	4171bedc8a99412a980c8521eee86c83	Windows	D10013014.com

图 10-1　展示数据（域名根据真实域名随机生成）

10.3　特征工程和建模策略

是否单击（click）是我们的目标变量。你要预测广告被单击的可能性（有时称为单击或点选）。更具体一点，假定一个特定的用户访问特定的网站，你要知道用户单击广告的可能性。你在规划这个问题时有几种选择，你可预测给定用户的单击可能性，也可以对每个发布商的广告预测点击率（CTR）。

这些预测将来怎么使用？处理方式是什么？这些问题将决定你建模的准确度和预测的精确性，通常都是这样的。在这种情况下，我们的广告客户就可以有一个出版物的黑名单，因此广告客户的关注点是识别产生单击最少的出版物。近年来，已经开发了实时拍卖技术，允许广告商基于由拍卖系统提供的用户和出版物特征来竞价个体展示，但是我们的广告客户还没有采用实时拍卖系统。

广告客户为什么不查看所有出版物的历史数据，把 CTR 低的列入黑名单呢？你可能对这个问题比较迷惑。问题在于，对于某个活动整体 CTR 接近 0.1%，某个只有几个展示的出版物期望的单击次数是 0，没有单击并不意味着 CTR 很低。更进一步，当我们整合表现最好的低容量的出版物时，我们通常考虑平均 CTR（因此仅把所有低容量的出版物纳入黑名单不是一个好策略）。你要寻找一个模型，可以使你预测出版物的性能，而不受历史表现的影响。

乍一看，你可能认为没有多少工作要做。你可以对广告展示、是否单击、用户浏览情况、出版物和操作系统进行统计。或许一天之内的时间，或者一周内的时间对统计比较有意义。但进一步思考，你会认识到用户访问的域是描述用户的特征，访问域的用户是域的特征。突然，你就获得了数据处理的财富和体验维度诅咒（the curse of dimensionality）——描述高维度空间中工作苦难的一个短语的机会。随着你对数据的研究，会逐渐体会到特征处理的财富意味着什么，如果不是一个诅咒，那也是喜忧参半的事情。

你或许能够认识到在这里处理问题的逻辑，可以作为推荐系统（recommenders）的基础，如 Netflix 上的电影推荐，Amazon 的产品推荐和 Yelp 的餐厅推荐系统。把用户表征为项目的集合和把项目作为用户的集合，是协作过滤（collaborative filtering）的基础，其中用户按条目的首选项进行分类，条目按用户的相似程度进行归类。当然，推荐系统的动机是给用户呈现他们可能购买的项目。广告问题是推荐系统的一个变种，相同的广告出现在各种各样的出版物中，而不是给某个用户展示许多项目。主要原则是能够博得用户注意（是否单击）的出版物，将是哪些有相似成功的出版物。因为这种相似性基于普通用户，通过这种方式选择的出版物，将会吸引有共同兴趣的用户。

10.4 数据大小和形状

你将从 900 万条的观察样本开始，这样小的样本足以装入内存，并可以进行快速的基数和分布运算。数据初览代码见清单 10-1。

清单 10-1 数据初览

```
% matplotlib inline
import pandas aspd
importseaborn as sns
importnumpy as np
importmatplotlib.pyplot as plt

df = pd.read_pickle('combined.pickle')    ← 从压缩文件中载入数据
nImps = len(df)
nPubs = len(df.pub_domain.unique())
nUsers = len(df.user_id.unique())

print('nImps = {}\nnPubs = {}\nnUsers = {}'.format(nImps,nPubs,nUsers))

nImps = 9098807     ← 广告展示数目
nPubs = 41576       ← 发布商域数目
nUsers = 3696476    ← 不同的用户数目

(nPubs * nUsers) /1000000    ← 用户/项目矩阵的大小，除以100万以便于阅读

153684    ← 1536.84亿个元素——一个相当大的矩阵
```

幸运的是，绝大多数用户不会访问太多的域名，因此用户/项目矩阵是稀疏的，对于大而稀疏的矩阵，你有自己的处理工具。没有任何人说，用户和域名必须是巨大矩阵的行和列，但事实可以证明，某些有价值的算法对于内存中的用户/项目矩阵操作表现得异常好。

另外，还有一件事情：清单 10-1 引用的 900 万条观测记录大体上占数据的 0.1%。最终你需要处理大约 100 亿条广告展示数据，而且这仅仅是一个周的数据。在 32GB RAM 的亚马逊 Web 服务（AWS）实例上，我们载入 900 万条广告展示数据大约占内存的 53%，这将随着你的推进变得更有趣。

接下来，让我们看看数据在类别变量上是如何分布的。在清单 10-1 中，我们已经通过计算（域名）pub_domain 和（用户 ID）user_id 的基数，开始了这一处理过程。数据分布代码见清单 10-2。

清单 10-2　数据分布

```
import seaborn as sns
nClicks = df.click.value_counts()[True]
print('nClicks = {}({}%)'
.format(nClicks,round(float(nCl cks)*100/nImps,2)))
nClicks = 10845(0.12% )
nViews = df.viewed.value_counts()[True]
print('nViews = {}({}%)'.format(nViews,
round(float(nViews)*100/nImps,2)))
nViews = 3649597(40.11% )
df.groupby('pub_domain').size()
pub_domain
D10000000. com 321
D10000001. com 117
D10000002. com 124
D10000003. com 38
D10000004. com 8170
…
f = df.groupby('pub_domain').size()
f. describe()
count 41576. 000000
mean 218. 847580
std 6908. 203538
min 1. 000000
25% 2. 000000
50% 5. 000000
75% 19. 000000
max 1060001. 000000
sns.distplot(np.log10(f));
```

seaborn是一个统计可视化库

对域名进行分组，并观测每个域中的广告展示数

从图 10-2 可以看出大部分域的广告展示很少，只有一些广告展示较多。因此你可以通

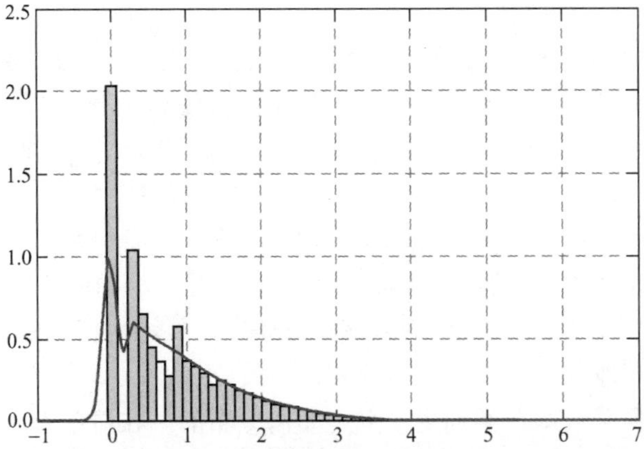

图 10-2　广告展示数据的直方图，从图中可以看出，对于发布商的域名来说，广告展示的数量分布是高度倾斜的

过图示的方式观察分布情况，我们以 10 的指数而不是原始频率进行绘图（我们以 10 作为基数，因此你可以认为 X 轴的坐标是 10^0，10^1，$10^2\cdots$）。

或许最重要的是，你可以看出单击次数相对较少，只有 0.12% 或者 0.0012。这个整体点击率比较合理。但对于这个例子来说，你需要大量的数据以便有足够的目标样本来构建模型。这是不常见的，我们经常试图预测相对较少的现象。使用大数据技术处理大数据集的能力，使机器学习应用到许多全新问题成为可能。

相似地，根据用户 ID 分类的广告展示频率是高度倾斜的。平均每个用户有 2.46 个广告展示，但中值是 1，因此少数的大量单击把平均值拉高了。

10.5　奇异值分解

第 3 章和第 7 章提到了主成分分析，或者 PCA，一种无监督机器学习技术，常用于降低维度和提取特征。如果你把每个用户看作与之交互的出版物的特征，那么每个出版物大约有 360 万个特征，样本数据中的值大约有 1500 亿。很明显你必须减少特征，很幸运的是你可以很容易地做到这一点。

事实证明，PCA 有多种算法，其中一个是奇异值分解或 SVD。你可以以各种方式从数学的角度解释 SVD，数学家很容易看出我们省略了底层的线性代数的东西。很幸运，就像第 7 章出现的潜在语义分析一样，SVD 在 Python 的 scikit－learn 包中有非常优秀的实现。但这一次，让我们准备点矩阵代数的知识。如果你学习了矩阵乘法，就会知道维度的重要性。如果 $\boldsymbol{A}_{[n\times p]}$ 表示 n 行 p 列的矩阵，你可以把矩阵 $\boldsymbol{A}$ 与另一个维度为 p 乘以 q 的矩阵（如 $\boldsymbol{B}_{[p\times q]}$）相乘，结果的维度是 n 乘以 q（假定为 $C_{[n\times q]}$）。事实证明，任何矩阵可以分解为 3 部分，分别是左右奇异向量和奇异值。

在本例中，n 代表用户的数量，每个用户用矩阵 $\boldsymbol{A}$ 的一行表示，p 表示出版物的数量，每个出版物用矩阵 $\boldsymbol{A}$ 的一列表示：

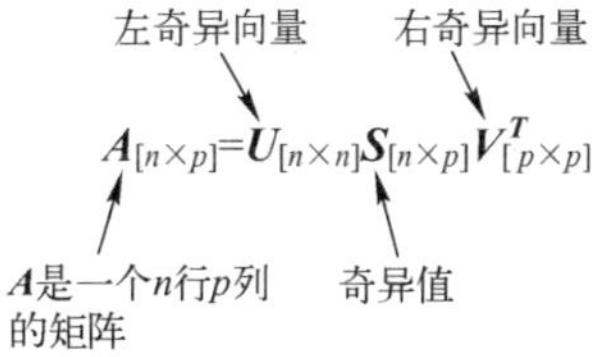

这样做比较有意思的是，奇异值可以告诉你关于左边和右边（矩阵 $\boldsymbol{U}$ 和 $\boldsymbol{V}^T$ 的行向量）的奇异向量所代表的特征的重要性信息。特别地，奇异值告诉你和它对应的特征向量的独立程度。考虑相互依赖或协变（covariant）特征的含义，或者更简单一点，假定两个特征 A 和 B 是相同的，当特征 A 在模型中使用之后，特征 B 就没什么作用了，因为它不包含任何新的信息。作为有预测性的模型的建立者，你需要的特征应该是独立的，至少每个特征对目标变量有微弱的预测性。如果你有许多的弱预测因子，只要它们的预测比随机的好，那它们结合在一起就能获得力量。但这种现象，称之为集合效应（the ensemble effect），只有当特征是相互独立时才有意义。

让我们在广告数据上运行 SVD，并观察结果的奇异值，见清单 10-3。

清单 10-3　广告数据的 SVD

```
user_idx,pub_idx = {},{}
for i in range(len(users)):
    user_idx[users[i]] = i
for i in range(len(pubs)):
    pub_idx[pubs[i]] = i

nTrainUsers = len(df.user_id.unique())
nTrainPubs = len(df.pub_domain.unique())
V = sp.lil_matrix((nTrainUsers,nTrainPubs))
def matput(imp):
ifimp.viewed:
        V[user_idx[imp.user_id],pub_idx[imp.pub_domain]] = 1


df5[df5.click == True].apply(matput,axis = 1)

# 执行SVD（稀疏矩阵的SVD）

u,s,vt = svds(V,k = 1550)

plt.plot(s[:: -1])
```

（注：用户和出版物key首次替代为整型下标）

（注：创建用户/出版物相互作用的稀疏矩阵）

当运行 SVD 时，你使用 k = 最大的奇异值（maximum singular values）参数把计算限制为最大 1550 个奇异值。图 10-3 所示显示了它们的大小，你可以看到大约 1425 个非零值，超过 450 个独立性较强的特征向量，剩下的则是高度相关的。这并不奇怪，虽然用户数超过 300 万，但他们中的大多数只与少数的几个出版物交互。考虑到这些，一次观察 136,000 次用户访问信息（如 ebay. com）。因此，如果把每个用户向量看作出版物的一个特征，则 ebay. com 就有 136,000 个特征是相同的。

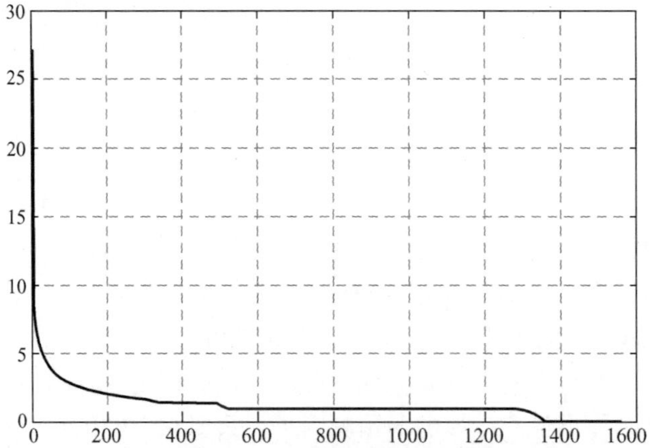

图 10-3　广告数据的奇异值

我们的 SVD 把 300 多万个特征减少到约 7000 个，大约 400:1 的精简比例。知道了这些，你就对所需要的资源有了一定的认识。在下一节中，你将了解如何调整和优化训练模型所需的资源。

10.6　资源估计和优化

到目前为止，你已经查看了表征数据的基数和分布，并完成了一些特征工程。在本节，你将根据相对于可用的资源的计算工作负载来评估手头的任务。

为了估计所需要的资源，你需要进行某些测量。首先让我们看一下可用的资源。到目前为止，你一直在使用单个 m4. 2xlarge 亚马逊 EC2 实例。让我们分别解释一下，EC2 是亚马逊的弹性计算云，每个实例都是一个具有专用 CPU、随机存取存储器（RAM）和磁盘或固态在线存储器的虚拟服务器。m4. 2xlarge 表示服务器具有 8 个核和 32GB 内存，磁盘空间单独配置。我们的每个实例有 1TB 的弹性块存储（Elastic Block Storage，EBS）空间。EBS 为虚拟存储，设置为你的单个实例拥有 1TB 的专用磁盘空间，在实例上运行 Linux 操作系统。根据需要，你可以很容易地升级单个实例，添加更多的核和内存，或者添加更多的实例。

接下来看一下你的工作负载。你的原始数据驻留在亚马逊简单存储服务 S3 上的事务文件中，该存储服务旨在以低成本存储大量数据，但访问速度远不如本地磁盘文件。每个文件包含大约 100 万条记录。每秒可从 S3 读取大约 3 万条记录，因此如果每次处理一条，则 100 亿条记录将花费 92 h。从 S3 下载，通过并行多路（单个实例结点上）下载可加速约 75%，因此可以压缩到 23 h。

但速度不是你要解决的唯一问题，根据你以前的观察，1000 万条记录载入内存，大约消耗 32GB 内存的 53%，如果载入全部数据则将需要 1. 7 TB 的内存。即使你能负担得起，亚马逊也没有一个具有那么多 RAM 的实例。

很幸运，你不需要把所有的数据都载入内存。更进一步地，你的需求不仅是数据大小的函数，而是数据的形状——我们的意思是数据主键的基数。可以证明，100 亿条数据中，只有约 1000 万个用户和约 30 万家出版物，这也就意味着用户/出版物矩阵约有 3 万亿个元素。但当输入你的稀疏矩阵时，只有大约 0. 01% 的元素有值，因此 3 万亿个元素可精简至 3 亿。假定每个值需要一个 64 位的浮点数表示，则你的用户/出版物矩阵将会占用 32 GB 内存的 2. 5%。

为了缩减处理时间，你需要并行处理。图 10-4 所示显示了使用工作者结点（在本例中为附加的 EC2 实例）并行地摄取原始数据的情况。

工作者结点不仅是从 S3 读取数据这么简单，每个结点独立地构建用户和项目的稀疏矩阵，当所有工作者结点全部完成时，由你的计算结点进行组合。

第 9 章描述了一些大数据的技术：Hadoop，MapReduce 和 Apache Spark。这里介绍的处理过程就是 MapReduce 作业的“小儿科”。一个大任务被分解成小的单元，每个单元被送到（映射到）一个工作者结点。当工作者完成任务时，对结果进行组合（精简），并把最终结果返回给请求者。Hadoop 对这个过程进行了几处优化。首先，每个工作者结点都保存了部

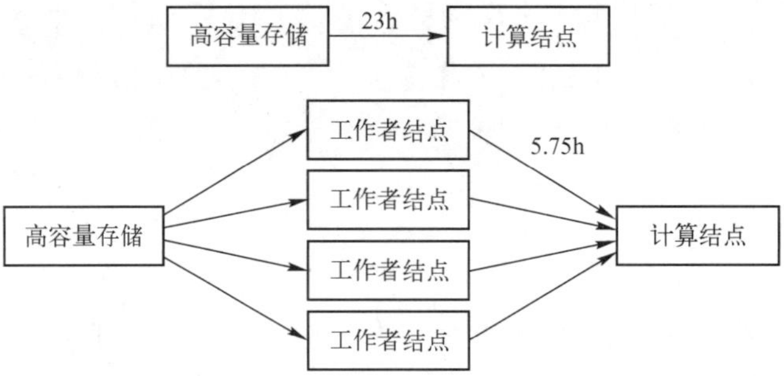

图 10-4　并行处理扩展了原始数据的获取

分本地数据，而不是通过网络获取（数据）。Hadoop 优化了任务分配，因此只要有可能，每个结点只对本地的数据进行操作。Spark 则更进一步，工作者结点把数据载入内存，因此它们在执行分配的任务时不需要执行任何 I/O 操作。

虽然这个案例足够大，需要一点并行处理，但还不值得花费精力去实现一个这样的框架。一天你只需要运行一次完整的流程，完全可以通过简单地添加更多的实例的方法，把整个处理过程的时间缩减到 1 h 或更少。但你可以容易地想到一个应用，它要求你以更高的频率执行各种处理过程，所有工作者节点在多次处理循环中，把数据维持在内存中，可提高性能的数量级。

10.7　建模

你的建模目标是预测每家出版物的 CTR。你从把用户交互作为特征，并使用 SVD 精简特征空间开始。从现在起，有几种方法进行预测。你的第一个模型将会是 K 近邻算法（KNN）模型，这是一个即简单又非常有效的推荐模型。你还会训练随机森林回归器。随机森林是基于决策树的学习形式，许多随机样本和随机特征子集被选择，并用于构建决策树。

10.8　K 近邻算法

图 10-5 展示了简化了的用户/项目矩阵和相异矩阵。注意，相异矩阵的对角线元素全为 0，因为每家出版物的用户向量（用户/项目矩阵的列）与其本身是相同的，因此与自身的距离为 0。你会发现，正如你期望的一样，pub3、pub4 和 pub7 之间的距离为 0，因为在用户/项目矩阵中，它们的列分别相同。还要注意，pub1 和 pub5 的距离与 pub5 和 pub1 的距离相等，换句话说，相异矩阵是对称的。有趣的是，有些推荐算法不定义对称距离，项目 A 相似于项目 B，但项目 B 不一定相似于项目 A。

使用几种可用的测量结果之一计算每对出版物之间的相似性（事实上是相异性或距离），然后选择最常用的欧几里得距离（或欧氏距离，euclidean distance）。

在你计算了位对之间的距离之后，下一步就是计算每家出版社的预测 CTR。在 KNN 中，目标变量的预测值由目标变量的 k 个近邻的平均值求得，假定每个预测值与它的近邻最相

用户/项目矩阵

	pub1	pub0	pub3	pub4	pub5	pub6	pub7
user1	0	0	1	1	0	1	1
user2	1	1	0	0	1	1	0
user3	1	0	0	0	0	1	0
user4	0	0	0	0	0	0	0
user5	1	1	1	1	1	1	1

相异矩阵

	pub1	pub2	pub3	pub4	pub5	pub6	pub7
pub1	0.0	1.0	1.7	1.7	1.0	1.0	1.7
pub2	1.0	0.0	1.4	1.4	0.0	1.4	1.4
pub3	1.7	1.4	0.0	0.0	1.4	1.4	0.0
pub4	1.7	1.4	0.0	0.0	1.4	1.4	0.0
pubr5	1.0	0.0	0.0	1.4	0.0	1.4	1.4
pub6	1.0	1.4	1.4	1.4	1.4	0.0	1.4
pub7	1.7	1.4	0.0	0.0	1.4	1.4	0.0

图 10-5　相异或距离矩阵显示了用户交互的相似性或相异性。在本例中，用户/项目矩阵是二进制的，表示用户是否与出版物有交互

似。这里有几个关键问题。首先，你应该如何选择 k 的值？应该考虑多少个近邻？此外，通常通过对平均目标值的计算加权 1 /距离或 1/距离的平方来对最接近的邻居赋予更大的权重。

清单 10-4 显示了使用 scikit - learn 中的 NearestNeighbors 计算对于一定范围内的 k 的可能值的预测值的代码。这里你尝试 3 种加权公式，每个有 20 个 k 值。图 10-6 所示显示出一个或两个近邻的预测最佳，更大范围内的平均不能带来实质性的提高。这可能是因为我们的数据是稀疏的，近邻之间的距离通常情况下比较远。注意，k 值的变化幅度也很小。在任何情况下，规范化的 RMSE 对于我们的测试集预测范围在 5% 以内，这非常不错！

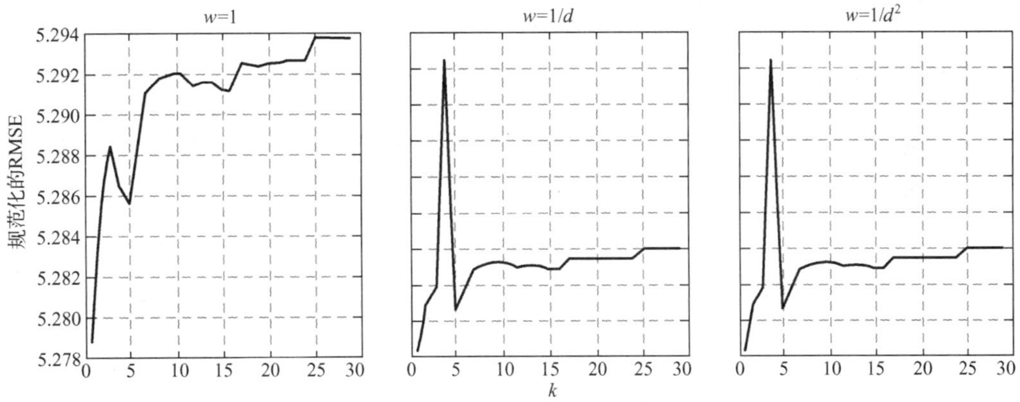

图 10-6　3 种权重方案的 RMSE，$k=1 \sim k=30$

清单 10-4　KNN 预测

```
from sklearn.neighbors import NearestNeighbors

weightFunctions = {
    'f1':lambda x:[1 for i in range(len(x))],
    'f2':lambda x:1 / x,
    'f3':lambda x:1 / x * * 2
}
```

权重相同

1/距离

1/距离的平方

```
foridx,f in enumerate(weightFunctions):          ← 对于3个加权方案中的每一个，计算k=1, 2,…, 20的预测目标值
    rmseL = []
    wf = weightFunctions[f]
    fornNeighbors in range(1,20,1):
        neigh = NearestNeighbors(nNeighbors)     ← 初始化

        neigh.fit(VT)                            ← 查找k最近邻：VT是用户/项目训练数据的转置
        act = pd.Series()
        pred = pd.Series()

        for i in range(TT.shape[0]):             ← TT是用户/项目测试集的转置
            d = neigh.kneighbors(tt[i,:],return_distance = True)
            W = pd.Series([v for v in d[0][0]])
            y = pd.Series(pubsums.iloc[d[1][0]].CTR)
            act.append(pd.Series(tsums.iloc[i].CTR))
            pred.append(pd.Series(np.average(y,weights = wf(W))))
    mse = act.sub(pred).pow(2).mean()/(pred.max() - pred.min())
    mseL.append(rmse)
    plt.subplot(130 + idx +1)
    plt.plot(range(1,20,1),mseL)
    plt.tight_layout(pad = 2.0)
```

10.9 随机森林算法

在随机森林的训练阶段，数据在一个称为装袋（bagging）的过程中被重复采样，有时这一过程也称为引导聚合（bootstrap aggregating）。对于每个样本，通过随机选择特征的子集构建决策树。为了对未见过的数据进行预测，每棵决策树被独立求值，把结果平均（对于回归）或者每棵决策树对分类“投票”。对于许多应用，随机森林的性能可能不如其他算法，如增强树或支持向量机，但随机森林算法有自己的优点：易于使用，结果易于解释和理解，对许多树的训练很容易并行化。你需要再次使用 scikit - learn，随机森林回归的重要变量如图 10-7 所示。

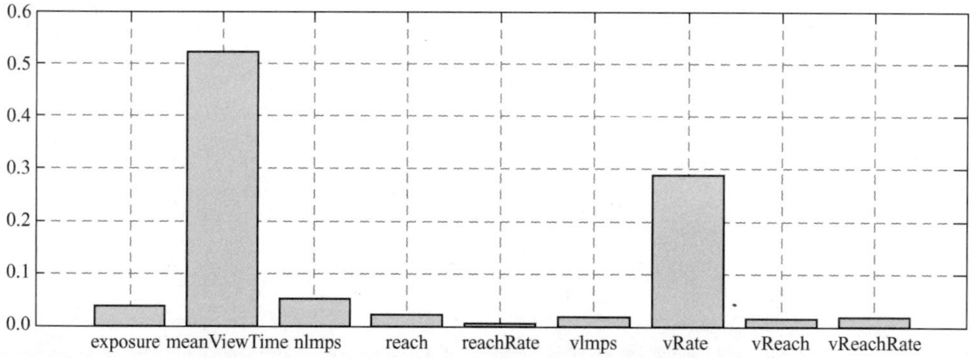

图 10-7　随机森林回归的重要变量

随机森林回归代码见清单 10-5。

清单 10-5　随机森林回归

```
from sklearn.ensemble import RandomForestRegressor
from sklearn import cross_validation

features = ['exposure', 'meanViewTime', 'nImps', 'reach', 'reachRate',
'vImps', 'vRate', 'vReach', 'vReachRate']

X_train,X_test,y_train,y_test = cross_validation.train_test_split(
df[features],df.CTR,test_size = 0.40,random_state = 0)

reg = RandomForestRegressor(n_estimators = 100,n_jobs = -1)
model = reg.fit(X_train,y_train)

scores = cross_validation.cross_val_score(model,X_train,y_train)
print(scores,scores.mean())

([ 0.62681533, 0.66944703, 0.63701492]), 0.64442575999999996)

model.score(X_test,y_test)

0.6135074515145226

plt.rcParams["figure.figsize"] = [12.0,4.0]
plt.bar(range(len(features)),model.feature_importances_,align ='center')
_ = plt.xticks(range(len(features)),features)
```

特征简单的根据出版物聚合

把数据划分成测试集和训练集，在60%的数据上进行训练，保留40%用于测试

在100棵树上执行随机森林回归：n_jobs参数告诉RF算法使用所有可能的（CPU）核

交叉验证把训练集划分进行模型评估

在测试集上运行模型

优化后的随机森林回归提供了有用的 CTR 预测，但不如 KNN 的预测结果。你的下一步工作是探索、整合这些模型，可能还有其他模型的方法。以这种方式组合模型的方法称为集成方法（ensemble methods）。随机森林就其本身而言是一种集成方法，因为装袋是一种产生多种模型的方式（或方法）。为了彻底整合不同的模型，如这两个例子中的算法，你可能需要层叠（stacking），或者层叠泛化（stacked generalization），来自多个模型的预测结果变为特征，通过训练和预测整合用于其他机器学习模型，通常是逻辑回归（模型）。

10.10　其他实用考虑

你已经看到了大数据处理的问题：高维度，计算资源，存储和网络数据传输限制。正如我们简单提到的，对于几种类型的数字广告，这一过程可能是重复的：移动、视频和本地广告。实时竞价和用户级个性化有完全不同的一套关注点。数据处理方式根据不同的程序可能相差甚远，在一种情况下工作地很好的模型，对于另一种情况可能完全行不通。

在我们的案例中，有大量的历史数据开启机器学习流程，但我们的推荐类系统却面临著名的冷启动问题（cold - start problem）。当一个新用户或新产品进入系统时，没有可供参考的历史，你根本没有建立联系的基础。对于我们的目的而言，有一些未知没什么关系，但如果从头开始一个新的活动，在没有历史可供参考的情况下，根据相似活动构建的模型可能有效，也可能无效。

在现实应用中，有很多工具和模型可供使用。数据量越大、环境越复杂，这套工具的好处就越大，特征构建、数据精简、训练预测和评价工具很好地组织在一起，构建连续的自动的工作流程。

广告案例是一个非常优秀的例子，其中的外部因素可能会降低预测模型的有效性。随着技术和商业实践的改变，行为也会发生改变。移动设备的增长极大地改变了数字显示的现状，实时竞价系统完全改变了你可以优化的级别。新的欺诈形式，广告隔离程序，新的浏览器和新的 Web 技术，无不改变着你的建模形式。在现实应用中，模型是构建、测试、部署、度量、重建、再测试、再部署和再度量的往复过程。

数字广告是一件“烧钱”的业务，对于它支持的品牌，减少投资浪费的优化，即使是一点点，也可收到巨大的投资回报。删除所有无效的广告展示可以节约金钱，但如果用于显示可获得客户的广告，则利益将比节约的成本大很多，并且能够证明，克服这项动态发展的业务中的诸项挑战，是值得的。

10.11 总结

本章涵盖了实用机器学习问题，不仅是算法选择、训练和测试模型。虽然这些是机器学习学科的核心，但它们的成功却与实际环境和权衡有关。下面是本章案例的要点：

- 第一步通常是理解你要建模的业务逻辑或活动，它的目标和度量方式。考虑你的预测结果如何使用也是十分重要的——根据你带来的深刻理解，期望做到哪些调整或优化。
- 不同的特征工程策略会产生不同的工作数据。广泛撒网，考虑所有可能性是比较有益的做法。在第一个模型中，你大量扩展特征集，然后通过 SVD 进行精简。在第二个模型中，你使用简单的组合。哪种方法工作得最好，取决于问题和数据。
- 在研究了数据子样本后，你就能够对执行分析所需要的计算资源有所估计。在我们的案例中，瓶颈不在于机器学习算法本身，而是原始数据的收集和组合，并组织成适合建模的形式。这是很不寻常的，当考虑数据分析所需的资源时，要考虑到前期准备和后续的任务，这是十分重要的。
- 通常，最好的模型不是单个模型，而是模型的集合，预测结果被整合用于另一预测模型。在许多实际问题中，最佳集成模型和创建，操作和维护复杂的流程之间存在着一种平衡。
- 在现实应用中，有些问题，有时是很多手头问题的变种。我们讨论了广告问题的几个变种，在任何复杂的学科中也是很常见的。

- 你建模的内在动力通常不是持续不变的，随业务、市场、行为和条件的改变而改变。当在现实中使用机器学习模型时，需要不断地监控模型的性能，必要时进行重新设计。

10.12　本章术语

本章术语见表 10-1。

表 10-1　本章术语

术　语	定　义
推荐系统（recommender）	预测用户喜欢的各种事物的一类机器学习算法
协作过滤（collaborative filtering）	根据喜欢的东西对用户进行分类，并根据大部用户的接受程度对物品进行分类的算法
集成方法（ensemble method）	组合多个模型独立预测结果的机器学习策略
集成效果（ensemble effect）	多个组合模型产生比单个组分更好的预测性能的趋势
K 近邻（算法）（k - nearest neighbors）	基于训练空间中的最近观测进行预测的算法
欧氏距离（Euclidean distance）	测量特征空间距离的一种方式。在二维空间中，它就是熟悉的距离公式
随机森林（random forest）	一种对训练数据拟合多决策树分类或回归，并基于组合模型进行预测的集成学习方法
装袋（bagging）	随机森林和其他算法使用的重复抽样过程
层叠（stacking）	使用一个机器学习算法，经常是逻辑回归算法综合其他算法的预测结果，形成最终的“共识”预测

10.13　摘要和结论

编写本书的第一个目标是，以可理解的和有趣的方式解释实用机器学习技术。另一个目标是，使读者认识到何时使用机器学习解决自己的实际问题。下面是一些要点：

- 对于数据驱动问题，机器学习方法具有真正的优越性。
- 基本机器学习流程包括数据准备、建模、模型评价、模型优化和预测。
- 数据处理包括：保证收集到足够的正确数据，数据可视化，数据探索，缺失数据处理，分类特征记录，执行特征工程和小心偏见。
- 机器学习使用许多模型。广义上的分类包括线性的和非线性的，参数的和无参数的，监督的和无监督的，还有分类的和回归的。
- 模型评价和优化涉及迭代的交叉验证、性能评测和参数调整。
- 特征工程能够应用领域知识和使用非结构化数据。通常可以大幅度提高模型的性能。
- 机器学习扩展绝不仅是处理大量数据，它涉及工作划分、新数据摄取率、训练时间和预测时间，存在于整个业务环境和任务需求中。

机器学习相关的数学和计算机科学跟随我们已有 50 年，但直到最近它们才被限制在学术界和一些深奥的应用领域。巨大的互联网公司的发展和数据的传播，随着世界的网络化打开了闸门。商业、政府和研究人员每天都在研究和开发新的机器学习应用。本书主要是关于这些应用，以及足够的数学和计算机基础，不仅解释了从业者做什么，还解释了如何做。我们强调了必要的技术，以及无论在算法、规模化和应用中使用的处理过程。我们希望已经揭开了机器学习的神秘面纱，并以此帮助读者把机器学习用于解决重要的问题。

进步的浪潮到来了。计算机自动化浪潮改变了我们的处境。Internet 浪潮改变了我们的生活和文化。我们有理由相信今天的机器学习就是下一次浪潮的预兆。它是一个潮汐前兆，还是一次波涛，或者海啸？现在说还为时尚早，但机器学习的应用不仅是继续，而是在加速。同时，至少可以这样说，机器学习工具的进步是非常引人注目的。随着我们逐步编程学习更抽象的技巧，计算机系统正在以全新的方式发展。它们正在学习看、听、说、翻译语言和驾驶我们的汽车，并预测我们对商品、服务、知识和关系的需求和期望。

亚瑟·查理斯·克拉克说，任何非常先进的技术与魔法无异（克拉克第三定律）。当机器学习首次被提出时，听起来的确像是魔法。但当它走出神秘的殿堂时，我们才认识到它是一种工具。随着它的应用越来越多，我们可以推广它的应用（在人类意义上来说），并且可以想象，在不知道其内部工作细节的情况下的其他应用。和其他一度被看作魔法的其他高级技术一样，机器学习作为一种自然现象倍受瞩目，最终变得比魔法还要精致和漂亮。

进一步阅读

对于那些希望学习使用 Python 语言作为机器学习工具的读者，我们推荐 Peter Harrington 的《机器学习实战（Machine Learning in Action)》（Manning，2012）。

对于有志于深入研究 R 语言实例的读者，可以考虑 Max Kuhn 和 Kjell Johnson 的《应用预测建模（Applied Predictive Modeling)》（Springer，2013）。

Cathy O'Neil 和 Rachel Schutt 的《数据科学实战（Doing Data Science：Straight Talk from the Frontline)》（O'Reilly Media，2013），里面的“如果我上大学时就有这门课多好啊”，我们非常同意这个观点。

如果你对大数据和机器学习的商业和社会应用比较感兴趣，可以考虑 Viktor Mayer-Schönberger 和 Kenneth Cukier 的《大数据时代：生活、工作与思维的大变革（Big Data，A Revolution That Will Transform How We Live，Work，and Think)》（Houghton Mifflin Harcourt，2013）。

在线资源如下：

- www. predictiveanalyticstoday. com——企业新闻。
- www. analyticbridge. com 和它的父网站 www. datasciencecentral. com。
- www. analyticsvidhya. com——专注于机器学习的分析性新闻。
- www. reddit. com/r/machinelearning——机器学习讨论区。
- www. kaggle. com——竞赛、社区、脚本和作业发布。

附录 常用机器学习算法

算法名称	类型	应　　用	线性/非线性	是否需要规范化
线性回归 (linear regression)	回归	对一个或多个数量特征对标量目标进行建模。虽然回归计算线性组合，但如果特征与目标间的关系已知或可以猜测，则特征可以通过非线性函数进行转换 R:www. inside - r. org/r - doc/stats/lm Python: http://scikit - learn. org/stable/modules/generated/sk - learn. linear_model. LinearRegression. html#sk - learn. linear_model. LinearRegression	线性	是
逻辑回归 (logistic regression)	分类	基于数量特征对观测值进行分类，预测目标类别或目标类别的概率 R: www. statmethods. net/advstats/glm. html Python: http://scikit - learn. org/stable/modules/generated/sklearn. linear_model. LogisticRegression. html	线性	是
SVM	分类/回归	基于高维空间分离的分类，预测目标分类，目标分类的概率需要另外计算。使用部分数据进行回归，性能高度依赖于数据 R:https://cran. r - project. org/web/packages/e1071/vignettes/svmdoc. pdf Python: http://scikit - learn. org/stable/modules/svm. html	线性	是
核函数 SVM (SVM with kernel)	分类/回归	支持多种非线性模型的支持向量机 R: https://cran. r - project. org/web/packages/e1071/vignettes/svmdoc. pdf Python: http://scikit - learn. org/stable/modules/svm. html	非线性	是
K - 近邻算法 (k - nearest neighbors)	分类/回归	通过训练集与测试样本之间的“最短距离”(如欧氏距离)计算目标变量。对于分类，由训练目标进行“投票”。对于回归，计算训练目标的平均值。预测基于数据的一个“局部”子集，但对于某些数据集精度很高 R: https://cran. r - project. org/web/packages/class/class. pdf Python:http://scikit - learn. org/stable/modules/generated/sklearn. neighbors. KNeighborsClassifier. html	非线性	是

（续）

算法名称	类型	应用	线性/非线性	是否需要规范化
决策树 （decision trees）	分类/ 回归	基于测试数据的属性值把训练数据迭代地分成数据子集，并产生预测目标的决策树。产生易于理解的模型，但随机森林和增强算法的错误率更低 R：www. statmethods. net/advstats/cart. html Python：http://scikit-learn. org/stable/modules/tree. html#tree	非线性	否
随机森林 （random forest）	分类/ 回归	决策树的“集合”用于产生比单个决策树更强的预测。对于分类，多个决策树进行“投票”。对于回归，对它们的结果求平均 R:https://cran. r-project. org/web/packages/randomForest/randomForest. pdf Python：http://scikit-learn. org/stable/modules/generated/sklearn. ensemble. RandomForestClassifier. html	非线性	否
增强算法 （boosting）	分类/ 回归	对于多数方法，增强算法通过调整权值降低泛化错误，对于误分类或（对于回归）较大残差的样本加大权重 R：https://cran. r-project. org/web/packages/gbm/gbm. pdf https://cran. r-project. org/web/packages/adabag/adabag. pdf Python：http://scikit-learn. org/stable/modules/generated/sklearn. ensemble. GradientBoostingClassifier. html	非线性	否
朴素贝叶斯算法 （Naïve Bayes）	分类	一个简单的、可扩展的分类算法，适用于文本分类任务（如垃圾邮件分类）。它假定特征间都是相互独立的（因此称为朴素的），但事实上这种情况很少，但算法在特定场合工作得很好。它利用贝叶斯定理，但不是在统计领域中使用的“贝叶斯” R：https://cran. r-project. org/web/packages/e1071/ Python：http://scikit-learn. org/stable/modules/classes. html#modulesklearn. naive_bayes	非线性	是
神经网络 （neural network）	分类/ 回归	用于通过反向传播算法来估计基于大量输入的未知函数。通常比其他方法更复杂，计算量大，但对于一般的问题更强大，是许多深入学习方法的基础 R：https://cran. r-project. org/web/packages/neuralnet/neuralnet. pdf https://cran. r-project. org/web/packages/nnet/nnet. pdf Python:http://scikit-learn. org/dev/modules/neural_networks_supervised. html http://deeplearning. net/software/theano/	非线性	是
Vowpal Wabbit	分类/ 回归	Yahoo 研究中心的 John Langford 开发的在线机器学习程序，现在供职于微软。它结合了各种算法，包括普通最小二乘法和单层神经网络。作为一个在线机器学习程序，它不要求所有的数据驻留内存。它以快速处理大数据而著称。Vowpal Wabbit 只有一种输入格式，并且通常以命令行的方式运行，而不是通过 API 调用 https://github. com/JohnLangford/vowpal_wabbit/wiki		
XGBoost	分类/ 回归	增强决策树算法的高度优化和可扩展的版本 https://xgboost. readthedocs. org/en/latest/		

名词术语中英文对照

A

- accuracy assessment（准确度估计）
  - cross – validation（交叉验证）
    - holdout method（保持法）
    - k – fold cross – validation（k – 折交叉验证）
    - warnings regarding
  - overfitting and model optimism（过度拟合警告和模型优化）
- accuracy score（准确度得分）
- accuracy vs. speed（准确度与速度）
- active learning method（主动学习方法）
- ad targeting（广告定位）
- Adaptive Multi – hyperplane
  - Machines（自适应多平面机）. *See* AMM
  - additive models（见 AMM 附加模型）
- advertising example（广告样例）
  - display advertising（显示广告）
  - feature engineering（特征工程）
  - impression data（展示数据）
  - k – nearest neighbors（k – 近邻算法）
  - modeling strategy（建模策略）
  - random forests（随机森林算法）
  - real – world considerations（实用因素）
  - resource estimation and（资源评估和）optimization（优化）
  - singular value decomposition（奇异值分解）
  - terminology（术语）229 AI（artificial intelligence）（AI 人工智能）
- AIC（Akaikie information criterion）（Akaike 信息标准）
- algorithms（算法）
  - linear（线性）

BSGD（Budgeted Stochastic Gradient Descent）（BSGD，预算随机梯度下降）

C

Canny algorithm（Canny 算法）

categorical data（类别型数据）

categorical features，booleanizing（类别特征，布尔化）

categorical metrics（分类度量）

categorical variables（分类型变量）

categories type（分类类型）

churn prediction（流失预测）

class confusion（分类混合）

class probabilities（分类概率）

classical time series（经典时间序列）

classification（分类）

building classifier and making predictions（构建分类器并进行预测）

of complex，nonlinear data（复杂的非线性数据）

with multiple classes（多分类）

（构建分类器，并进行多分类的复杂非线性数据的预测）

classification models，evaluation

of（分类模型，评估）

accuracy trade－offs and ROC curves（精度权衡与 ROC 曲线）

class－wise accuracy and confusion matrix（分类精度和混淆矩阵）

multiclass classification（多类别分类）

classification tree algorithm（分类树算法）

classifier（分类器）

class－wise accuracy（分类精度）

clickstream data（单击流数据）

click－through rate. *See* CTR clustering（点击率。见 CTR 聚类）

cold－start problem（冷启动问题）

collaborative filtering（协同过滤）

collecting data（数据收集）

complex，nonlinear data classification of（复杂的，非线性数据分类）

performing regression on（执行回归）

computational layer（计算层）

（在计算层上对复杂的非线性数据分类执行回归）

conditional probability（条件概率）

confusion matrix（混淆矩阵）

box plots（盒图）
density plots（密度图）
mosaic plots（马赛克图）
scatter plots（散点图）
data volume and velocity, scaling models with（数据容易和速率，扩展模型）
data wrangling（数据争论）
DataFrame（数据帧）
dataset size, increasing（数据集大小，增长）
dataset – splitting（数据集分割）
date and time features（日期和时间特征）
datetime string（日期时间字符串）
decision boundary（决策边界）
decision trees algorithms（策略树算法）
deep belief networks（深信度网络）
deep learning（深度学习）
deep neural nets. *See* DNNs（深度神经网络。见 DNNs）
demand forecasting（权威预测）
density plots（密度图）
dependent variable（因变量）
deviance（偏差）
diffusion maps（扩散图）
digital display advertising example（数字显示广告案例）
digital advertising data（数字广告数据）
display advertising（显示广告）
feature engineering（特征工程）
impression data（描述数据）
k – nearest neighbors（k 近邻（算法））
modeling strategy（建模策略）
random forests（随机森林）
real – world considerations（实用考虑）
resource estimation and optimization（资源估计和优化）
singular value decomposition（奇异值分解）
terminology（术语）
digital media（数字媒体）
dimensionality reduction（降维）
Dirichlet analysis（狄利克雷分析）
display advertising（显示广告）

increasing dataset size（增加数据集大小）
independent variables（自变量）
inference（推论）
informative missing data（含信息的缺失数据）
input features（输入特征）
input variables（输入变量）
instance clustering，subsampling training data（实例聚类，训练数据子样本）
instances（实例）
integer features（整数特征/整型特征）
intercept parameter（截距参数）
internet cookies（Internet Cookies）
invited data feature（应邀数据特征）
itertools module（itertools 模块）

K
k disjoint subsets（k 个互不相交的子集）
Kaggle
kernel coefficient parameter（核系数参数）
kernel smoothing（核平滑）
kernel SVM algorithms（核 SVM 算法）
kernel trick（核函数技巧）
k－fold cross－validation（k 折交叉验证）
k－folds（k 折）
k－means method（k 平均方法）
KNN（k－nearest neighbors）digital display advertising example（KNN（k 近邻）数字显示广告实例）
　　overview（预览）
knowledge－base expansion（基于知识的扩展）

L
Labels（标记）
lagged time series（滞后时间序列）
Lasso
latent semantic analysis（潜在语义分析）
latitude/longitude space（纬度/经度空间）
lat/lng data feature（纬度/经度数据特征）
LDA（latentDirichlet analysis）（LDA（潜在狄利克雷分析））